DEIN COACH ZUM ERFOLG!

Dein ActiveBook auf My**STARK**:

Du kannst auf alle digitalen Inhalte zu diesem Band online zugreifen. Registriere dich dazu unter **www.stark-verlag.de/mystark** mit deinem **persönlichen Zugangscode:**

C11501-0

Die Inhalte dieser Auflage stehen bis Schuljahresende zur Verfügung.

My**STARK**

Das Active**Book** *bietet dir:*

- Viele zusätzliche interaktive Übungsaufgaben zu allen prüfungsrelevanten Kompetenzbereichen
- Sofortiges Feedback und Auswertung der Ergebnisse
- Interaktive Lösungen: in kleinen Schritten zum Ergebnis
- Vorgerechnete Beispiele als weitere Hilfe
- Lernvideos mit Erklärungen zu zentralen Themen
- Online-Glossar zum Nachschlagen wichtiger Definitionen

DEIN COACH ZUM ERFOLG!

So kannst du interaktiv lernen:

Interaktive Aufgaben

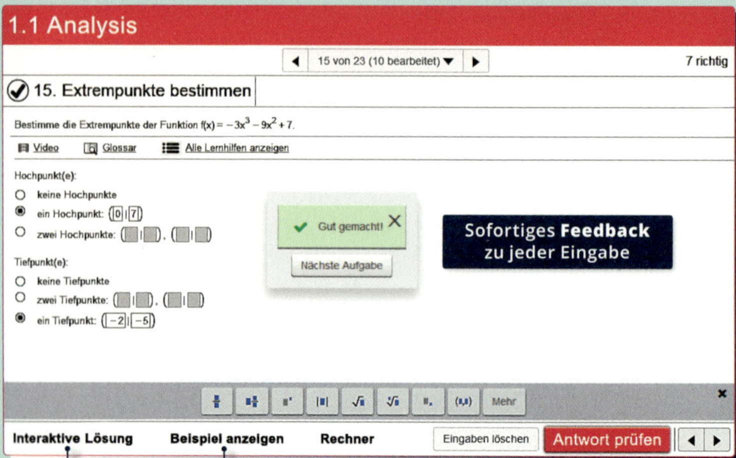

Sofortiges **Feedback** zu jeder Eingabe

Interaktive Lösung mit kleinschrittiger Anleitung zu jeder Aufgabe

Vorgerechnetes **Beispiel** zu jeder Aufgabe

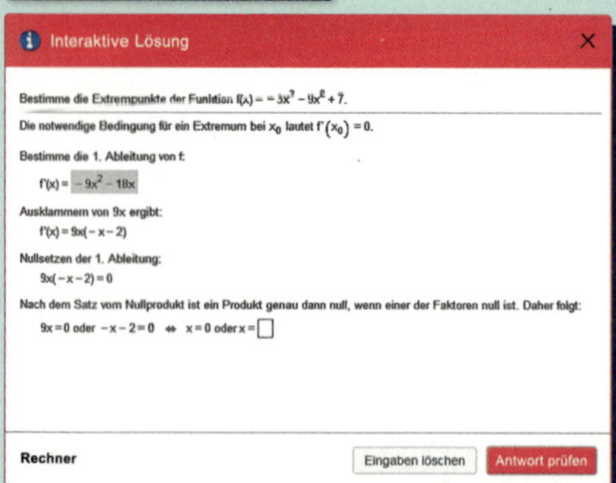

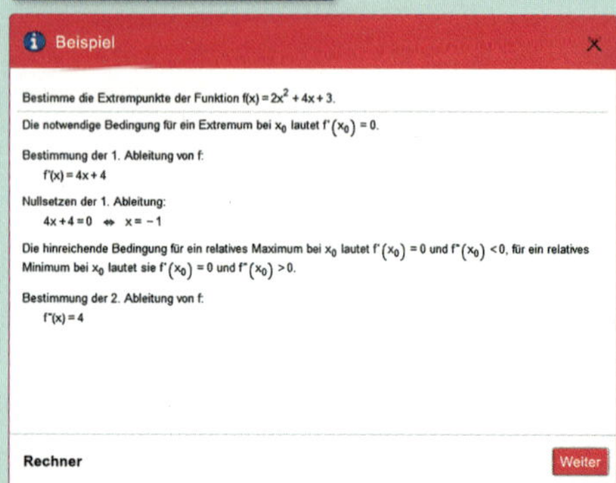

Systemvoraussetzungen:
- Mindestens 1024×768 Pixel Bildschirmauflösung
- Chrome, Firefox oder ähnlicher Webbrowser
- Internetzugang

2023

Abitur

Original-Prüfungsaufgaben
mit Lösungen

Gymnasium · Berlin

Mathematik LK

STARK

9. ergänzte Auflage
www.stark-verlag.de

Inhalt

Vorwort
Stichwortverzeichnis

Hinweise und Tipps zum Zentralabitur 2023

Die zentrale schriftliche Abiturprüfung im Fach Mathematik I
Prüfungsrelevante Themen I
Aufbau und Bearbeitung der Prüfungsaufgaben I
Zur Bewertung der Prüfung III
Zum Umgang mit diesem Buch III
Tipps zur Vorbereitung und Bearbeitung der Prüfungsaufgaben IV
Hinweise und Tipps zum Lösen von Abituraufgaben mit CAS-Rechnern IV
Weiterführende Informationen VI

Übungsaufgaben zum hilfsmittelfreien Teil

Übungsaufgabe 1 1
Übungsaufgabe 2 11
Übungsaufgabe 3 18
Übungsaufgabe 4 24

Zentrale schriftliche Abiturprüfung

Jahrgang 2018

Aufgabe 1.1: Analysis: $f_a(x) = (x^2 + a) \cdot e^{0,5-x}$ 2018-1
Aufgabe 1.2: Analysis: $f_a(x) = \frac{1}{a}x^3 + 3x^2 + 5x + 2a$ und $h(x) = -\frac{1}{2} \cdot x^{-3}$ . . . 2018-10
Aufgabe 2.1: Analytische Geometrie 2018-20
Aufgabe 2.2: Analytische Geometrie 2018-26
Aufgabe 3.1: Stochastik 2018-31
Aufgabe 3.2: Stochastik 2018-36

Jahrgang 2019

Aufgabe 1: hilfsmittelfreier Teil 2019-1
Aufgabe 2.1: Analysis: $f_a(x) = \frac{x}{a} \cdot \ln\left(\frac{x}{a}\right)$; $h(x) = \frac{1}{10}e^{x-1} + 2$ 2019-10
Aufgabe 2.2: Analysis: $f_k(x) = 8k \cdot (kx-1)^2 \cdot (kx+1)^2$; $g(x) = (x-2)^2 \cdot e^x$ . . 2019-19
Aufgabe 3.1: Analytische Geometrie 2019-28
Aufgabe 3.2: Analytische Geometrie 2019-36
Aufgabe 4.1: Stochastik 2019-43
Aufgabe 4.2: Stochastik 2019-49

Jahrgang 2020

Aufgabe 1: hilfsmittelfreier Teil 2020-1
Aufgabe 2.1: Analysis: $f_a(x) = -ax^4 + x^2 + \frac{a}{2}$ 2020-11
Aufgabe 2.2: Analysis: $f_a(x) = \frac{x}{a} + a + \frac{a}{x-a}$ 2020-20
Aufgabe 3.1: Analytische Geometrie 2020-31
Aufgabe 3.2: Analytische Geometrie 2020-39
Aufgabe 4.1: Stochastik 2020-45
Aufgabe 4.2: Stochastik 2020-52

Jahrgang 2021

Aufgabe 1: hilfsmittelfreier Teil 2021-1
Aufgabe 2.1: Analysis: $f(x) = \frac{1}{20}x^4 - \frac{2}{5}x^2 + 1$ 2021-12
Aufgabe 2.2: Analysis: $f_a(x) = (-ax^2 + 2x) \cdot e^{-ax}$ 2021-24
Aufgabe 3: Analytische Geometrie 2021-36
Aufgabe 4: Stochastik 2021-49

Jahrgang 2022 . . . . www.stark-verlag.de/mystark

Sobald die Original-Prüfungsaufgaben 2022 zur Veröffentlichung freigegeben sind, können Sie sie als PDF auf der Plattform MyStark herunterladen (Zugangscode vgl. Farbseiten vorne im Buch).

Sitzen alle mathematischen Begriffe? Unter www.stark-verlag.de/mathematik-glossar/ finden Sie ein kostenloses Glossar zum schnellen Nachschlagen aller wichtigen Definitionen mitsamt hilfreicher Abbildungen und Erläuterungen.

ActiveBook Interaktives Training

Ihr Coach zum Erfolg: Mit dem **interaktiven Training zum hilfsmittelfreien Teil des Abiturs** lösen Sie online auf MyStark Aufgaben, die speziell auf diesen Prüfungsteil zugeschnitten sind. Am besten gleich ausprobieren! Ausführliche Infos inkl. Zugangscode finden Sie auf den Farbseiten vorne in diesem Buch.

Autoren:

Dr. Detlef Launert:
Lösungen zur Abiturprüfung Berlin 2018, Aufgaben 1.1 und 1.2
Lösungen zur Abiturprüfung Berlin 2019, Aufgabe 1 Analysis, Aufgaben 2.1 und 2.2
Lösungen zur Abiturprüfung Berlin 2020, Aufgabe 1 Analysis, Aufgaben 2.1 und 2.2
Lösungen zur Abiturprüfung Berlin 2021
Lösungen zur Abiturprüfung Berlin 2022, Aufgaben 1, 2.1 und 2.2
Übungsaufgaben zum hilfsmittelfreien Teil

Lauri Lehmann:
Lösungen zur Abiturprüfung Berlin 2018, Aufgaben 2.1, 2.2, 3.1 und 3.2
Lösungen zur Abiturprüfung Berlin 2019, Aufgabe 1 Geometrie und Stochastik, Aufgaben 3.1, 3.2, 4.1 und 4.2
Lösungen zur Abiturprüfung Berlin 2020, Aufgabe 1 Geometrie und Stochastik, Aufgaben 3.1, 3.2, 4.1 und 4.2
Lösungen zur Abiturprüfung Berlin 2022, Aufgaben 3 und 4

Vorwort

Liebe Schülerinnen und Schüler,

dieses Übungsbuch ist die ideale Hilfe bei der Vorbereitung auf das **Zentralabitur 2023** für den **Leistungskurs in Berlin** im Fach **Mathematik**.

- Sie erhalten im ersten Teil des Buches wichtige **Informationen** über Inhalt und Aufbau der Prüfungsaufgaben für das **Abitur 2023**. Dies ermöglicht Ihnen, sich gezielt auf die Abiturprüfung vorzubereiten. Darüber hinaus finden Sie viele **Hinweise und Tipps**, die Ihnen helfen, effektiv und erfolgreich an die Lösung der Prüfungsaufgaben heranzugehen.
- Im zweiten Teil stehen Ihnen **Übungsaufgaben** zum **hilfsmittelfreien Teil** zur Verfügung. Diese bestehen aus den entsprechenden Aufgaben des Abiturs in Brandenburg und dienen zur Orientierung für den hilfsmittelfreien Teil des Abiturs in Berlin.
- Der dritte Teil enthält die **Original-Prüfungsaufgaben 2018 bis 2021** von Berlin. Die **Original-Prüfung 2022** steht Ihnen auf der **Plattform MyStark** zum Download zur Verfügung. Mit diesen Aufgaben können Sie sich ein genaues Bild davon machen, wie die Prüfung in den letzten Jahren ausgesehen hat.
- Der Zugangscode auf den Farbseiten vorne in diesem Buch ermöglicht es Ihnen, Aufgaben im Rahmen eines **Online-Prüfungstrainings zum hilfsmittelfreien Teil des Abiturs** interaktiv zu lösen.
- Die Original-Prüfungsaufgaben sind zusätzlich mit **separaten Tipps zum Lösungsansatz** versehen, die Ihnen Hilfestellungen für die Lösung der Aufgabe geben. Wenn Sie mit einer Aufgabe nicht zurechtkommen, schauen Sie deshalb nicht gleich in die Lösungen, sondern nutzen Sie schrittweise die Lösungstipps, um selbst die Lösung zu finden.
- Zu allen Original-Prüfungsaufgaben wurde **eine vollständige, ausführlich kommentierte Lösung mit allen erforderlichen Rechenschritten** erstellt, die es Ihnen ermöglicht, Ihre Lösung eigenständig zu kontrollieren und die Rechenwege Schritt für Schritt nachzuvollziehen.

Sollten nach Erscheinen dieses Bandes noch wichtige Änderungen in der Abitur-Prüfung 2023 vom LISUM Berlin-Brandenburg bekannt gegeben werden, finden Sie aktuelle Informationen dazu ebenfalls auf der Plattform MyStark (Zugangscode vgl. Farbseiten).

Die Autoren wünschen Ihnen für die Prüfungsvorbereitung und für das Abitur viel Erfolg!

Stichwortverzeichnis

Das Stichwortverzeichnis ist gegliedert in die drei Lernbereiche **Analysis**, **Analytische Geometrie** und **Stochastik** und beinhaltet für jeden dieser Bereiche jeweils Stichworte mit Seitenverweis auf die Aufgabenstellung oder Lösung einer Aufgabe.

I. Analysis

Ableitung, ~sfunktion	2018-6; 2019-1, 6, 15; 2020-15
Abstand	2020-20, 21, 27, 29; 2021-30, 32
Achsenschnittpunkte	2019-22, 23; 2020-11, 16, 19, 20, 24, 25
Achsensymmetrie	2021-16, 20, 23
Anfangswertproblem	2019-1
Approximation von Funktionen	2018-7, 18; 2019-11
Asymptote	2020-20, 24
Berührpunkt	2018-14
Binomische Formeln	2019-23
Definitionsbereich	2019-14; 2020-20, 24
Differenzenquotient	2019-19, 24
Differenzfunktion	2021-32
Extrempunkte, ~stellen	2018-6, 8, 15; 2019-6, 13, 17, 18, 20, 26; 2020-1, 5, 11, 16, 20, 28; 2021-16, 17, 18, 29, 30
Fallunterscheidung	2020-15, 17
Flächeninhalt, Flächenberechnung	2018-6, 15, 18; 2019-1, 11, 17, 19, 24; 2020-1, 5, 12, 17, 18, 20, 26; 2021-19, 34, 35
Funktion	
– Exponential-~	2019-10, 20; 2020-1, 5, 12, 17, 18, 20, 26; 2021-24
– ganzrationale	2019-11, 16, 20; 2020-11
– logarithmische	2019-10, 13
– gebrochen-rationale	2020-20
Funktionenschar	2019-10, 13, 19, 20, 26; 2020-1, 6, 11, 20; 2021-20, 21, 24
Grenzwert	
– für $x \to (\pm)\infty$	2018-5, 11; 2019-10, 15; 2020-11, 15; 2021-6, 29
Koeffizientenvergleich	2019-25
Krümmung	2021-31
Monotonie	2019-1, 6
Nullstelle, Berechnung	2018-5; 2019-1, 13; 2020-11; 2021-22, 23, 29
Normale	2021-8
Parameter, ~bestimmung	2018-5, 22; 2019-10; 2020-1, 6
Polstelle	2020-20, 24
Potenzgesetze	2019-23
Prisma	2018-9

Rotationskörper, Volumen 2018-8; 2019-19, 24, 25

Schnittpunkt, Schnittstelle 2018-5; 2020-21, 30; 2021-30
Spiegelung 2021-31
Stammfunktion 2019-1, 6; 2020-1, 6, 27
Steigung 2018-15
Steigungswinkel 2018-19; 2020-21; 2021-18
Symmetrie 2018-14; 2019-15, 19, 23; 2020-11, 15

Tangente; Tangentensteigung 2018-14, 16; 2019-16, 20, 27; 2020-12, 18; 2021-31, 32

Wendepunkte 2018-7, 16; 2021-33, 34
Wertebereich 2019-10, 14
Winkel 2020-18, 21, 29, 30; 2021-34

Zeichnen von Graphen 2020-20, 25

II. Analytische Geometrie

Abstand
– Punkt/Ebene 2018-24, 30; 2019-38, 41
– Punkt/Gerade 2019-30, 35
– Punkt/Punkt 2019-29, 31; 2020-2

Drachenviereck 2021-47, 48
Dreieck 2018-20, 23, 26, 28, 29; 2020-37; 2021-40, 41

Ebenengleichung
– Koordinatenform 2019-36, 38, 41; 2020-31, 39; 2021-42
– Normalenform 2019-30, 34, 37, 40; 2020-35, 43; 2021-42
– Parameterform 2020-35, 39, 42
Ebenenschar 2020-39

Flächeninhalt 2021-41

Gauß-Verfahren 2019-33
Gerade/Geradengleichung 2019-1, 7, 28, 29, 32, 42; 2020-1, 31, 32; 2021-43, 47
Geradenschar 2019-36, 38, 41
Geschwindigkeit 2019-28, 29, 34
Gleichungssystem, lineares (LGS) 2019-33; 2020-7, 35; 2021-41, 42, 44

Kollinearität, kollinear 2019-4, 7, 37
Koordinaten berechnen 2021-47, 48

Lagebeziehung
– von Ebene und Gerade 2019-38, 41; 2020-31
– von Punkt und Gerade 2020-1
– von Geraden 2018-26, 28
Länge 2019-28, 29, 30, 31, 32, 33, 35, 36, 37, 39; 2021-40
Lotfußpunkt 2019-30, 35

Normalenvektor, ~einheitsvektor 2019-4, 7, 32, 37, 38, 40; 2020-7, 35, 43

Orthogonalität, senkrecht 2018-20, 22, 26, 28; 2019-29, 30, 32, 34, 38, 42

Parallelität 2019-1, 4, 7, 36, 37, 38, 39
Punkt/Geradenpunkt/Ebenenpunkt/ 2018-24, 25; 2019-28, 30, 32, 34
Punktprobe 2019-37, 38, 40, 42; 2020-7
Pyramide 2018-23; 2019-36, 38, 41; 2021-45, 46

Schnitt von	
– Ebene/Gerade	2018-20, 23, 24; 2019-2, 4, 7, 29, 32
– Geraden	2018-22, 29; 2019-32, 33; 2021-47, 48
Schnittgerade	2019-36, 42
Schnittwinkel	
– Ebene/Ebene	2018-26, 28, 29; 2019-36, 37, 41; 2020-39; 2021-43
– Ebene/Gerade	2019-28, 29, 31, 36
Skalarprodukt	2021-40, 44
Spiegelung eines Punktes an einer Ebene	2019-36, 37, 40; 2021-44
Trapez	2019-36, 37, 39
Ursprungsgerade	2019-1, 4, 7
Vektorprodukt/Kreuzprodukt	2019-4, 7, 37, 40; 2020-35, 43
Winkel	2020-39

III. Stochastik

Baumdiagramm	2018-31, 34; 2021-56
Bernoulli	
– Formel	2019-44, 45, 46, 47, 52; 2020-49, 50; 2021-57
Binomialkoeffizient	2019-48, 52, 54; 2020-9
Binomialverteilung	2018-31, 34, 35, 39; 2019-44, 46, 54; 2020-49, 50, 53
Erwartungswert	2018-39; 2020-45, 52; 2021-55
Gegenwahrscheinlichkeit; Gegenereignis	2018-34; 2019-44, 53; 2020-9
Häufigkeit, absolute	2019-47
Hypothesentest	2018-40; 2019-50, 53, 55, 56; 2020-53; 2021-56, 57
Lottomodell	2018-35, 40; 2020-51; 2021-58
Mindestens-mindestens-mindestens-Aufgabe	2018-31
Pfadregel	2018-34; 2019-5, 8, 9, 44, 46, 47, 52; 2020-9, 49, 57; 2021-56
Satz der totalen Wahrscheinlichkeit	2018-34
Standardabweichung	2021-56
Stochastische Unabhängigkeit	2019-45
Summenregel	2019-5, 9, 44, 45; 2020-50
Summierte Binomialverteilung	2018-31, 32, 37, 40; 2019-53; 2020-57; 2021-55
Vierfeldertafel	2018-31, 34, 35, 39; 2019-43, 45, 47; 2020-52; 2021-10
Wahrscheinlichkeit	
– bedingte ~	2019-45, 47; 2020-50, 58
– maximale ~	2019-44, 48
Ziehen ohne Zurücklegen	2019-54; 2020-51; 2021-10, 11

Hinweise und Tipps zum Zentralabitur 2023

Die zentrale schriftliche Abiturprüfung im Fach Mathematik

Die Grundlagen für die von Ihnen zu bearbeitenden Prüfungsaufgaben sind der Rahmenlehrplan für die gymnasiale Oberstufe in der Ausgabe von 2014 und die Bildungsstandards der KMK für die allgemeine Hochschulreife im Fach Mathematik (Beschluss vom 18.10.2012). Die zu überprüfenden Kompetenzen sowie die inhaltsbezogenen Prüfungsgegenstände ergeben sich aus den im oben genannten Rahmenlehrplan beschriebenen bzw. aufgelisteten abschlussorientierten Standards.

Prüfungsrelevante Themen

Die Prüfungsaufgaben im Fach Mathematik basieren auf dem **Kerncurriculum**.
Grundsätzlich **nicht** gefordert werden das Erläutern und Entwickeln von Beweisen sowie Simulationen.

Aufbau und Bearbeitung der Prüfungsaufgaben

Bei der Aufgabenstellung 1, den hilfsmittelfreien Aufgaben, stehen die Aufgaben und ihre Teilaufgaben in keinem übergeordneten Zusammenhang. Sie beziehen sich auf alle drei Themengebiete und können auch in begrenztem Umfang Problemstellungen enthalten, die dem Anforderungsbereich III zuzuordnen sind.
Es gibt 6 Aufgaben zu je 5 BE.

Bei den weiteren Aufgabenstellungen ist jede Aufgabe als strukturierte, inhaltlich zusammenhängende Aufgabe konstruiert, die in mehrere Teilaufgaben untergliedert ist. Jede dieser Aufgaben enthält entsprechende Anteile aus allen drei Anforderungsbereichen. Üblicherweise beginnen die Aufgaben mit den dem Anforderungsbereich I zugeordneten Grundaufgaben. Es empfiehlt sich immer, die Aufgabe zunächst vollständig zu lesen, da Zwischenergebnisse gelegentlich auch in nachfolgenden Aufgabenteilen enthalten sein können.

Aufgabenteile, die dem Anforderungsbereich III zugeordnet sind, finden sich meist am Ende der jeweiligen Aufgabe. Nur, wenn es der Zusammenhang erfordert, können sie auch schon früher eingegliedert sein. Wenn sich die Möglichkeit bietet, wird die Aufgabe so formuliert, dass eine praktische Anwendung des mathematischen Sachverhaltes beschrieben wird.

In jedem der drei Themengebiete Analysis, Analytische Geometrie und Stochastik ist genau eine Aufgabe zu lösen, wobei der Prüfling jeweils die Wahl zwischen zwei gleichwertigen Aufgaben hat. Die Wahlmöglichkeiten sind in folgender Tabelle dargestellt:

Aufgabenstellung 1 ohne Wahlmöglichkeit 75 min	Aufgabe 1: **hilfsmittelfreier Teil** (Analysis, Analytische Geometrie und Stochastik)
Aufgabenstellung 2 Der Prüfling wählt aus.	Aufgabe 2.1 oder Aufgabe 2.2 **Analysis**
Aufgabenstellung 3 Der Prüfling wählt aus.	Aufgabe 3.1 oder Aufgabe 3.2 **Analytische Geometrie**
Aufgabenstellung 4 Der Prüfling wählt aus.	Aufgabe 4.1 oder Aufgabe 4.2 **Stochastik**

Für die Bearbeitung der vier Prüfungsaufgaben stehen **300 Minuten** zur Verfügung.
Davon entfallen 75 Minuten auf die Aufgabenstellung 1.
30 Minuten sind zudem als Lesezeit vorgesehen, in denen die Aufgaben gelesen werden können und eine Wahl zwischen den beiden Aufgaben in jedem Themengebiet getroffen werden kann.

2022 und **2021** galten aufgrund der Coronapandemie **Ausnahmeregelungen**. Der hilfsmittelfreie Teil bestand aus 4 **verpflichtenden** Aufgaben Analysis und die Lehrkraft wählte **zusätzlich** entweder 2 Aufgaben Analytische Geometrie **oder** 2 Aufgaben Stochastik aus.
Im nicht hilfsmittelfreien Teil mussten beide Aufgaben Analysis bearbeitet werden und die Lehrkraft wählte wiederum **zusätzlich** die Aufgabe Analytische Geometrie **oder** die Aufgabe Stochastik aus.
Die Bewertungseinheiten und Aufgabenstellungen wurden entsprechend angepasst.

Für die Frage, welche **Hilfsmittel** bei der Prüfung zugelassen sind, ist entscheidend, ob die Abiturprüfung ohne oder mit Verwendung eines Computer-Algebra-Systems (CAS) bearbeitet wird.
Grundsätzlich sind folgende Hilfsmittel zugelassen:
- Nachschlagewerk zur Rechtschreibung der deutschen Sprache
- Formelsammlung, die von der zuständigen Senatsverwaltung bzw. dem zuständigen Ministerium für die Verwendung im Abitur zugelassen und an der Schule eingeführt ist (Aufgabenstellung 2, 3 und 4).

Für die Bearbeitung **ohne CAS** sind folgende Hilfsmittel zugelassen:
Taschenrechner, die nicht programmierbar und nicht grafikfähig sind und nicht über Möglichkeiten der numerischen Differenziation oder Integration oder dem automatisierten Lösen von Gleichungen verfügen.

Für die Bearbeitung **mit CAS** sind folgende Hilfsmittel zugelassen:
Für die Bearbeitung der Abiturprüfung können ein PC oder folgende Geräte Anwendung finden:

Texas Instruments	TI-92, TI-Voyage, TI-Nspire
Casio	Classpad

Ein PC-gestütztes CAS-Abitur kann mit CAS-Software wie MuPad, Geogebra oder Derive oder mit Emulationen von o.g. CAS-Geräten durchgeführt werden.

Grundsätzlich gilt, dass die Benutzung weiterer Software über das CAS hinaus nicht zugelassen ist.

Zur Bewertung der Prüfung

Seit 2019 gilt folgender Bewertungsschlüssel:

- Aufgabenstellung 1 (hilfsmittelfreie Aufgaben): 30 BE
- Aufgabenstellung 2 (Analysis): 40 BE
- Aufgabenstellung 3 (Analytische Geometrie): 25 BE
- Aufgabenstellung 4 (Stochastik): 25 BE

2018 wurden 100 Bewertungseinheiten nach folgender Verteilung vergeben:

- Aufgabenstellung 1 (Analysis): 50 BE
- Aufgabenstellung 2 (Analytische Geometrie): 25 BE
- Aufgabenstellung 3 (Stochastik): 25 BE

Da es inhaltlich nur wenige Änderungen gab, eignen sich alle Aufgaben auch zur Prüfungsvorbereitung auf das Abitur 2023.

Zum Umgang mit diesem Buch

Eine gute Orientierung zu Inhalt, Aufbau und Fragestellung einer typischen Prüfungsaufgabe geben Ihnen die **originalen Abiturprüfungsaufgaben** ab 2018, die sich in diesem Buch bzw. auf der Plattform MyStark befinden.

Zu allen Prüfungsaufgaben finden Sie im Anschluss an die Aufgabenstellung komplett ausgearbeitete **Musterlösungen** mit Erläuterung des Lösungswegs. Darüber hinaus sind in allen Originalprüfungsaufgaben zwischen Aufgaben und Lösungen separate **Tipps und Hinweise** zu sämtlichen Teilaufgaben eingefügt, die Ihnen helfen, die Aufgaben **möglichst selbstständig** zu lösen. Für die Vorbereitung auf die Prüfung ist es wichtig, dass Sie versuchen, allein mit der Aufgabenstellung zurechtzukommen. Nutzen Sie daher immer zuerst die Tipps, wenn Sie bei der Lösung der einzelnen Teilaufgaben ins Stocken geraten. Sie erhalten dann einen **Denkanstoß**, der Ihnen weiterhilft. Gehen Sie dabei schrittweise vor, d. h., lesen Sie den jeweiligen Tipp erst bei Bedarf.

Die Musterlösung dient zum einen zur **Kontrolle**, ob Sie die Aufgabe richtig und vollständig gelöst haben, zum anderen gibt Sie Ihnen eine **ausführliche Hilfestellung**, wenn Sie trotz der Tipps Schwierigkeiten bei der Bearbeitung haben (Tipps und Kommentare sind durch das Symbol am linken Textrand gekennzeichnet). Sie sollten Ihr Lern- und Übungspensum so planen, dass Sie am Ende Ihrer Prüfungsvorbereitung in der Lage sind, die Aufgaben weitgehend ohne Hilfestellung zu lösen.

Für den **hilfsmittelfreien Teil** gibt es die zusätzlichen **Übungsaufgaben** sowie das **Online-Prüfungstraining.**

Tipps zur Vorbereitung und Bearbeitung der Prüfungsaufgaben

Prüfungsvorbereitung

- Bereiten Sie sich **langfristig** auf die Abiturprüfung vor und fertigen Sie sich eine Übersicht über die von Ihnen bereits bearbeiteten Themen, Inhalte und Verfahren an. Teilen Sie die Inhalte in sinnvolle Teilbereiche ein und legen Sie fest, bis wann Sie welche Teilbereiche bearbeitet haben wollen.
  Es ist zweckmäßig, alle schriftlichen Bearbeitungen dieser Aufgaben übersichtlich aufzubewahren, das erleichtert spätere Wiederholungen.
- Verwenden Sie während der Prüfungsvorbereitung grundsätzlich die **Hilfsmittel**, die auch in der Prüfung zugelassen sind. Prägen Sie sich wichtige Seiten in Ihrer Formelsammlung ein und nutzen Sie Ihren Taschenrechner mit allen Funktionen.
- Benutzen Sie zur Prüfungsvorbereitung neben diesem Übungsbuch Ihre **Unterrichtsaufzeichnungen** und das Lehrbuch.
- Oft ist der Zeitfaktor ein großes Problem. Testen Sie, ob Sie eine Aufgabe in der dafür vorgegebenen Zeit allein lösen können. **Simulieren Sie selbst eine Prüfungssituation.**
- Gehen Sie optimistisch in die Prüfung. Wer sich gut vorbereitet hat, braucht sich keine Sorgen zu machen.

Bei der Prüfung

- Nutzen Sie die zur Verfügung stehenden 30 Minuten zum gewissenhaften Lesen.
- Treffen Sie in dieser Zeit auch eine gut überlegte Entscheidung zur Aufgabenwahl, sodass Sie im Verlauf der Prüfung nicht zu einer anderen Aufgabe wechseln müssen.
  Bei der Auswahl der Analysisaufgabe sollte man insbesondere auf die Funktionsgleichungen achten.
- Falls Sie später dennoch die Aufgabe wechseln möchten, vermerken Sie **eindeutig**, welche Aufgabe als Prüfungsleistung ge- und bewertet werden soll.
- Beachten Sie, dass in manchen Teilaufgaben **„Zwischenlösungen“** angegeben sind, die Ihnen als Kontrolle dienen bzw. mit denen Sie weiterarbeiten können.
- Es ist hilfreich, wenn Sie bei der Analyse der Aufgabenstellungen wichtige Angaben oder Informationen (z. B. gegebene Größen, Lösungshinweise) **farbig markieren**.
- Um den Lösungsansatz zu einer Aufgabe zu finden oder die gegebene Problemstellung zu veranschaulichen, kann das **Anfertigen einer Skizze** nützlich sein.
- Achten Sie auf die **sprachliche Richtigkeit** und eine **saubere äußere Form** Ihrer Lösungen.
- Für das Zeitmanagement ist es sinnvoll, eine Armbanduhr (ohne technische Hilfsmittel) in die Prüfung mitzunehmen.

Hinweise und Tipps zum Lösen von Abituraufgaben mit CAS-Rechnern

Die folgenden Hinweise haben für alle CAS-Systeme Gültigkeit, sodass Sie die Hinweise auf das von Ihnen verwendete System übertragen können.

Vor der Prüfung

- Vor Beginn der Prüfung sind die CAS-Geräte in einen einheitlichen Ausgangszustand zu versetzen. Ihre Schule hat dazu spezielle (systemabhängige) Anweisungen. Es kann sein, dass Ihr System in einen Prüfungsmodus versetzt wird – ebenso ist es denkbar, dass der Speicher vollständig gelöscht wird. Wenn Sie auf Ihrem System Dateien gespeichert haben, die Sie später wieder benötigen, sollten Sie vorher zu Hause ein Backup durchführen.

- Achten Sie vor Prüfungen (und insbesondere vor der Abiturprüfung) darauf, dass Sie den Akku Ihres Geräts geladen bzw. neue Batterien eingesetzt oder als Ersatz griffbereit haben.
- Machen Sie sich rechtzeitig mit Hilfesystemen Ihres Geräts vertraut. So gibt es z. B. die Möglichkeit, zu einzelnen Befehlen eine kleine Syntax-Erklärung anzeigen zu lassen. Das kann bei Unsicherheiten während der Prüfung hilfreich sein.
- CAS rechnen (nach Möglichkeit) exakt. Machen Sie sich damit vertraut, wie Sie bewusst Näherungslösungen erzwingen können.
- Machen Sie sich damit vertraut, wo Sie die Grundeinstellungen Ihres Systems ändern können, z. B. die Anzahl angezeigter Dezimalstellen oder das Winkelmaß, in dem Ihr System in der Grundeinstellung rechnet.
- Entwickeln Sie eine eigene Systematik für die Vergabe von Variablen und Bezeichnungen. Beispiele:
  - „f(x)“ für den Funktionsterm,
  - „a(x)“ für den Term der ersten Ableitung,
  - „gg(x)“, „gh(x)“ für die Gerade g bzw. die Gerade h
  - …

Während der Prüfung

- Wenn Ihr Gerät ein Dokumentenmanagement besitzt, sollten Sie sich angewöhnen, für zumindest jede größere Aufgabenstellung ein eigenes Dokument zu verwenden. Das hat den Vorteil, dass in einem neuen Dokument der Variablenspeicher zurückgesetzt wird und Sie daher jeden Variablennamen im Dokument nutzen können. Zudem können Sie dadurch Fehler durch unwissentliches Übernehmen von Variablen, die bereits mit Werten belegt sind, vermeiden. Wenn Sie im weiteren Verlauf der Prüfung an einer anderen Aufgabe arbeiten, können Sie das zugehörige Dokument öffnen und müssen nicht alle Variablen und Funktionen neu definieren.
- Es ist zweckmäßig, Namen von Funktionen so zu wählen, wie sie in der Aufgabenstellung vorgegeben werden. Achten Sie darauf, dass Sie den gleichen Namen nicht mehrfach vergeben und dadurch die definierten Werte oder Terme überschreiben. Manche Geräte jedoch können nur mit der Variablen x umgehen, nennen Sie daher bei der Eingabe im Rechner z. B. das t in f(t) entsprechend in x als f(x) um.
- Sollte ein unerwartetes Ergebnis auftreten, überprüfen Sie immer Ihre Eingabe. So kann es sein, dass z. B. der Term „$ab - a \cdot b$“ von Ihrem Gerät vereinfacht wird, weil Sie im ersten Teil vergessen haben, das Multiplikationszeichen einzugeben und Ihr Gerät nun dies als eigenständige Variable „ab“ interpretiert.
- Machen Sie sich stets die vorliegende Situation klar und prüfen Sie die von Ihrem Gerät erhaltenen Ergebnisse auf Plausibilität. Vertrauen Sie Ihrem Gerät nicht blind.
- Vergessen Sie nicht, dass Sie mit einem CAS schnell z. B. Funktionsgraphen erhalten. Das kann Überlegungen unterstützen, wie z. B. die Frage nach Extrempunkten oder Steigungsverhalten.
- Beachten Sie die Formulierung von Aufgabenstellungen. Manchmal werden Anforderungen an die Dokumentation von Lösungen gestellt.

Zur Dokumentation von Lösungen

- Dokumentieren Sie Ihre Lösungen nachvollziehbar.
- Wenn Sie Ihr Gerät nutzen, machen Sie dies kenntlich.
  Beispiel: Sie lösen die Gleichung $3x^3 - 2x^2 + 2 = 1$ und dokumentieren:

  $3x^3 - 2x^2 + 2 = 1$
  CAS: $x \approx -0{,}528$

- Kommt in der Aufgabenstellung der Hinweis „mithilfe eines rechnerischen Ansatzes" oder „ausgehend von einem mathematischen Ansatz" vor, so bedeutet dies, dass in der Lösung der Rechenweg angegeben werden soll. Die Ermittlung der Lösung z. B. durch ein Abtasten des Graphen oder die Angabe des entsprechenden Rechnerbefehls reichen nicht aus.

Weiterführende Informationen

Im Internet finden Sie unter
http://www.berlin.de/sen/bildung/schule/pruefungen-und-abschluesse/abitur/
Prüfungsvorgaben für das Zentralabitur 2023 in Berlin.

Berlin – Mathematik Leistungskurs
Übungsaufgabe 1: hilfsmittelfreier Teil*

Teil 1 – Analysis BE

a) Im Bild sind die Graphen G_1 und G_2 dargestellt. Einer der beiden ist der Graph einer Funktion f, der andere der Graph der zugehörigen Ableitungsfunktion f'.
Geben Sie an, welcher der beiden Graphen die Ableitungsfunktion zeigt, und begründen Sie Ihre Entscheidung. 2

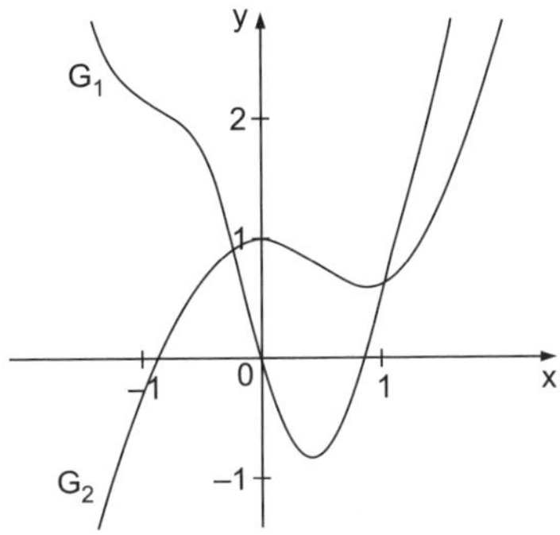

b) Ermitteln Sie diejenige Stammfunktion der Funktion f mit $f(x) = -2e^{2x} + 1$, deren Graph die y-Achse im Punkt $S_y(0\,|\,5)$ schneidet. 3

c) Aus einem 20 Meter langen Draht soll das Kantenmodell eines Quaders mit quadratischer Grundfläche hergestellt werden. Die Seitenlänge der Quadrate ist a.
Stellen Sie eine Funktion in Abhängigkeit von a auf, mit der man das Volumen des Quaders ermitteln kann. Geben Sie den Definitionsbereich für diese Funktion an. 5

Teil 2 – Analytische Geometrie und Lineare Algebra

a) Gegeben sind die Punkte $P(1\,|\,-2\,|\,1)$, $Q(2\,|\,-3\,|\,-1)$ und $R(-1\,|\,4\,|\,2)$.
Geben Sie eine Gleichung der Geraden g an, die durch den Punkt R und parallel zur Geraden durch die Punkte P und Q verläuft. 2

b) Ermitteln Sie zwei Vektoren $\vec{b}$ und $\vec{c}$, sodass gilt:
Je zwei der drei Vektoren $\vec{a} = \begin{pmatrix} 2 \\ 3 \\ -1 \end{pmatrix}$, $\vec{b}$ und $\vec{c}$ sind orthogonal zueinander. 4

c) E_m ist die mittelparallele Ebene, die alle Punkte enthält, die zu den beiden Ebenen E_1: $2x + 3y - 4z = d_1$ und E_2: $2x + 3y - 4z = d_2$ den gleichen Abstand haben.
Weisen Sie nach, dass E_m die Gleichung $2x + 3y - 4z = \frac{d_1 + d_2}{2}$ mit $d_1, d_2 \neq 0$ hat. 4

Teil 3 – Stochastik

a) Bei einem Multiple-Choice-Test sollen 4 Fragen durch Ankreuzen beantwortet werden. Es gibt stets 4 Antwortmöglichkeiten, von denen genau eine richtig ist.
Bestimmen Sie die Wahrscheinlichkeit dafür, dass jemand durch willkürliches Raten alle Antworten richtig angekreuzt hat. 3

---

*Abitur Brandenburg 2015 Aufgabe 1

b) Vervollständigen Sie die gegebene Vierfeldertafel und geben Sie die folgenden Wahrscheinlichkeiten an: $P(\overline{A} \cap B)$ und $P_A(B)$.

	A	$\overline{A}$	
B	0,25		0,8
$\overline{B}$		0,15	

4

c) Ein fairer Würfel wird insgesamt 20-mal geworfen. Die Zufallsgröße X beschreibt die Anzahl der Würfe, bei denen eine gerade Zahl erscheint. Es gelte $P(X=3)=w$. Geben Sie an, für welchen Wert dieser Zufallsgröße die Wahrscheinlichkeit ebenfalls w beträgt, und begründen Sie Ihre Entscheidung. 3

30

Tipps und Hinweise zur Lösung von Übungsaufgabe 1

Tipps zu Teil 1

a) Suchen Sie die Stellen, an denen der eine Graph eine Nullstelle und der andere eine Extremstelle hat. Was können Sie daraus schließen?

b) Berechnen Sie die Stammfunktion von f(x) in Abhängigkeit der Konstanten C.

Setzen Sie die Koordinaten von S_y in die Stammfunktion ein und lösen Sie die entstehende Gleichung nach C auf.

c) Stellen Sie das Volumen des Quaders mithilfe der Kantenlänge a und der Kantenlänge b dar.

Die Summe aller Kanten soll 20 m betragen. Wie können Sie daraus die Kantenlänge b in Abhängigkeit von der Kantenlänge a ausdrücken?

Ersetzen Sie b in der Formel für das Volumen.

Welche Bedingung müssen die beiden Kantenlängen erfüllen? Berechnen Sie damit den Definitionsbereich von a.

Tipps zu Teil 2

a) Parallele Geraden besitzen denselben Richtungsvektor. Dieser lässt sich mithilfe der beiden Punkte berechnen, durch die die Gerade verläuft.

b) Wählen Sie für $\vec{b}$ einen beliebigen Vektor, für den $\vec{a} \circ \vec{b} = 0$ gilt.

Der Vektor $\vec{c}$ muss zwei Bedingungen erfüllen: $\vec{a} \circ \vec{c} = 0$ und $\vec{b} \circ \vec{c} = 0$

c) Wählen Sie je einen Punkt, der in der Ebene E_1 bzw. E_2 liegt.

Berechnen Sie die Koordinaten des Mittelpunktes der beiden Punkte.

Verwenden Sie die Koordinaten des Mittelpunktes, um die Ebenengleichung der mittelparallelen Ebene zu bestimmen.

Tipps zu Teil 3

a) Verdeutlichen Sie sich den Sachverhalt anhand eines Baumdiagramms.

Wie hoch ist die Wahrscheinlichkeit, eine Frage durch Raten richtig zu beantworten?

b) Die erste Wahrscheinlichkeit können Sie direkt aus der ergänzten Vierfeldertafel entnehmen.

Für die zweite Wahrscheinlichkeit benötigen Sie die Formel für die bedingte Wahrscheinlichkeit.

c) Betrachten Sie die Wahrscheinlichkeit für $X = 3$.

Beachten Sie, dass die Wahrscheinlichkeit für eine gerade Zahl genauso hoch ist wie die Wahrscheinlichkeit für eine ungerade Zahl. Welche Anzahl kommt daher infrage, um dieselbe Wahrscheinlichkeit w zu erhalten?

Prüfen Sie, ob $\binom{20}{17}$ genauso groß ist wie $\binom{20}{3}$. Benutzen Sie dafür $\binom{n}{k} = \frac{n!}{k!(n-k)!}$.

Lösungen zur Übungsaufgabe 1

Teil 1 – Analysis

a) *1. Möglichkeit:*
Der Graph G_2 ist der Graph der Funktion f(x) und der Graph G_1 ist der Graph der Funktion f'(x), weil die Nullstellen von f'(x) die Extremstellen von f(x) sind.

2. Möglichkeit:
Der Graph G_2 ist der Graph der Funktion f(x) und der Graph G_1 ist der Graph der Funktion f'(x), weil die Extremstelle von f'(x) die Wendestelle von f(x) ist.

b) Es handelt sich hier um ein sogenanntes „Anfangswertproblem“.
Für die Stammfunktion von f(x) gilt:

$$F_C(x) = \int (-2e^{2x} + 1)\,dx = -2 \cdot \frac{1}{2} \cdot e^{2x} + x + C = -e^{2x} + x + C$$

Da $S_y(0|5)$ auf dem Graphen von $F_C(x)$ liegen soll, muss dessen Funktionsterm für $x = 0$ und $y = F_C(0) = 5$ erfüllt sein. Aus dieser Gleichung lässt sich C berechnen.
Damit gilt:

$$5 = -e^{2 \cdot 0} + 0 + C$$
$$5 = -1 + C$$
$$6 = C$$

Für die Stammfunktion folgt:

$$F(x) = \underline{\underline{-e^{2x} + x + 6}}$$

c) Hier handelt es sich im Ansatz um eine Extremwertaufgabe.
Volumen des Quaders (Hauptbedingung):

$$V = a \cdot a \cdot b = a^2 b$$

Summe aller Kantenlängen des Quaders (Nebenbedingung):

$$8a + 4b = 20$$
$$4b = 20 - 8a$$
$$b = 5 - 2a$$

Damit erhält man als Zielfunktion:

$$V(a) = a^2 b = \underline{\underline{a^2(5 - 2a) = -2a^3 + 5a^2}}$$

Definitionsbereich von V(a):
Damit ein Quader existiert, müssen alle Kantenlängen größer als null sein. Daher muss $a > 0$ gelten. Für b muss die folgende Ungleichung erfüllt sein:

$$5 - 2a > 0$$
$$5 > 2a$$
$$2a < 5$$
$$a < \frac{5}{2}$$

Daher muss a Folgendes erfüllen:

$$0 < a < \frac{5}{2}$$

Damit ergibt sich der Definitionsbereich:

$$\underline{\underline{\mathbb{D}_V = \left\{ a \mid a \in \mathbb{R}, 0 < a < \frac{5}{2} \right\}}}$$

Teil 2 – Analytische Geometrie und Lineare Algebra

a) Die Gerade g verläuft durch den Punkt R und ist parallel zur Geraden g(PQ). Es müssen also die folgenden Bedingungen erfüllt sein: $R \in g$ und $g \parallel g(PQ)$.

$$g\colon\ \vec{x} = \overrightarrow{OR} + t \cdot \overrightarrow{PQ} = \underline{\underline{\begin{pmatrix} -1 \\ 4 \\ 2 \end{pmatrix} + t \begin{pmatrix} 1 \\ -1 \\ -2 \end{pmatrix}}};\quad t \in \mathbb{R}$$

b) Zwei Vektoren sind orthogonal zueinander, wenn ihr Skalarprodukt null ergibt.

Die Koordinaten von $\vec{b}$ werden so gewählt, dass $\vec{a} \circ \vec{b} = 0$ erfüllt ist. Dies gilt z. B. für $\underline{\underline{\vec{b} = \begin{pmatrix} -3 \\ 2 \\ 0 \end{pmatrix}}}$:

$$\begin{pmatrix} 2 \\ 3 \\ -1 \end{pmatrix} \circ \begin{pmatrix} -3 \\ 2 \\ 0 \end{pmatrix} = -6 + 6 + 0 = 0$$

Um einen solchen Vektor zu erhalten, können zwei Koordinaten von $\vec{b}$ frei gewählt werden. Die dritte Koordinate von $\vec{b}$ lässt sich dann über das Skalarprodukt $\vec{a} \circ \vec{b}$ berechnen.

Weiterhin muss gelten:

$$\vec{a} \circ \vec{c} = 0 \text{ und } \vec{b} \circ \vec{c} = 0$$

1. Möglichkeit:
Im trivialen Fall ist $\underline{\underline{\vec{c} = \begin{pmatrix} 0 \\ 0 \\ 0 \end{pmatrix} = \vec{0}}}$, denn dieser ist zu jedem Vektor orthogonal.

Probe: $\begin{pmatrix} 2 \\ 3 \\ -1 \end{pmatrix} \circ \begin{pmatrix} 0 \\ 0 \\ 0 \end{pmatrix} = 0 + 0 + 0 = 0$

$$\begin{pmatrix} -3 \\ 2 \\ 0 \end{pmatrix} \circ \begin{pmatrix} 0 \\ 0 \\ 0 \end{pmatrix} = 0 + 0 + 0 = 0$$

2. Möglichkeit:
Aus den Bedingungen für $\vec{c}$ erhält man ein lineares Gleichungssystem:

$$\vec{a} \circ \vec{c} = \begin{pmatrix} 2 \\ 3 \\ -1 \end{pmatrix} \circ \begin{pmatrix} x \\ y \\ z \end{pmatrix} = 0 \quad \Rightarrow \quad \text{I} \quad 2x + 3y - z = 0$$

$$\vec{b} \circ \vec{c} = \begin{pmatrix} -3 \\ 2 \\ 0 \end{pmatrix} \circ \begin{pmatrix} x \\ y \\ z \end{pmatrix} = 0 \quad \Rightarrow \quad \text{II} \quad -3x + 2y = 0$$

Es ergibt sich also ein unterbestimmtes lineares Gleichungssystem:

$$\begin{array}{lrl} \text{I} & 2x+3y-z=0 & \downarrow \cdot 3 \\ \text{II} & -3x+2y=0 & \cdot 2+ \\ \hline & 13y-3z=0 & \\ & 13y=3z & \\ & y=\frac{3}{13}z & \end{array}$$

y wird in I eingesetzt:

$$2x+3\cdot\frac{3}{13}z-z=0$$

$$2x+\frac{9-13}{13}z=0$$

$$2x-\frac{4}{13}z=0$$

$$2x=\frac{4}{13}z$$

$$x=\frac{2}{13}z$$

Damit erhält man:

$$\vec{c}=\begin{pmatrix} x \\ y \\ z \end{pmatrix}=\begin{pmatrix} \frac{2}{13}z \\ \frac{3}{13}z \\ z \end{pmatrix}$$

Einen konkreten Vektor erhält man z. B. für z = 13:

$$\underline{\underline{\vec{c}=\begin{pmatrix} 2 \\ 3 \\ 13 \end{pmatrix}}}$$

Probe: $\begin{pmatrix} 2 \\ 3 \\ -1 \end{pmatrix}\circ\begin{pmatrix} 2 \\ 3 \\ 13 \end{pmatrix}=4+9-13=0$

$$\begin{pmatrix} -3 \\ 2 \\ 0 \end{pmatrix}\circ\begin{pmatrix} 2 \\ 3 \\ 13 \end{pmatrix}=-6+6=0$$

3. Möglichkeit

$\vec{c}$ berechnet sich mithilfe des Vektorproduktes (Kreuzproduktes).

Das Vektorprodukt zweier Vektoren ist im jetzigen Lehrplan nicht verbindlich enthalten.

$$\vec{c}=\vec{a}\times\vec{b}=\begin{pmatrix} 2 \\ 3 \\ -1 \end{pmatrix}\times\begin{pmatrix} -3 \\ 2 \\ 0 \end{pmatrix}=\begin{pmatrix} 3\cdot 0-(-1)\cdot 2 \\ -1\cdot(-3)-2\cdot 0 \\ 2\cdot 2-3\cdot(-3) \end{pmatrix}=\underline{\underline{\begin{pmatrix} 2 \\ 3 \\ 13 \end{pmatrix}}}$$

c) *1. Möglichkeit:*
Die Gleichung für E_m hat dieselbe linke Seite wie E_1 und E_2, da die Ebenen parallel sind und parallele Ebenen denselben Normalenvektor haben. Damit gilt:

$$E_m\colon\ 2x+3y-4z=D$$

Um D zu berechnen, wird ein Punkt benötigt, der in der Ebene E_m liegt. Einen solchen Punkt findet man, indem man von einem Punkt A, der in der Ebene E_1 liegt, und einem Punkt B, der in der Ebene E_2 liegt, den Mittelpunkt M der Strecke $\overline{AB}$ berechnet. Dieser Punkt ist von E_1 und E_2 gleich weit entfernt und muss somit auf der mittelparallelen Ebene E_m liegen.
Beispielsweise liegt $A\left(\frac{d_1}{2}\,\middle|\,0\,\middle|\,0\right)$ auf E_1, weil A die Ebenengleichung von E_1 erfüllt, und $B\left(\frac{d_2}{2}\,\middle|\,0\,\middle|\,0\right)$ auf E_2, weil B die Ebenengleichung von E_2 erfüllt.
Für den Mittelpunkt M der Strecke $\overline{AB}$ gilt:

$$M\left(\frac{\frac{d_1}{2}+\frac{d_2}{2}}{2}\,\middle|\,0\,\middle|\,0\right) \Rightarrow M\left(\frac{d_1+d_2}{4}\,\middle|\,0\,\middle|\,0\right)$$

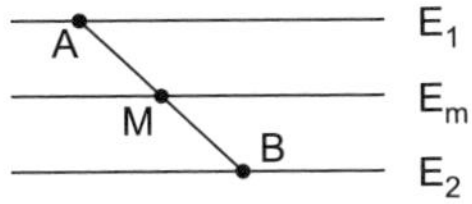

Einsetzen in E_m liefert:

$$2\cdot\frac{d_1+d_2}{4}+3\cdot 0-4\cdot 0=D$$

$$\frac{d_1+d_2}{2}=D$$

Damit erhält man:

$$E_m\colon\ 2x+3y-4z=\frac{d_1+d_2}{2}$$

2. Möglichkeit:
Die Gleichung für E_m hat dieselbe linke Seite wie E_1 und E_2, da die Ebenen parallel sind und parallele Ebenen denselben Normalenvektor haben.

Analyse des Problems:

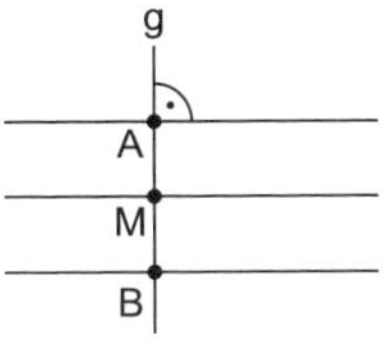

$$E_1\colon\ 2x+3y-4z=d_1$$
$$E_m\colon\ 2x+3y-4z=D \quad \text{weil } E_1 \parallel E_m \parallel E_2$$
$$E_2\colon\ 2x+3y-4z=d_2$$

Der Wert D in der Ebenengleichung von E_m muss nun noch ermittelt werden. Dafür bestimmt man einen Punkt M, der in der Mitte zwischen den Ebenen E_1 und E_2 liegt. Die Koordinaten von M werden in die Ebenengleichung von E_m eingesetzt. Durch die entstehende Gleichung wird der unbekannte Wert D berechnet.

Dazu wird ein beliebiger Punkt A gewählt, der auf E_1 liegt, z. B. $A\left(\frac{d_1}{2}\,\middle|\,0\,\middle|\,0\right)$. Anschließend wird die Gleichung der Geraden aufgestellt, die senkrecht auf E_1 steht und durch den Punkt A verläuft:

$$g\colon\ \vec{x}=\begin{pmatrix}\frac{d_1}{2}\\0\\0\end{pmatrix}+s\begin{pmatrix}2\\3\\-4\end{pmatrix};\quad s\in\mathbb{R}$$

Der Normalenvektor von E_1 ist ein Richtungsvektor von g.

Die Gerade g schneidet die Ebene E_2 in einem Punkt B, der von der Ebene E_m denselben Abstand hat wie der Punkt A von E_m. Dazu liest man die Geradengleichung koordinatenweise und setzt die Terme für x, y und z in die Ebenengleichung von E_2 ein:

$$2\left(\frac{d_1}{2}+2s\right)+3\cdot 3s-4(-4s)=d_2$$

$$d_1+4s+9s+16s=d_2$$

$$29s=d_2-d_1$$

$$s=\frac{d_2-d_1}{29}$$

s wird in g eingesetzt:

$$\vec{x}=\begin{pmatrix}\frac{d_1}{2}\\0\\0\end{pmatrix}+\frac{d_2-d_1}{29}\begin{pmatrix}2\\3\\-4\end{pmatrix}$$

$$\Rightarrow\quad B\left(\frac{d_1}{2}+\frac{2(d_2-d_1)}{29}\;\middle|\;\frac{3(d_2-d_1)}{29}\;\middle|\;\frac{-4(d_2-d_1)}{29}\right)$$

Für den Mittelpunkt M der Strecke $\overline{AB}$ gilt:

$$M\left(\frac{\frac{d_1}{2}+\frac{2(d_2-d_1)}{29}+\frac{d_1}{2}}{2}\;\middle|\;\frac{\frac{3(d_2-d_1)}{29}+0}{2}\;\middle|\;\frac{\frac{-4(d_2-d_1)}{29}+0}{2}\right)$$

$$\Rightarrow\quad M\left(\frac{d_1}{2}+\frac{d_2-d_1}{29}\;\middle|\;\frac{3(d_2-d_1)}{58}\;\middle|\;\frac{-4(d_2-d_1)}{58}\right)$$

Die Koordinaten von M werden in die Ebenengleichung von E_m eingesetzt:

$$2\left(\frac{d_1}{2}+\frac{d_2-d_1}{29}\right)+3\left(\frac{3(d_2-d_1)}{58}\right)-4\left(\frac{-4(d_2-d_1)}{58}\right)=D$$

$$d_1+\frac{2(d_2-d_1)}{29}+\frac{9(d_2-d_1)}{58}+\frac{16(d_2-d_1)}{58}=D$$

$$\frac{58d_1}{58}+\frac{4(d_2-d_1)}{58}+\frac{9(d_2-d_1)}{58}+\frac{16(d_2-d_1)}{58}=D$$

$$58d_1+4d_2-4d_1+9d_2-9d_1+16d_2-16d_1=58D$$

$$29d_1+29d_2=58D$$

$$29(d_1+d_2)=58D$$

$$\frac{d_1+d_2}{2}=D$$

$$\Rightarrow\quad E_m\colon 2x+3y-4z=\frac{d_1+d_2}{2}$$

Damit erhält man die in der Aufgabenstellung angegebene Ebenengleichung.

Teil 3 – Stochastik

a) *1. Möglichkeit:*

$$P(rrrr) = \frac{1}{4} \cdot \frac{1}{4} \cdot \frac{1}{4} \cdot \frac{1}{4} = \underline{\underline{\frac{1}{256}}}$$

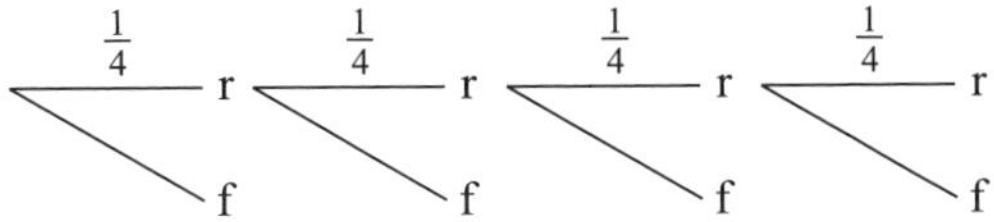

2. Möglichkeit:

Es handelt sich um eine Bernoulli-Kette der Länge 4 und dem Treffer „Frage wird richtig beantwortet".

Die Wahrscheinlichkeit für einen Treffer, also dafür, eine Frage richtig zu beantworten, beträgt $\frac{1}{4}$.

X sei die Anzahl der richtig beantworteten Fragen. X sei binomialverteilt mit $n = 4$ und $p = \frac{1}{4}$.

Allgemein lässt sich bei einer mit n und p binomialverteilten Zufallsgröße X die Wahrscheinlichkeit, dass X genau k ist, folgendermaßen berechnen:

$$P(X = k) = B(n, p, k) = \binom{n}{k} p^k (1-p)^{n-k}$$

Damit folgt:

$$P(X = 4) = B\left(4, \frac{1}{4}, 4\right) = \binom{4}{4}\left(\frac{1}{4}\right)^4 \left(\frac{3}{4}\right)^0 = 1 \cdot \frac{1}{256} \cdot 1 = \underline{\underline{\frac{1}{256}}}$$

b) Vervollständigen der Vierfeldertafel:

Die in der Vierfeldertafel ergänzten Werte werden fett dargestellt.

	A	$\overline{A}$	
B	0,25	**0,55**	0,8
$\overline{B}$	**0,05**	0,15	**0,2**
	0,3	**0,7**	**1**

Die für die Lösung dieser Aufgabe relevanten allgemeinen Einträge in der Vierfeldertafel können wie nebenstehend dargestellt werden.

	A	$\overline{A}$	
B	$P(B \cap A)$	$P(B \cap \overline{A})$	
$\overline{B}$			
	$P(A)$		

Die Wahrscheinlichkeit $P(\overline{A} \cap B)$ kann aus der Vierfeldertafel direkt abgelesen werden.

$$P(\overline{A} \cap B) = \underline{\underline{0,55}}$$

Für die bedingte Wahrscheinlichkeit gilt:

$$P_A(B) = \frac{P(B \cap A)}{P(A)} = \frac{0,25}{0,3} = \underline{\underline{\frac{5}{6}}}$$

c) Es handelt sich um eine Bernoulli-Kette der Länge 4 und dem Treffer „gerade Zahl fällt“. Die Wahrscheinlichkeit für einen Treffer, also dafür, dass eine gerade Zahl fällt, beträgt $\frac{1}{2}$.

X sei die Anzahl der geraden Zahlen. X sei binomialverteilt mit $n=20$ und $p=\frac{1}{2}$.

Betrachtet wird das Ereignis A: „Es fallen genau 3 gerade Zahlen.“

Es gilt:

$$P(A)=P(X=3)=B\left(20,\frac{1}{2},3\right)=\binom{20}{3}\left(\frac{1}{2}\right)^{3}\left(1-\frac{1}{2}\right)^{17}=\binom{20}{3}\left(\frac{1}{2}\right)^{3}\left(\frac{1}{2}\right)^{17}$$

Da $p=\frac{1}{2}$ und deswegen auch $1-p=1-\frac{1}{2}=\frac{1}{2}$ gilt, kann man durch Vergleich der Exponenten von p und $(1-p)$ in der Formel von Bernoulli vermuten, dass man für $X=17$ dieselbe Wahrscheinlichkeit w erhält.

$$P(X=17)=B\left(20,\frac{1}{2},17\right)=\binom{20}{17}\left(\frac{1}{2}\right)^{17}\left(\frac{1}{2}\right)^{3}$$

Beide Wahrscheinlichkeiten sind gleich groß, wenn der Wert der Binomialkoeffizienten übereinstimmt:

$$\binom{20}{3}=\frac{20!}{3!(20-3)!}=\frac{20!}{3!\cdot 17!}=\frac{20!}{17!\cdot 3!}=\frac{20!}{17!(20-17)!}=\binom{20}{17}$$

Für $\underline{\underline{X=17}}$ ergibt sich $P(X=3)=P(X=17)=w$.

Berlin – Mathematik Leistungskurs
Übungsaufgabe 2: hilfsmittelfreier Teil*

Teil 1 – Analysis BE

a) Geben Sie je eine reelle Zahl für die Parameter a, b und c an, sodass die Funktionen F_a, G_b und H_c Stammfunktionen der Funktionen f, g und h sind.

$f\colon f(x) = 2x^3 + 4x - 1$ $\qquad F_a\colon F_a(x) = 0{,}5x^4 + ax^2 - x + 3$

$g\colon g(x) = \sqrt{x-4}$ $\qquad G_b\colon G_b(x) = \frac{2}{b}(x-4)^{\frac{3}{2}}$

$h\colon h(x) = 4e^{-2x+1} + e$ $\qquad H_c\colon H_c(x) = c \cdot e^{-2x+1} + ex - e$

Bestimmen Sie diejenige Stammfunktion von f, deren Graph die y-Achse im Punkt $S_y(0\,|\,-1)$ schneidet. 5

b) Von einer ganzrationalen Funktion dritten Grades ist Folgendes bekannt:
- $x_N = 1$ ist die Nullstelle der Funktion.
- $S_y(0\,|\,1)$ ist Sattelpunkt des Graphen.

Geben Sie ein lineares Gleichungssystem an, mit dem man die Koeffizienten dieser ganzrationalen Funktion dritten Grades ermitteln kann.
Hinweis: Ein Sattelpunkt ist ein Wendepunkt, in dem eine zur x-Achse parallele Tangente existiert. 5

Teil 2 – Analytische Geometrie

a) Die Gerade g verläuft durch die Punkte $P(1\,|\,1\,|\,1)$ und $Q(2\,|\,2\,|\,2)$.
Geben Sie eine Gleichung der Geraden g an.
Ermitteln Sie eine Gleichung einer Geraden h, die die Gerade g im Mittelpunkt der Strecke PQ orthogonal schneidet. 5

b) In einer Ebene E liegen die Punkte $P(4\,|\,-6\,|\,3)$ und $Q(9\,|\,12\,|\,4)$ sowie das Dreieck ABC mit dem Punkt $A(0\,|\,0\,|\,1)$.
Ermitteln Sie eine Parametergleichung der Ebene E.

Mit der Gleichung $\cos(\sphericalangle BAC) = \dfrac{\begin{pmatrix}2\\-3\\1\end{pmatrix} \circ \begin{pmatrix}3\\4\\1\end{pmatrix}}{\left|\begin{pmatrix}2\\-3\\1\end{pmatrix}\right| \cdot \left|\begin{pmatrix}3\\4\\1\end{pmatrix}\right|}$ hat ein Schüler den Innenwinkel des Dreiecks ABC mit dem Scheitelpunkt A korrekt berechnet.
Geben Sie für die Punkte B und C mögliche Koordinaten an. 5

*Abitur Brandenburg 2016 Aufgabe 1

Teil 3 – Stochastik

a) Das nebenstehende Baumdiagramm gehört zum Zufallsexperiment „Zweimaliges, unabhängiges Werfen mit einem fairen Würfel“.
Übertragen Sie das Baumdiagramm auf Ihr Arbeitsblatt.
Ergänzen Sie die fehlenden Wahrscheinlichkeiten.
Geben Sie $P_{\overline{A}}(\overline{B})$ und $P(B)$ an.
Formulieren Sie mögliche Ereignisse A und B. 5

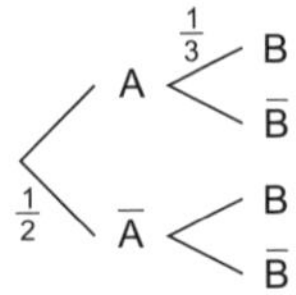

b) An der Vorbereitung einer Abiturfeier sind insgesamt 30 Mädchen und 25 Jungen beteiligt.
Man betrachtet das Ereignis
T: Auf dem Titelbild für die Einladung sind genau a Jungen und b Mädchen abgebildet.
Geben Sie a und b an, wenn P(T) mithilfe des Terms $\frac{\binom{30}{3}\cdot\binom{25}{2}}{\binom{55}{5}}$ korrekt berechnet werden kann.
Auf dem Titelbild sollen die ausgewählten a Jungen und b Mädchen so in einer Reihe angeordnet werden, dass ein Junge stets zwischen zwei Mädchen steht.
Ermitteln Sie die Anzahl der Möglichkeiten für die Anordnung auf dem Titelbild. 5

30

Tipps und Hinweise zur Lösung von Übungsaufgabe 2

Tipps zu Teil 1

a) Bilden Sie die 1. Ableitung der jeweiligen Stammfunktionen.
Vergleichen Sie die Koeffizienten der 1. Ableitung der Stammfunktionen mit denen der Funktionen f(x), g(x) und h(x).
Alle Stammfunktionen zu f(x) unterscheiden sich nur durch eine Konstante.
Die gesuchte Stammfunktion muss den Schnittpunkt enthalten.

b) Verwenden Sie für das Aufstellen des Gleichungssystems die gegebenen Bedingungen: $f(1)=0$, $f(0)=1$, $f'(0)=0$ und $f''(0)=0$

Tipps zu Teil 2

a) Die Koordinaten des Mittelpunktes ergeben sich jeweils über das arithmetische Mittel der Koordinaten der Punkte P und Q.
Der Mittelpunkt M muss auf der Geraden h liegen.
Mithilfe des Skalarprodukts und des Richtungsvektors der Geraden g berechnet man einen Richtungsvektor der Geraden h.

b) Zum Aufstellen der Ebene in Parameterform benötigen Sie einen Stützvektor und die zugehörigen Spannvektoren.
Überlegen Sie, welche Vektoren den berechneten Innenwinkel einschließen.
Bestimmen Sie mit den sich ergebenden Gleichungssystemen die Koordinaten der Punkte.

Tipps zu Teil 3

a) Für die Ergänzung des Baumdiagramms verwenden Sie die Beziehungen $P(A)+P(\overline{A})=1$ und $P_A(B)+P_A(\overline{B})=1$.
Die Wahrscheinlichkeiten können dann direkt am Baumdiagramm abgelesen werden.
Überlegen Sie sich, auf welche Augenzahlen beim Würfel man sich beschränken muss, um die Wahrscheinlichkeiten $P(A)=\frac{1}{2}$ bzw. $P(B)=\frac{1}{3}$ zu erhalten.

b) Ordnen Sie die Ausdrücke im Zähler und im Nenner des Terms den Jungen und Mädchen zu.
Ordnen Sie die Mädchen und Jungen in einer Reihe an und überlegen Sie, wie viele Möglichkeiten es für jede Position gibt.

Lösungen zur Übungsaufgabe 2

Teil 1 – Analysis

a) Bestimmung der Parameter a, b und c:

$$F_a'(x) = f(x)$$
$$F_a(x) = 0{,}5x^4 + ax^2 - x + 3$$
$$F_a'(x) = 2x^3 + 2ax - 1$$
$$f(x) = 2x^3 + 4x - 1$$

Der Koeffizientenvergleich liefert: $2a = 4 \Rightarrow \underline{\underline{a = 2}}$

$$G_b'(x) = g(x)$$
$$G_b(x) = \frac{2}{b}(x-4)^{\frac{3}{2}}$$
$$G_b'(x) = \frac{2}{b} \cdot \frac{3}{2}(x-4)^{\frac{1}{2}}$$
$$= \frac{3}{b}\sqrt{x-4}$$
$$g(x) = \sqrt{x-4}$$

Der Koeffizientenvergleich liefert: $\frac{3}{b} = 1 \Rightarrow \underline{\underline{b = 3}}$

$$H_c'(x) = h(x)$$
$$H_c(x) = c \cdot e^{-2x+1} + ex - e$$
$$H_c'(x) = -2c \cdot e^{-2x+1} + e$$
$$h(x) = 4 \cdot e^{-2x+1} + e$$

Der Koeffizientenvergleich liefert: $-2c = 4 \Rightarrow \underline{\underline{c = -2}}$

Man kennt bereits eine Stammfunktion zu f(x):

$$F_2(x) = 0{,}5x^4 + 2x^2 - x + 3$$

Die verschiedenen Stammfunktionen zu f(x) unterscheiden sich nur durch eine Konstante.

$$F(x) = 0{,}5x^4 + 2x^2 - x + C$$

Mit dem Punkt $S_y(0\,|-1)$ ergibt sich:

$$F(0) = -1 \Rightarrow -1 = C$$
$$F(x) = \underline{\underline{0{,}5x^4 + 2x^2 - x - 1}}$$

b) Es handelt sich um eine ganzrationale Funktion f(x) 3. Grades.

$$f(x) = ax^3 + bx^2 + cx + d$$

Da $x_N = 1$ eine Nullstelle von f(x) ist, gilt:

$$f(1) = 0$$
$$\Rightarrow \text{ I } \; 0 = a + b + c + d$$

$S_y(0 | 1)$ ist Punkt des Graphen von f(x).

$f(0) = 1$

$\Rightarrow$ II $1 = d$

Da der Punkt $S_y(0 | 1)$ Sattelpunkt ist, existiert eine zur x-Achse parallele Tangente, d. h, die Steigung (1. Ableitung) an der Stelle $x = 0$ ist null.

$f'(x) = 3ax^2 + 2bx + c$

Mit $f'(0) = 0$,

$\Rightarrow$ III $0 = c$.

$S_y(0 | 1)$ ist Wendepunkt von f(x).

$f''(x) = 0$

$f''(x) = 6ax + 2b$

Mit $f''(0) = 0$,

$\Rightarrow$ IV $0 = 2b$.

Damit lautet das lineare Gleichungssystem:

I $0 = a + b + c + d$

II $1 = d$

III $0 = c$

IV $0 = 2b$

Teil 2 – Analytische Geometrie

a) Die Gleichung für die Gerade g lautet:

$$g\colon \vec{x} = \overrightarrow{OP} + s \cdot \overrightarrow{PQ} = \begin{pmatrix} 1 \\ 1 \\ 1 \end{pmatrix} + s \cdot \begin{pmatrix} 2-1 \\ 2-1 \\ 2-1 \end{pmatrix} = \underline{\underline{\begin{pmatrix} 1 \\ 1 \\ 1 \end{pmatrix} + s \cdot \begin{pmatrix} 1 \\ 1 \\ 1 \end{pmatrix}}} \quad \text{mit } s \in \mathbb{R}$$

Die Koordinaten des Mittelpunktes M ergeben sich jeweils über das arithmetische Mittel der Koordinaten der Punkte P und Q.

Mittelpunkt von PQ:

$$M\left(\frac{2+1}{2} \,\middle|\, \frac{2+1}{2} \,\middle|\, \frac{2+1}{2}\right) = M(1{,}5 \,|\, 1{,}5 \,|\, 1{,}5)$$

Da der Mittelpunkt M der Schnittpunkt der beiden Geraden ist, verwendet man diesen als Stützpunkt für die Geradengleichung. Zur Bestimmung des Richtungsvektors verwendet man die Orthogonalität zur Geraden g.

$$\begin{pmatrix} a \\ b \\ c \end{pmatrix} \circ \begin{pmatrix} 1 \\ 1 \\ 1 \end{pmatrix} = 0$$

$$a + b + c = 0$$

Da das Gleichungssystem unterbestimmt ist (3 Variablen, 1 Gleichung), kann man 2 Variablen frei wählen, z. B. $a = 1$, $b = -1$ $\Rightarrow$ $c = 0$.

$$\underline{\underline{h\colon \vec{x} = \begin{pmatrix} 1{,}5 \\ 1{,}5 \\ 1{,}5 \end{pmatrix} + t \cdot \begin{pmatrix} 1 \\ -1 \\ 0 \end{pmatrix}}} \quad \text{mit } t \in \mathbb{R}$$

b) Als Beispiel ist hier die Ebenengleichung mit A als Stützpunkt und den zugehörigen Spannvektoren aufgeführt. Prinzipiell könnte man auch P oder Q als Stützpunkt und die entsprechenden Spannvektoren verwenden.

$$E\colon \vec{x} = \overrightarrow{OA} + s \cdot \overrightarrow{AP} + t \cdot \overrightarrow{AQ}$$

$$= \begin{pmatrix} 0 \\ 0 \\ 1 \end{pmatrix} + s \cdot \begin{pmatrix} 4-0 \\ -6-0 \\ 3-1 \end{pmatrix} + t \cdot \begin{pmatrix} 9-0 \\ 12-0 \\ 4-1 \end{pmatrix}$$

$$= \underline{\underline{\begin{pmatrix} 0 \\ 0 \\ 1 \end{pmatrix} + s \cdot \begin{pmatrix} 4 \\ -6 \\ 2 \end{pmatrix} + t \cdot \begin{pmatrix} 9 \\ 12 \\ 3 \end{pmatrix}}} \quad \text{mit } s, t \in \mathbb{R}$$

Aus der Definition des Skalarprodukts erhält man:

$$\cos(\sphericalangle BAC) = \frac{\overrightarrow{AB} \circ \overrightarrow{AC}}{|\overrightarrow{AB}| \cdot |\overrightarrow{AC}|} = \frac{\begin{pmatrix} 2 \\ -3 \\ 1 \end{pmatrix} \circ \begin{pmatrix} 3 \\ 4 \\ 1 \end{pmatrix}}{\left|\begin{pmatrix} 2 \\ -3 \\ 1 \end{pmatrix}\right| \cdot \left|\begin{pmatrix} 3 \\ 4 \\ 1 \end{pmatrix}\right|}$$

$$\overrightarrow{AB} = \begin{pmatrix} 2 \\ -3 \\ 1 \end{pmatrix} = \begin{pmatrix} b_x - 0 \\ b_y - 0 \\ b_z - 1 \end{pmatrix}$$

$$\begin{array}{lcl} 2 = b_x - 0 & & b_x = 2 \\ -3 = b_y - 0 & \Rightarrow & b_y = -3 \\ 1 = b_z - 1 & & b_z = 2 \end{array}$$

$$\overrightarrow{AC} = \begin{pmatrix} 3 \\ 4 \\ 1 \end{pmatrix} = \begin{pmatrix} c_x - 0 \\ c_y - 0 \\ c_z - 1 \end{pmatrix}$$

$$\begin{array}{lcl} 3 = c_x - 0 & & c_x = 3 \\ 4 = c_y - 0 & \Rightarrow & c_y = 4 \\ 1 = c_z - 1 & & c_z = 2 \end{array}$$

Die Koordinaten der gesuchten Punkte lauten $\underline{\underline{B(2\,|-3\,|\,2)}}$ und $\underline{\underline{C(3\,|\,4\,|\,2)}}$.

Teil 3 – Stochastik

a)

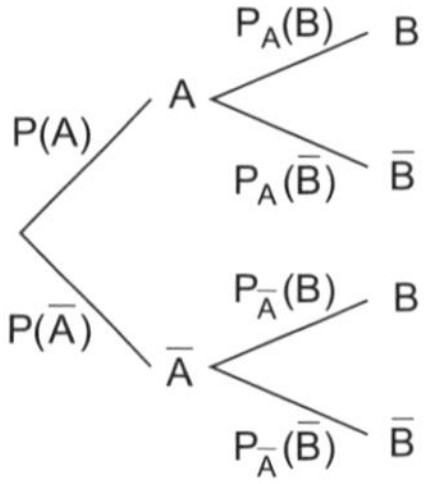

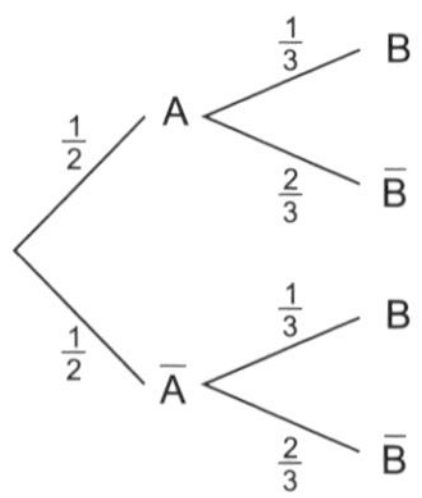

Begründung:

$P(A) + P(\overline{A}) = 1$

$P_A(B) + P_A(\overline{B}) = 1$

Die gesuchten Wahrscheinlichkeiten lassen sich direkt vom Baumdiagramm ablesen.

$$P_{\overline{A}}(\overline{B}) = \underline{\underline{\frac{2}{3}}}$$

$$P(B) = \frac{1}{2} \cdot \frac{1}{3} + \frac{1}{2} \cdot \frac{1}{3} = \frac{1}{6} + \frac{1}{6} = \underline{\underline{\frac{1}{3}}}$$

Mögliche Ereignisse für A sind z. B.:
Werfen einer geraden Zahl.
oder
Werfen einer ungeraden Zahl.
oder
Werfen einer Primzahl.

Mögliche Ereignisse für B sind z. B.:
Werfen einer Zahl, die kleiner als drei ist.
oder
Werfen einer Zahl, die größer als vier ist.

b) Für das Ereignis T werden a Jungen „ohne Zurücklegen" und b Mädchen „ohne Zurücklegen" gezogen.

$$P(T) = \frac{\binom{30}{b} \cdot \binom{25}{a}}{\binom{30+25}{a+b}} = \frac{\binom{30}{3} \cdot \binom{25}{2}}{\binom{55}{5}} \quad \Rightarrow \quad a = 2 \text{ und } b = 3$$

Auf dem Titelbild für die Einladung sind genau $\underline{\underline{\text{2 Jungen}}}$ und $\underline{\underline{\text{3 Mädchen}}}$.

Folgende Anordnung von 2 Jungen und 3 Mädchen ist möglich:

$$M_i \, J_k \, M_\ell \, J_n \, M_p$$

Für die Wahl von M_i gibt es 3 Möglichkeiten.
Für die Wahl von J_k gibt es 2 Möglichkeiten.
Für die Wahl von M_ℓ gibt es $(3-1)=2$ Möglichkeiten.
Für die Wahl von J_n gibt es $(2-1)=1$ Möglichkeit.
Für die Wahl von M_p gibt es $(3-1-1)=1$ Möglichkeit.

$$\text{Anz} = 3 \cdot 2 \cdot 2 \cdot 1 \cdot 1 = 12$$

Die Anzahl der Möglichkeiten für die Anordnung auf dem Titelbild beträgt $\underline{\underline{12}}$.

Berlin – Mathematik Leistungskurs
Übungsaufgabe 3: hilfsmittelfreier Teil*

Teil 1 – Analysis BE

Gegeben ist eine Funktion f mit $f(x) = 2e^{\frac{1}{2}x} - 1;\ x \in \mathbb{R}$.

a) Ermitteln Sie die Nullstelle der Funktion f. 2

b) Die Tangente an den Graphen von f im Punkt $S(0\,|\,1)$ begrenzt mit den beiden Koordinatenachsen ein Dreieck.
Weisen Sie nach, dass dieses Dreieck gleichschenklig ist. 3

Teil 2 – Analytische Geometrie

Gegeben ist die Ebene $E\colon 2x + y - 2z = -18$.

a) Der Schnittpunkt von E mit der x-Achse und der Schnittpunkt von E mit der y-Achse sowie der Koordinatenursprung sind die Eckpunkte eines Dreiecks.
Bestimmen Sie den Flächeninhalt dieses Dreiecks. 2

b) Ermitteln Sie die Koordinaten des Vektors, der sowohl ein Normalenvektor von E als auch der Ortsvektor eines Punktes der Ebene E ist. 3

Teil 3 – Stochastik

Schwarze und weiße Kugeln sind wie folgt auf drei Urnen verteilt.

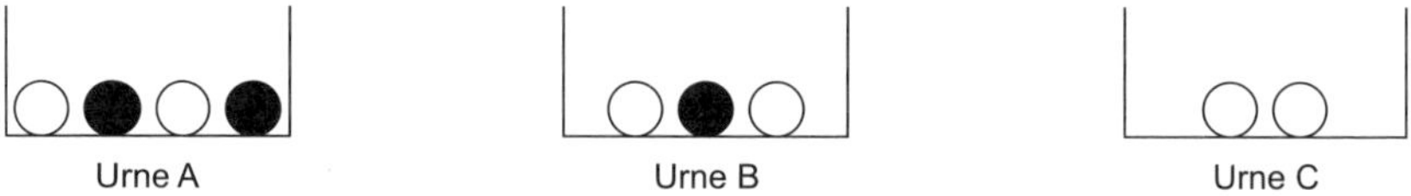

a) Aus Urne A wird zunächst eine Kugel zufällig entnommen und in Urne B gelegt.
Anschließend wird aus Urne B eine Kugel zufällig entnommen und in Urne C gelegt.
Bestimmen Sie die Wahrscheinlichkeit dafür, dass sich danach in Urne C zwei weiße Kugeln und eine schwarze Kugel befinden. 2

---

*Abitur Brandenburg 2017 Aufgabe 1

b) Die drei Urnen mit den in der Abbildung dargestellten Inhalten bilden den Ausgangspunkt für folgendes Spiel:
Es wird zunächst ein Einsatz von 1 Euro eingezahlt. Anschließend wird eine der drei Urnen zufällig ausgewählt und danach aus dieser Urne eine Kugel zufällig gezogen. Nur dann, wenn diese Kugel schwarz ist, wird ein bestimmter Geldbetrag ausgezahlt.
Ermitteln Sie, wie groß dieser Geldbetrag sein muss, damit bei diesem Spiel auf lange Sicht Einsätze und Auszahlungen ausgeglichen sind. 3

15

Tipps und Hinweise zur Lösung von Übungsaufgabe 3

Tipps zu Teil 1

a) Für Nullstellen gilt allgemein: $f(x_0) = 0$

b) Skizzieren Sie den Sachverhalt.
Stellen Sie die Gleichung der Tangente auf. Die Steigung entspricht der 1. Ableitung von $f(x)$ im Punkt S.
Bestimmen Sie den Schnittpunkt der Tangente mit der x-Achse.

Tipps zu Teil 2

a) Berechnen Sie die Schnittpunkte der Ebene mit der x- und y-Achse durch Einsetzen der Punkte $S_x(x \mid 0 \mid 0)$ und $S_y(0 \mid y \mid 0)$.
Erstellen Sie eine Skizze.
Beachten Sie, dass die Koordinatenachsen senkrecht aufeinander stehen.

b) Einen Normalenvektor kann man direkt aus der Ebenengleichung ablesen.
Formulieren Sie einen allgemeinen Vektor, der sämtliche Normalenvektoren der Ebene beschreibt. Setzen Sie dessen Koordinaten in die Ebenengleichung ein.

Tipps zu Teil 3

a) Erstellen Sie ein Baumdiagramm.
Überlegen Sie, welche Pfade zum gesuchten Ergebnis passen. Beachten Sie dabei, welche Kugeln bereits in Urne C liegen.

b) Erstellen Sie ein Baumdiagramm.
Berechnen Sie die Wahrscheinlichkeiten für Gewinn und Verlust.
Verlust ist das Gegenereignis zu Gewinn.
Stellen Sie mithilfe der ermittelten Wahrscheinlichkeiten eine Gleichung für ein ausgeglichenes Spiel auf.

Lösungen zur Übungsaufgabe 3

Teil 1 – Analysis

a) Für Nullstellen gilt allgemein: $f(x_0) = 0$

$$2e^{\frac{1}{2}x_0} - 1 = 0 \qquad |+1$$

$$2e^{\frac{1}{2}x_0} = 1 \qquad |:2$$

$$e^{\frac{1}{2}x_0} = \frac{1}{2} \qquad |\ln$$

$$\ln e^{\frac{1}{2}x_0} = \ln\frac{1}{2}$$

$$\frac{1}{2}x_0 = \ln\frac{1}{2}$$

$$x_0 = 2\ln\frac{1}{2}$$

$$x_0 = 2\ln 1 - 2\ln 2$$

$$x_0 = \underline{\underline{-2\ln 2}}$$

b) Für $|\overrightarrow{AO}|$ benötigt man den Schnittpunkt der Tangente mit der x-Achse.
Allgemein lautet die Tangentengleichung:

$$t(x) = m_t x + n_t$$

Für die Steigung im Punkt S gilt:

$$m_t = f'(0)$$

$$f'(x) = 2 \cdot \frac{1}{2} e^{\frac{1}{2}x} = e^{\frac{1}{2}x}$$

$$f'(0) = e^0 = 1$$

$$\Rightarrow \; t(x) = x + n_t$$

$$t(0) = 1 \qquad \Rightarrow \; n_t = 1$$

$$t(x) = x + 1$$

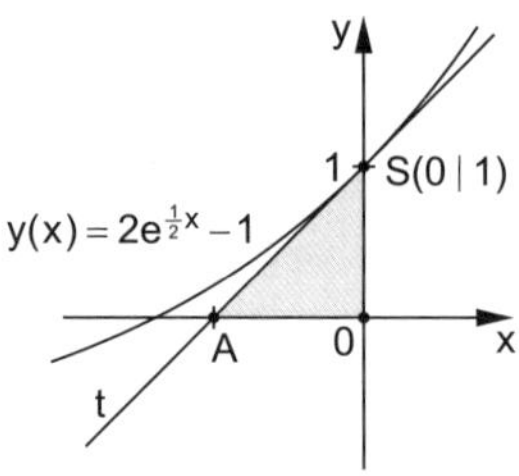

Berechnung des Schnittpunkts:

$$x + 1 = 0 \;\Rightarrow\; x = -1$$

Die Tangente schneidet die x-Achse bei T(−1 | 0). Daher gilt $|\overrightarrow{AO}| = |\overrightarrow{OS}|$ und das Dreieck ist gleichschenklig.

Anmerkung: Man kann auch direkt aus der Steigung auf Gleichschenkligkeit schließen. Damit $m_t = 1$ (Steigungsdreieck), muss $|\overrightarrow{AO}| = |\overrightarrow{OS}|$ gelten.

Teil 2 – Analytische Geometrie

a) Berechnen der Schnittpunkte der Ebene mit der x- und y-Achse:

$S_x(x\,|\,0\,|\,0)$ mit $x \in \mathbb{R}$:

$$\begin{aligned} 2x + 0 - 2 \cdot 0 &= -18 \\ 2x &= -18 \\ x &= -9 \end{aligned}$$

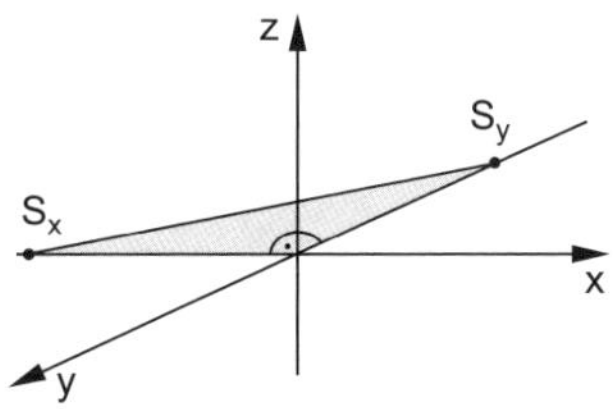

$S_y(0\,|\,y\,|\,0)$ mit $y \in \mathbb{R}$:

$$\begin{aligned} 2 \cdot 0 + y - 2 \cdot 0 &= -18 \\ y &= -18 \end{aligned}$$

Da die Koordinatenachsen senkrecht aufeinander stehen, ist das Dreieck S_xOS_y rechtwinklig. Daher entspricht der Betrag eines Achsenabschnitts der Grundseite und der des anderen der Höhe des Dreiecks.

$$A_{\triangle S_xOS_y} = \frac{1}{2} g \cdot h_g = \frac{1}{2} \cdot 18 \cdot 9 = 9 \cdot 9 = \underline{\underline{81\,[\text{FE}]}}$$

b) Einen Normalenvektor kann man direkt aus der Ebenengleichung ablesen:

$$\vec{n} = \begin{pmatrix} 2 \\ 1 \\ -2 \end{pmatrix}$$

Sämtliche mögliche Normalenvektoren lassen sich beschreiben durch:

$$\vec{n}_k = k \cdot \begin{pmatrix} 2 \\ 1 \\ -2 \end{pmatrix} \quad \text{mit } k \in \mathbb{R}$$

Damit hat der Punkt die Koordinaten $P(2k\,|\,k\,|\,-2k)$. Da P ein Punkt der Ebene E ist, müssen seine Koordinaten die Ebenengleichung von E erfüllen. Deshalb gilt:

$$\begin{aligned} 2 \cdot 2k + k - 2 \cdot (-2k) &= -18 \\ 4k + k + 4k &= -18 \\ 9k &= -18 \\ k &= -2 \end{aligned}$$

Die Koordinaten des gesuchten Vektors sind $\overrightarrow{OP} = \underline{\underline{\begin{pmatrix} -4 \\ -2 \\ 4 \end{pmatrix}}}$.

Teil 3 – Stochastik

a) Es liegt ein zweistufiges Zufallsexperiment vor, das mit einem Baumdiagramm dargestellt werden kann. Die Pfade beschreiben die Wahrscheinlichkeiten, die jeweiligen Kugeln umzulegen.

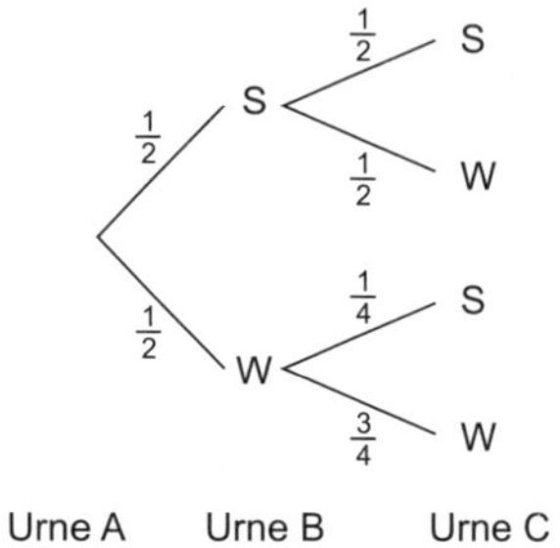

Da sich bereits zwei weiße Kugeln in Urne C befinden, muss man die Wahrscheinlichkeiten betrachten, dass eine schwarze Kugel in Urne C gelegt wird.

Entsprechend dem Baumdiagramm ergibt sich:

$$P(SS) = \frac{1}{2} \cdot \frac{1}{2} = \frac{1}{4}$$

$$P(WS) = \frac{1}{2} \cdot \frac{1}{4} = \frac{1}{8}$$

Für die Gesamtwahrscheinlichkeit des gesuchten Ereignisses ergibt sich:

$$P(E) = P(SS) + P(WS) = \frac{1}{4} + \frac{1}{8} = \underline{\underline{\frac{3}{8}}}$$

b) Es liegt ein zweistufiges Zufallsexperiment vor, das mit einem Baumdiagramm dargestellt werden kann.

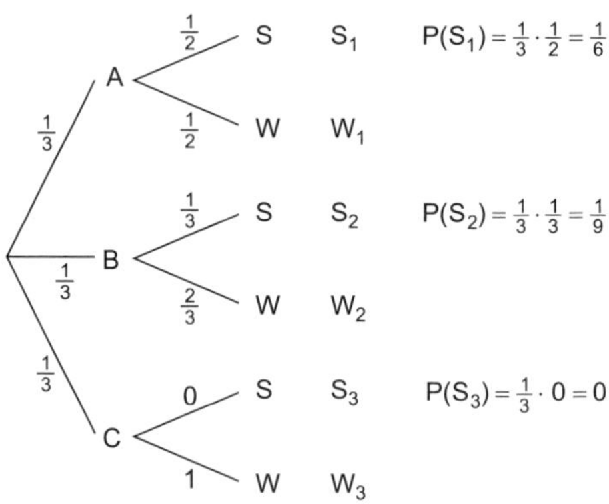

$$P(\text{Gewinn}) = P(S_1) + P(S_2) + P(S_3) = \frac{1}{6} + \frac{1}{9} + 0 = \frac{3+2}{18} = \frac{5}{18}$$

$$P(\text{Verlust}) = 1 - P(\text{Gewinn}) = 1 - \frac{5}{18} = \frac{13}{18}$$

Gewinnt man, hat man zuvor 1 Euro gezahlt ($\Rightarrow$ -1 €) und erhält einen Betrag von $x > 0$ Euro, also insgesamt $(x - 1)$ €. Dies tritt mit einer Wahrscheinlichkeit von $\frac{5}{18}$ ein.
Der Gewinn beträgt also $(x-1) \cdot \frac{5}{18}$ €.
Verliert man, hat man zuvor auch 1 Euro gezahlt ($\Rightarrow$ -1 €) und erhält einen Betrag von 0 €, also insgesamt $(0 - 1)$ € $= -1$ €. Dies tritt mit einer Wahrscheinlichkeit von $\frac{13}{18}$ ein.
Der Verlust beträgt also $(-1) \cdot \frac{13}{18}$ €.
Damit sich Gewinn und Verlust ausgleichen, muss gelten:

$$(x-1) \cdot \frac{5}{18} € + (-1) \cdot \frac{13}{18} € = 0$$

$$\frac{5}{18} x € - \frac{5}{18} € - \frac{13}{18} € = 0$$

$$\frac{5}{18} x € - \frac{18}{18} € = 0$$

$$\frac{5}{18} x € = 1 €$$

$$x = \frac{18}{5} €$$

$$x = 3{,}6 €$$

Der Geldbetrag muss $\underline{\underline{3{,}60 €}}$ betragen.

Berlin – Mathematik Leistungskurs
Übungsaufgabe 4: hilfsmittelfreier Teil*

Teil 1 – Analysis BE

a) Der Graph der Funktion g mit der Gleichung $g(x) = e^{3x} - x;\ x \in \mathbb{R}$ schneidet die y-Achse im Punkt S_y. Geben Sie die Koordinaten von S_y an. 1

b) Ermitteln Sie eine Gleichung für eine ganzrationale Funktion 3. Grades, deren Graph im Punkt $(0\,|\,1)$ einen lokalen Extrempunkt besitzt. 4

Teil 2 – Analytische Geometrie

Gegeben ist die Gleichung $\vec{x} = \begin{pmatrix} 1 \\ 2 \\ -1 \end{pmatrix} + r \begin{pmatrix} 2 \\ 3 \\ -4 \end{pmatrix} + s \begin{pmatrix} a^2 \\ 6 \\ a-4 \end{pmatrix};\ a, r, s \in \mathbb{R}.$

a) Begründen Sie, dass die Gleichung für alle reellen Zahlen a eine Ebene beschreibt. 2

b) Zeigen Sie, dass es keinen Wert für a gibt, für den die verwendeten Spannvektoren in der Ebenengleichung orthogonal verlaufen. 3

Teil 3 – Stochastik

In einem Memory-Spiel gibt es zehn Paare von Karten. Bei jedem Paar ist auf der einen Karte ein berühmter Sportler und auf der anderen Karte seine von ihm betriebene Sportart abgebildet. Kein Sportler und keine Sportart sind mehrfach vorhanden.
Ziel des Spiels ist es, zwei zusammengehörende Karten aufzudecken. Das heißt, es müssen ein Sportler und die von diesem Sportler betriebene Sportart aufgedeckt sein. Nicht zusammengehörende Karten werden nach dem Aufdecken wieder umgedreht und bleiben im Spiel.

a) Spieler 1 beginnt und dreht auf gut Glück nacheinander zwei Karten um. Bestimmen Sie die Wahrscheinlichkeit dafür, dass beide Karten einen Sportler zeigen. 1

b) Der zweite Spieler hat gerade nicht aufgepasst, welche beiden Karten Spieler 1 umgedreht hatte, und dreht nun selbst auf gut Glück zwei Karten um. Ermitteln Sie die Wahrscheinlichkeit, mit der er ein zusammengehörendes Paar aus einem Sportler und der Sportart, die dieser Sportler betreibt, umdreht. 1

c) Das Memory-Spiel wird insgesamt n-mal (aber mindestens viermal) gespielt. Geben Sie einen Term für die Wahrscheinlichkeit an, mit der bei vier von diesen n Spielen die jeweils erste zufällig umgedrehte Karte eine Sportart zeigt. Vereinfachen Sie diesen Term. 3

15

---

*Abitur Brandenburg 2017 (Nachschreibtermin) Aufgabe 1

Tipps und Hinweise zur Lösung von Übungsaufgabe 4

Tipps zu Teil 1

a) Für Schnittpunkte mit der y-Achse muss g(0) berechnet werden.

b) Allgemein lautet eine Funktionsgleichung für eine ganzrationale Funktion 3. Grades:

$$f(x) = ax^3 + bx^2 + cx + d$$

Der Punkt (0 | 1) liegt auf dem Graphen der Funktion $f(x)$.

Für Extrempunkte gilt: $f'(x_E) = 0$ und $f''(x_E) > 0$ für ein lokales Minimum bzw. $f''(x_E) < 0$ für ein lokales Maximum

Es gibt mehrere mögliche Lösungen.

Tipps zu Teil 2

a) Weisen Sie nach, dass die Spannvektoren der Ebene linear unabhängig sind, d. h. einer sich nicht als ein Vielfaches des anderen darstellen lässt.

b) Bilden Sie das Skalarprodukt aus den beiden Spannvektoren.

Tipps zu Teil 3

a) Erstellen Sie ein Baumdiagramm und berechnen Sie die gesuchte Wahrscheinlichkeit mithilfe der Pfadregeln.

b) Wird ein Sportler gezogen, gibt es nur eine passende Sportart in den restlichen Karten. Wird eine Sportart gezogen, gibt es nur einen passenden Sportler in den übrigen Karten.

c) Es handelt sich um eine Bernoulli-Kette der Länge n mit $k = 4$ Treffern und der Trefferwahrscheinlichkeit $p = 0{,}5$.

Lösungen zur Übungsaufgabe 4

Teil 1 – Analysis

a) Für Schnittpunkte mit der y-Achse muss g(0) berechnet werden.

$$g(0) = e^{3\cdot 0} - 0 = e^0 = 1 \quad \Rightarrow \quad \underline{\underline{S_y(0|1)}}$$

b) Allgemein lautet eine Funktionsgleichung für eine ganzrationale Funktion 3. Grades:

$$f(x) = ax^3 + bx^2 + cx + d$$

Der Punkt (0 | 1) liegt auf dem Graphen der Funktion f(x).

$$f(0) = 1$$
$$d = 1$$

Für Extrempunkte gilt: $f'(x_E) = 0$ und $f''(x_E) > 0$ für ein lokales Minimum bzw. $f''(x_E) < 0$ für ein lokales Maximum

$$f'(x) = 3ax^2 + 2bx + c$$
$$f''(x) = 6ax + 2b$$

$$f'(0) = 0$$
$$c = 0$$

$$f''(0) = 2b$$

Damit im Punkt (0 | 1) ein Extrempunkt vorliegt, muss $b \neq 0$ sein. Ebenso gilt $a \neq 0$, da es sich sonst nicht um eine Funktion 3. Grades handelt.
Wählt man beispielsweise $a = 1$, $b = 1$, so erhält man:

$$\underline{\underline{f(x) = x^3 + x^2 + 1}}$$

Teil 2 – Analytische Geometrie

a) Diese Gleichung beschreibt für alle a eine Ebene, wenn die beiden Spannvektoren linear unabhängig sind, d. h. einer nicht ein Vielfaches des anderen ist.

$$\begin{pmatrix} 2 \\ 3 \\ -4 \end{pmatrix} = k \cdot \begin{pmatrix} a^2 \\ 6 \\ a-4 \end{pmatrix} \quad \text{mit } k \in \mathbb{R}$$

Aus der Gleichung für die y-Koordinate ergibt sich:

$$3 = k \cdot 6 \quad \Rightarrow \quad k = \frac{3}{6} = \frac{1}{2}$$

Für die z-Koordinate folgt:

$$-4 = \frac{1}{2} \cdot (a-4)$$

$$-4 = \frac{1}{2}a - 2 \qquad |+2$$

$$-2 = \frac{1}{2}a \quad \Rightarrow \quad a = -4$$

Für die x-Koordinate gilt:

$$2 = \frac{1}{2} \cdot (-4)^2$$

$$2 = 8$$

Es ergibt sich ein Widerspruch, d. h., die Spannvektoren sind keine Vielfachen voneinander und daher linear unabhängig.

b) Die Spannvektoren verlaufen orthogonal, wenn deren Skalarprodukt null ist.

$$\begin{pmatrix} 2 \\ 3 \\ -4 \end{pmatrix} \circ \begin{pmatrix} a^2 \\ 6 \\ a-4 \end{pmatrix} = 2a^2 + 18 - 4a + 16 = 2a^2 - 4a + 34$$

$$2a^2 - 4a + 34 = 0 \qquad |:2$$

$$a^2 - 2a + 17 = 0$$

$$a_{1/2} = 1 \pm \sqrt{1-17}$$

Diese Gleichung hat für reelle Werte von a keine Lösung. Daher sind die Spannvektoren nicht orthogonal.

Teil 3 – Stochastik

a) SP ≙ Sportler; SA ≙ Sportart

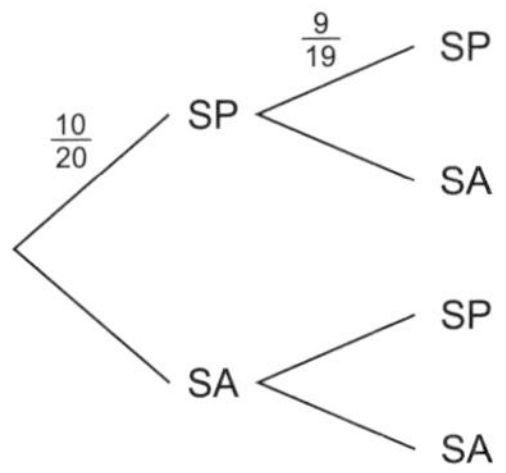

$$P(SP, SP) = \frac{10}{20} \cdot \frac{9}{19} = \frac{1}{2} \cdot \frac{9}{19} = \underline{\underline{\frac{9}{38}}}$$

b)

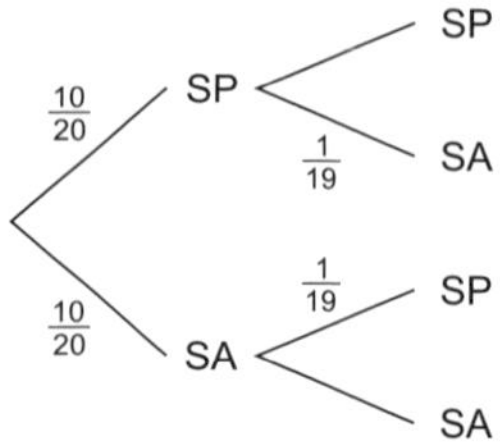

$$P = P(SP, SA) + P(SA, SP)$$
$$= \frac{10}{20} \cdot \frac{1}{19} + \frac{10}{20} \cdot \frac{1}{19} = \frac{1}{19} \cdot \left(\frac{10}{20} + \frac{10}{20} \right)$$
$$= \frac{1}{19} \cdot \frac{20}{20} = \frac{1}{19} \cdot 1 = \underline{\underline{\frac{1}{19}}}$$

Wird ein Sportler gezogen, gibt es nur eine passende Sportart in den restlichen 19 Karten. Wird eine Sportart gezogen, gibt es nur einen passenden Sportler in den übrigen 19 Karten.

c) Es handelt sich um eine Bernoulli-Kette der Länge n mit $k=4$ Treffern und der Trefferwahrscheinlichkeit $p=0{,}5$.

$$P(C) = \binom{n}{k} \cdot p^k \cdot (1-p)^{n-k}$$
$$= \binom{n}{4} \cdot 0{,}5^4 \cdot (1-0{,}5)^{n-4}$$
$$= \binom{n}{4} \cdot 0{,}5^4 \cdot (0{,}5)^{n-4}$$
$$= \binom{n}{4} \cdot 0{,}5^{4+n-4}$$
$$= \underline{\underline{\binom{n}{4} \cdot 0{,}5^n}} \qquad (n \geq k \geq 4)$$

Berlin – Mathematik Leistungskurs
2018 – Aufgabe 1.1: Analysis

Vase BE

Gegeben ist die Funktionenschar f_a durch die Gleichung $f_a(x) = (x^2 + a) \cdot e^{0,5-x}$; $a \in \mathbb{R}$.
Die Graphen der Schar sind G_a.

a) Ermitteln Sie die Anzahl der Nullstellen von f_a in Abhängigkeit von a.
Untersuchen Sie das Verhalten der Funktionswerte von f_a für $x \to \infty$ und für $x \to -\infty$. 8

b) Geben Sie den Schnittpunkt des Graphen G_a mit der y-Achse an.
In der Abbildung 1 sind für ganzzahlige Parameterwerte a zwei Graphen der Funktionenschar f_a dargestellt.
Ermitteln Sie die Parameterwerte und beschriften Sie die Graphen. 3

c) Die Graphen G_2 und G_0, die y-Achse und die Gerade mit der Gleichung $x = 3$ schließen eine Fläche ein. Berechnen Sie den Inhalt A dieser Fläche. 4

d) Weisen Sie nach, dass die Graphen G_a der Funktionenschar f_a für $a > 1$ keine Extrempunkte besitzen.
[Zur Kontrolle: $f_a'(x) = (-x^2 + 2x - a) \cdot e^{0,5-x}$] 5

e) Weisen Sie nach, dass gilt: $f_2''(x) = (x-2)^2 \cdot e^{0,5-x}$.
Erläutern Sie, welche Schlussfolgerungen daraus über den Verlauf des Graphen G_2 gezogen werden können. 8

f) Der Graph G_2 verläuft im Intervall [1; 3] annähernd geradlinig und kann vereinfacht durch die Tangente t an diesen Graphen in $x = 2$ dargestellt werden.
Ermitteln Sie die Gleichung der Tangente t.
[Zur Kontrolle: $t(x) = -2 \cdot e^{-1,5} \cdot x + 10 \cdot e^{-1,5}$]
Zeigen Sie, dass der Funktionswert der Tangente t an der Stelle $x = 1$ um weniger als 2 % vom Funktionswert von f_2 an dieser Stelle abweicht. 6

Der Graph $G_{0,65}$ der Funktion $f_{0,65}$ schließt über dem Intervall [0; 3] mit der x-Achse eine Fläche ein (siehe Abbildung 2).
Durch Rotation dieser Fläche um die x-Achse entsteht ein Körper, der modellhaft einer auf der Seite liegenden und nach links geöffneten Vase entspricht.
Es gilt: 1 LE = 1 dm.

g) Die Vase nimmt an zwei verschiedenen Stellen einen maximalen Radius von ca. 1,07 dm an. Bestimmen Sie diese beiden Stellen. 7

h) Interpretieren Sie im Sachzusammenhang die Funktion $b(t) = \pi \cdot \int_{3-t}^{3} (f_{0,65}(x))^2 \, dx$. 2

i) Die Vase soll stehend in einem Karton verpackt werden, der die Form eines regelmäßigen sechsseitigen Prismas besitzt. Stellen Sie den Zusammenhang zwischen dem maximalen Radius der Vase und der Grundfläche des Kartons mithilfe einer Skizze und einer Gleichung dar.
Ermitteln Sie, welches Volumen (in cm^3) dieser Karton mindestens haben muss. $\frac{7}{50}$

Anlage

Abbildung 1

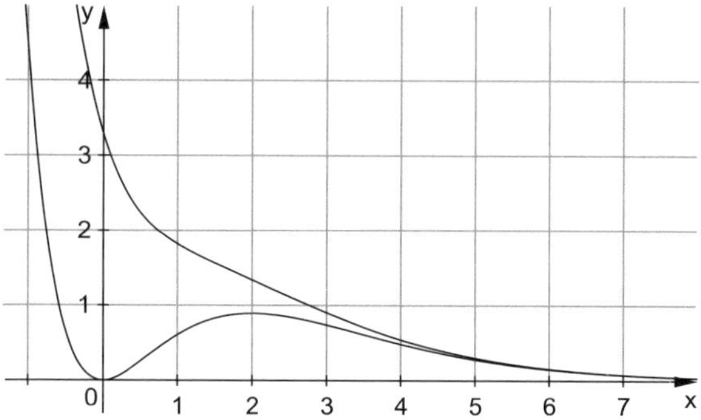

Abbildung 2

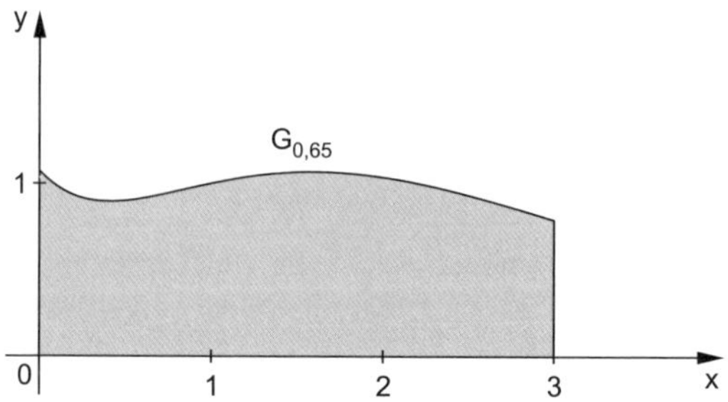

Tipps und Hinweise zur Lösung von Aufgabe 1.1

Tipps zu Teilaufgabe a

- Für Nullstellen gilt: $f_a(x_0) = 0$
- Bestimmen Sie die Anzahl der Nullstellen für die Fälle $a > 0$, $a = 0$ und $a < 0$.

Tipps zu Teilaufgabe b

- Für Schnittpunkte mit der y-Achse gilt: $S_y(0 \mid f_a(0))$
- Man liest für beide Graphen in Abbildung 1 den Schnittpunkt mit der y-Achse ab.
- Mit den Schnittpunktkoordinaten und dem zuvor bestimmten allgemeinen Ausdruck lässt sich jeweils der zugehörige Parameterwert für a bestimmen.

Tipps zu Teilaufgabe c

- Aus der Abbildung 1 erkennt man, dass G_2 oberhalb von G_0 verläuft.
- $A = \int_0^3 (f_2(x) - f_0(x))\,dx$

Tipp zu Teilaufgabe d

- Für mögliche Extremstellen muss gelten: $f_a'(x_E) = 0$

Tipps zu Teilaufgabe e

- Überprüfen Sie f_2 auf mögliche Wendestellen.
- Notwendige Bedingung für Wendestellen: $f_2''(x_W) = 0$

Tipps zu Teilaufgabe f

- Allgemein lautet die Tangentengleichung $t(x) = m \cdot x + n$ mit m als Steigung und n als Achsenabschnitt auf der y-Achse.
- Die Steigung der Tangente ergibt sich über die 1. Ableitung von $f_2(x)$ an der Stelle $x = 2$.
- Der Achsenabschnitt der Tangentengleichung lässt sich über den Punkt $P(2 \mid f_2(2))$ bestimmen.
- Berechnen und vergleichen Sie die Funktionswerte $f_2(1)$ und $t(1)$.

Tipps zu Teilaufgabe g

- Bestimmen Sie die Extremstellen für $f_{0,65}(x)$.
- Die notwendige Bedingung für Extremstellen lautet: $f_{0,65}'(x_E) = 0$
- Berechnen Sie die y-Koordinaten zu den ermittelten x_E-Werten und vergleichen Sie diese mit dem gesuchten Radius.
- Entnehmen Sie der Abbildung 2 einen weiteren möglichen x-Wert für den gesuchten Radius und überprüfen Sie Ihre Vermutung.

Tipp zu Teilaufgabe h

- Das Integral beschreibt die Rotation des Graphen von $f_{0,65}(x)$ um die x-Achse. Beschreiben Sie die Bedeutung der Integrationsgrenzen.

Tipps zu Teilaufgabe i

- Die Grundfläche lässt sich in sechs gleichseitige Dreiecke aufteilen.
- Es ist nach einer Beziehung zwischen dem Radius r und der Kantenlänge a der Grundfläche gefragt.
- Suchen Sie ein geeignetes rechtwinkliges Dreieck und wenden Sie den Satz des Pythagoras an.
- Für das Volumen eines regelmäßigen sechsseitigen Prismas gilt: $V = \frac{3}{2}a^2h\sqrt{3}$
- Die Höhe können Sie der Abbildung 2 entnehmen. Für den Radius r verwenden Sie den Wert aus Teilaufgabe g.

Lösungen zu Aufgabe 1.1

a) Nullstellen von $f_a(x)$:

$$f_a(x_0) = 0$$
$$(x_0^2 + a) \cdot e^{-x_0 + 0,5} = 0$$

Ein Produkt ist immer dann null, wenn mindestens einer der Faktoren null ist. Die Funktionswerte der e-Funktion werden nie null.

$$x_0^2 + a = 0$$
$$x_0^2 = -a$$
$$x_{0_{1/2}} = \pm\sqrt{-a}$$

Falls $a > 0$, existiert keine Nullstelle, da der Radikand negativ ist.
Falls $a = 0$, gibt es genau eine Nullstelle.
Falls $a < 0$, existieren zwei Nullstellen.

Verhalten im Unendlichen:

$$\lim_{x \to \infty} (x^2 + a) \cdot e^{-x + 0,5} = \infty \cdot 0 = \underline{\underline{0}} \quad \text{(unabhängig von a)}$$

$$\lim_{x \to -\infty} (x^2 + a) \cdot e^{-x + 0,5} = \infty \cdot \infty = \underline{\underline{\infty}} \quad \text{(unabhängig von a)}$$

b) Schnittpunkt von G_a mit der y-Achse: $S_y(0 \mid f_a(0))$

$$f_a(0) = (0^2 + a) \cdot e^{-0 + 0,5} = a \cdot e^{0,5}$$
$$\underline{\underline{S_y(0 \mid a \cdot e^{0,5})}}$$

Der untere Graph in Abbildung 1 hat den Schnittpunkt $S_y(0 \mid 0)$ mit der y-Achse.

$$0 = a \cdot e^{0,5} \qquad |: e^{0,5}$$
$$0 = a$$

Der untere Graph in Abbildung 1 ist $\underline{\underline{G_0}}$.

Der obere Graph in Abbildung 1 hat als ungefähren Schnittpunkt $S_y(0 \mid 3{,}2)$ mit der y-Achse.

$$3{,}2 = a \cdot e^{0,5} \qquad |: e^{0,5}$$
$$\frac{3{,}2}{e^{0,5}} = a$$
$$1{,}94 \approx a$$

Da der Parameter a ganzzahlig sein soll, ist $a = 2$.
Der obere Graph in Abbildung 1 ist $\underline{\underline{G_2}}$.

Bemerkung: Entsprechend die Graphen in Abbildung 1 beschriften.

c) Wie aus Abbildung 1 ersichtlich verläuft G_2 im zu berechnenden Intervall immer oberhalb von G_0.
Daher lässt sich die gesuchte Fläche wie folgt berechnen:

$$A = \int_0^3 (f_2(x) - f_0(x))\,dx$$

$$= \int_0^3 ((x^2+2)\cdot e^{-x+0,5} - (x^2+0)\cdot e^{-x+0,5})\,dx$$

$$= \int_0^3 (x^2+2-x^2)\cdot e^{-x+0,5}\,dx = \int_0^3 2\cdot e^{-x+0,5}\,dx = 2\cdot\int_0^3 e^{-x+0,5}\,dx$$

$$= 2\cdot[(-1)\cdot e^{-x+0,5}]_0^3 = -2\cdot[e^{-x+0,5}]_0^3 = -2\cdot[e^{-3+0,5} - e^{0,5}]$$

$$= -2\cdot[e^{-2,5} - e^{0,5}] \approx \underline{\underline{3,13\text{ FE}}}$$

d) Für Extremwerte gilt: $f_a'(x_E) = 0$
Extrema für $a > 1$:

$$f_a(x) = (x^2+a)\cdot e^{-x+0,5}$$

Anwenden der Produktregel $f_a'(x) = u'v + v'u$ mit $u = x^2 + a$ und $v = e^{-x+0,5}$.

$$f_a'(x) = 2x\cdot e^{-x+0,5} + (-e^{-x+0,5})\cdot(x^2+a)$$
$$= (-x^2+2x-a)\cdot e^{-x+0,5}$$

$$f_a'(x_E) = 0$$
$$(-x_E^2 + 2x_E - a)\cdot e^{-x_E+0,5} = 0$$

Ein Produkt ist immer dann null, wenn mindestens einer der Faktoren null ist. Die Funktionswerte der e-Funktion werden nie null.

$$-x_E^2 + 2x_E - a = 0$$
$$x_E^2 - 2x_E + a = 0$$
$$x_{E_{1/2}} = 1 \pm \sqrt{1-a}$$

Für $a > 1$ ist $1 - a < 0$, d. h., x_E existiert nicht, da der Radikand in diesem Fall negativ ist.

e) Berechnen der 2. Ableitung von $f_a(x)$.

$$f_a'(x) = (-x^2+2x-a)\cdot e^{-x+0,5}$$

Anwenden der Produktregel $f_a'(x) = u'v + v'u$ mit $u = -x^2 + 2x - a$ und $v = e^{-x+0,5}$.

$$f_a''(x) = (-2x+2)\cdot e^{-x+0,5} + (-e^{-x+0,5})\cdot(-x^2+2x-a)$$
$$= (-2x+2+x^2-2x+a)\cdot e^{-x+0,5} = (x^2-4x+2+a)\cdot e^{-x+0,5}$$

Für $a=2$ folgt:

$$f_2''(x)=(x^2-4x+4)\cdot e^{-x+0,5}$$

Anwenden der 2. binomischen Formel.

$$\underline{\underline{f_2''(x)=(x-2)^2\cdot e^{-x+0,5}}}$$

Schlussfolgerung:

Notwendige Bedingung für die Existenz von Wendestellen:

$$f_2''(x_W)=0$$

$$(x_W-2)^2\cdot e^{-x_W+0,5}=0$$

Ein Produkt ist immer dann null, wenn mindestens einer der Faktoren null ist. Die Funktionswerte der e-Funktion werden nie null.

$$(x_W-2)^2=0$$

$$x_W=2$$

An der Stelle $x=2$ könnte eine Wendestelle liegen. Die Abbildung 1 zeigt aber, dass an der Stelle $x=2$ keine Wendestelle liegt.

Des Weiteren gilt: $f_2''(x)=(x-2)^2\cdot e^{-x+0,5}>0$ für $x\neq 2$, weil $(x-2)^2>0$ für $x\neq 2$ und $e^{-x+0,5}>0$ für alle $x\in\mathbb{R}$.

Da eine Funktion in einer einzigen Stelle ihre Krümmung nicht ändern kann, ist $f_2(x)$ stets linksgekrümmt, d. h. aber auch, dass $f_2'(x)$ stets monoton wachsend ist.

f) Die Tangente ist eine Gerade, die als Graph einer linearen Funktion aufgefasst werden kann: $y=f(x)=mx+n$

Die Steigung der Tangente ergibt sich über die 1. Ableitung von $f_2(x)$ an der Stelle $x=2$.

$$f_2'(x)=(-x^2+2x-2)\cdot e^{-x+0,5}\quad\text{(aus Teilaufgabe d)}$$

$$f_2'(2)=(-4+4-2)\cdot e^{-2+0,5}=-2e^{-1,5}\approx -0,45$$

$$t\colon\ y=-2e^{-1,5}x+n$$

Der Achsenabschnitt n lässt sich über den gemeinsamen Punkt $P(2\,|\,f_2(2))$ dieser Tangente t und des Graphen G_2 bestimmen.

$$f_2(2)=(4+2)\cdot e^{-2+0,5}=6e^{-1,5}\quad\Rightarrow\quad P(2\,|\,6e^{-1,5})$$

$$6e^{-1,5}=-2e^{-1,5}\cdot 2+n\quad\Big|+4e^{-1,5}$$

$$n=10e^{-1,5}$$

$t\colon\ y=-2e^{-1,5}x+10e^{-1,5}$ bzw. mit gerundeten Werten

$t\colon\ y=-0,45x+2,23$

Nachweis der Abweichung:

$$t(1)=-2e^{-1,5}\cdot 1+10e^{-1,5}=8e^{-1,5}$$

$$f_2(1)=(1^2+2)\cdot e^{-1+0,5}=3e^{-0,5}$$

$$\frac{t(1)}{f_2(1)} = \frac{8 \cdot e^{-1,5}}{3 \cdot e^{-0,5}} \approx \underline{\underline{0,9810}} \approx \underline{\underline{98,10\,\%}}$$

Die Abweichung der Funktionswerte an dieser Stelle ist kleiner als 2 %.

g) Gesucht sind hier die Extremstellen von $f_{0,65}(x)$:

$$f_{0,65}(x) = (x^2 + 0,65) \cdot e^{-x+0,5}$$

$$f'_{0,65}(x) = (-x^2 + 2x - 0,65) \cdot e^{-x+0,5} \text{ (vgl. Teilaufgabe d)}$$

$$f'_{0,65}(x_E) = 0$$

Ein Produkt ist immer dann null, wenn mindestens einer der Faktoren null ist. Die Funktionswerte der e-Funktion werden nie null.

$$(-x_E^2 + 2x - 0,65) = 0$$

$$x_E^2 - 2x + 0,65 = 0$$

$$x_{E_{1/2}} = 1 \pm \sqrt{1 - 0,65}$$

$$= 1 \pm \sqrt{0,35}$$

$$x_{E_1} \approx 1,59 \quad \Rightarrow \quad y_{E_1} \approx f_{0,65}(1,59) \approx 1,07$$

$$x_{E_2} \approx 0,41 \quad \Rightarrow \quad y_{E_2} \approx f_{0,65}(0,41) \approx 0,90 \neq 1,07$$

An der Stelle x_{E_1} hat die Vase den gesuchten Radius.

Da aber 2 Stellen x_{max} mit $f(x_{max}) \approx 1,07$ existieren sollen, liefert die Abbildung 2 folgende Vermutung:

$$x_{max_2} = 0$$

Überprüfung:

$$f_{0,65}(x_{max} = 0) = (0^2 + 0,65) \cdot e^{-0+0,5} = 0,65e^{0,5} \approx 1,07$$

Die Vase nimmt an den Stellen $\underline{\underline{x_1 = 0}}$ und $\underline{\underline{x_2 = 1,59}}$ den maximalen Radius von 1,07 dm an.

h) Die Funktion b(t) beschreibt das Rotationsvolumen der Funktion $f_{0,65}(x)$ bei Rotation um die x-Achse im Intervall $[3 - t; 3]$. Es wird das Volumen der Vase berechnet, die eine Höhe $h = 3 - (3 - t) = 3 - 3 + t = t$ hat.

i)

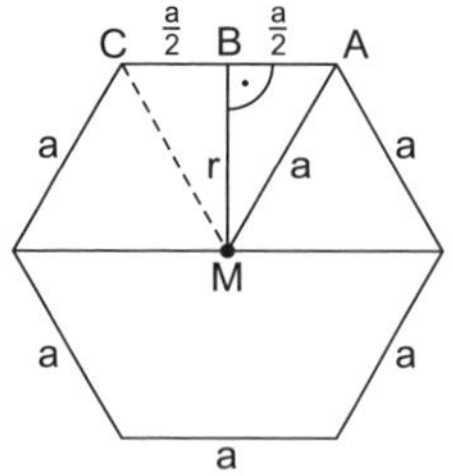

r Radius der Vase

a Seitenlänge der Grundfläche des Kartons

Da es sich um ein regelmäßiges sechsseitiges Prisma handelt, besteht seine Grundfläche aus 6 gleichseitigen Dreiecken.

So gilt (beispielsweise):

$$\overline{MA}=\overline{AC}=\overline{MC}=a$$

Betrachtet man das rechtwinklige Dreieck MAB, so ergibt sich mithilfe des Satzes des Pythagoras:

$$a^2=r^2+\left(\frac{a}{2}\right)^2$$

$$a^2=r^2+\frac{1}{4}a^2$$

$$\frac{3}{4}a^2=r^2$$

$$\underline{\underline{a^2=\frac{4}{3}r^2}}$$

Für das Volumen eines regelmäßigen sechsseitigen Prismas gilt:

$$V-\frac{3}{2}a^2h\sqrt{3}$$

Mit $a^2=\frac{4}{3}r^2$, $r=1{,}07$ und $h=3$ (siehe Teilaufgabe g und h) ergibt sich:

$$V=\frac{\cancel{3}}{\underset{1}{\cancel{2}}}\cdot\frac{\overset{2}{\cancel{4}}}{\cancel{3}}\cdot 1{,}07^2\cdot 3\cdot\sqrt{3}\approx 11{,}898\ \text{VE}\approx 11{,}898\ \text{dm}^3\approx 11\,898\ \text{cm}^3$$

$1\ \text{VE}=1\ \text{dm}^3$

Das maximale Volumen des Kartons beträgt $V\approx\underline{\underline{11\,898\ \text{cm}^3}}$.

Gartenteich

BE

Gegeben sind die Funktionenschar f_a mit

$f_a(x) = \frac{1}{a}x^3 + 3x^2 + 5x + 2a;\ x \in \mathbb{R},\ a \in \mathbb{R},\ a \neq 0$ und die Funktion h mit

$h(x) = -\frac{1}{2} \cdot x^{-3};\ x \in \mathbb{R},\ x \neq 0.$

Die zugehörigen Graphen sind G_a und K.

a) Geben Sie die für den Graphen K vorliegende Symmetrie an und begründen Sie diese.
Bestimmen Sie das Verhalten der Funktionswerte von h für $x \to +\infty$.
Begründen Sie, dass es keine reelle Zahl a gibt, sodass gilt:
$\lim\limits_{x \to +\infty} h(x) = \lim\limits_{x \to +\infty} f_a(x)$ 6

b) Die Tangente an K im Punkt $P(-1\,|\,h(-1))$ und die beiden Koordinatenachsen begrenzen ein Dreieck.
Ermitteln Sie den Flächeninhalt dieses Dreiecks. 7

c) Begründen Sie, dass der Graph K keine lokalen Extrempunkte besitzt. 2

d) Zeigen Sie, dass es genau zwei Punkte auf dem Graphen G_2 gibt, in denen Tangenten mit dem gleichen Anstieg $m = 1{,}5$ existieren. 6

e) Es gibt einen Wert des Parameters a, für den der Graph G_a genau einen Punkt mit waagerechter Tangente besitzt. Bestimmen Sie diesen Parameterwert.
Erläutern Sie, wie Sie nachweisen könnten, dass der Graph G_a für diesen Parameterwert einen Sattelpunkt besitzt. 9

Ein Gartenbesitzer hat sich in einer Ecke seines Gartens einen Teich angelegt. Der Rand dieses Teiches an der Wasseroberfläche wird durch Teile der Graphen G_2 und K modelliert.
Im Intervall $-3 \leq x \leq -2$ verläuft eine Brücke über den Teich, 1 LE = 1 m.
In der nebenstehenden Darstellung sind die Teichoberfläche und die Brücke senkrecht von oben betrachtet dargestellt.

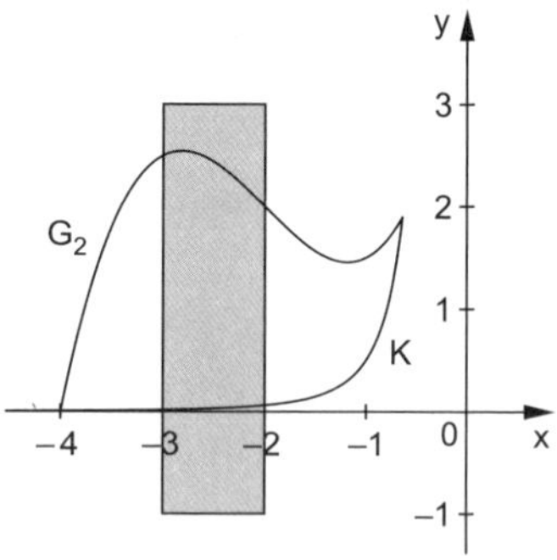

f) Zeigen Sie, dass die Punkte $P_1(-4\,|\,0)$ und $P_2(-0{,}64\,|\,1{,}9)$ bei entsprechender Rundung der y-Koordinaten auf den beiden zur Modellierung verwendeten Graphen liegen.
Der Gartenteich wird kurzzeitig durch eine rechteckige Plane abgedeckt. Die Seiten dieser Plane liegen parallel zu den Koordinatenachsen.
Berechnen Sie die Seitenlängen, die diese Plane mindestens haben muss. 9

g) Wenn genau senkrecht zur Teichoberfläche Licht auf den Gartenteich fällt, entsteht durch die Brücke ein Schatten, der zum Teil auf der Wasseroberfläche liegt. Berechnen Sie die Größe der Wasseroberfläche, die in diesem Fall im Schatten liegt. 5

h) Die über den Teich führende Brücke soll in einem neuen x-y-Koordinatensystem modelliert werden durch eine ganzrationale Funktion 4. Grades, die symmetrisch zur y-Achse verläuft. Die Brücke hat eine Spannweite von 4 Metern und ist in der Mitte 0,5 Meter hoch (über der x-Achse). An den beiden Enden hat die Brücke einen Steigungswinkel von 45° (bzw. –45°).
Ermitteln Sie die Gleichung der Parabel. 6

50

Tipps und Hinweise zur Lösung von Aufgabe 1.2

Tipps zu Teilaufgabe a

- Für die Punktsymmetrie zum Koordinatenursprung muss gelten: $-h(x) = h(-x)$ für alle $x \in D_h$
- Bestimmen Sie das Verhalten für $f_a(x)$ im Unendlichen für die geforderte Begründung.
- Bei ganzrationalen Funktionen kann der Grenzwert direkt aus dem Term mit dem höchsten Exponenten abgelesen werden.

Tipps zu Teilaufgabe b

- Allgemein lautet die Tangentengleichung $t(x) = m \cdot x + n$ mit m als Steigung und n als Achsenabschnitt auf der y-Achse.
- Die Steigung der Tangente ergibt sich über $h'(-1)$.
- Zur Bestimmung des Achsenabschnitts n setzt man die Koordinaten des Punktes P in die Tangentengleichung ein.
- Skizzieren Sie den Sachverhalt.
- Berechnen Sie die Nullstelle von t(x).
- Das Dreieck, dessen Flächeninhalt gesucht wird, ist rechtwinklig.

Tipp zu Teilaufgabe c

- Die notwendige Bedingung für Extremstellen ist: $h'(x_E) = 0$

Tipps zu Teilaufgabe d

- Die Steigung der Tangente entspricht der 1. Ableitung von $f_2(x)$ an den entsprechenden Stellen.
- Lösen Sie die Gleichung: $f_2'(x) = 1{,}5$
- Beachten Sie, dass die Angabe der Koordinaten der Punkte nicht verlangt ist.

Tipps zu Teilaufgabe e

- Waagerechte Tangente bedeutet, dass die Steigung dieser Tangente null ist, daher gilt: $f_a'(x) = 0$
- Ein Sattelpunkt ist ein Wendepunkt mit waagerechter Tangente.

Tipps zu Teilaufgabe f

- Setzen Sie die gegebenen Punkte in die beiden Funktionsgleichungen ein.
- Die Differenz der x-Koordinaten der Schnittpunkte der beiden Graphen entspricht der Seitenlänge der Plane entlang der x-Achse.
- Berechnen Sie mögliche Maxima der Funktion $f_2(x)$ und entscheiden Sie mithilfe der Abbildung, bei welchen Extremstellen es sich tatsächlich um ein Maximum handelt.
- Die y-Koordinate der Maximumstelle entspricht der Seitenlänge der Plane entlang der y-Achse.

Tipp zu Teilaufgabe g

- Berechnen Sie das Integral:

$$A = \int_{-3}^{-2} (f_2(x) - h(x))\,dx$$

Tipps zu Teilaufgabe h

- Skizzieren Sie den Sachverhalt.
- Die allgemeine Funktionsgleichung einer zur y-Achse symmetrischen Funktion 4. Grades lautet: $f(x) = ax^4 + bx^2 + c$
- Mit den Bedingungen $f(0) = 0{,}5$, $f(2) = 0$ und $f'(2) = \tan(-45°)$ lässt sich ein Gleichungssystem aufstellen. Lösen Sie dieses.

Lösungen zu Aufgabe 1.2

a) Der prinzipielle Verlauf von $g(x) = x^{-3}$ ist bekannt. Deshalb vermutet man, dass K punktsymmetrisch zum Koordinatenursprung verläuft.

Für Punktsymmetrie zum Ursprung muss gelten: $-h(x) = h(-x)$ für alle $x \in D_h$

$$h(-x) = -\frac{1}{2}(-x)^{-3} = -\frac{1}{2} \cdot \frac{1}{(-x)^3}$$

$$h(-x) = -\frac{1}{2} \cdot \frac{1}{-x^3} = \frac{1}{2} \cdot \frac{1}{x^3} = \frac{1}{2}x^{-3}$$

$$h(-x) = -\left(-\frac{1}{2}x^{-3}\right)$$

$$\underline{\underline{h(-x) = -h(x)}}$$

Verhalten im Unendlichen von h(x):

$$\lim_{x \to \infty} -\frac{1}{2} \cdot \frac{1}{x^3} = -\frac{1}{2} \cdot 0 = \underline{\underline{0}}$$

Verhalten im Unendlichen von $f_a(x)$:

$$\lim_{\substack{x \to \infty \\ a > 0}} \left(\frac{1}{a}x^3 + 3x^2 + 5x + 2a\right) = \lim_{\substack{x \to \infty \\ a > 0}} \frac{1}{a}x^3 = \underline{\underline{\infty}}$$

$$\lim_{\substack{x \to \infty \\ a < 0}} \left(\frac{1}{a}x^3 + 3x^2 + 5x + 2a\right) = \lim_{\substack{x \to \infty \\ a < 0}} \frac{1}{a}x^3 = \underline{\underline{-\infty}}$$

Bei ganzrationalen Funktionen kann der Grenzwert direkt aus dem Term mit dem höchsten Exponenten abgelesen werden.

Für kein a hat $f_a(x)$ das gleiche Verhalten im positiven Unendlichen wie h(x).

b) Zunächst bestimmt man die Gleichung der Tangente: $y = mx + n$
Die Steigung der Tangente ergibt sich über $h'(-1)$.

$$h(x) = -\frac{1}{2}x^{-3}$$

$$h'(x) = \frac{3}{2}x^{-4} = \frac{3}{2} \cdot \frac{1}{x^4}$$

$$h'(-1) = \frac{3}{2} \cdot \frac{1}{(-1)^4} = \frac{3}{2}$$

$$t:\ y = \frac{3}{2}x + n$$

P ist der Berührungspunkt der Tangente an K. Deshalb erfüllen die Koordinaten von P auch die Tangentengleichung.

$$h(-1) = -\frac{1}{2} \cdot \frac{1}{(-1)^3} = \frac{1}{2} \quad \Rightarrow \quad P\left(-1 \,\middle|\, \tfrac{1}{2}\right)$$

Einsetzen in die Tangentengleichung:

$$\frac{1}{2} = \frac{3}{2} \cdot (-1) + n$$

$$\frac{1}{2} = -\frac{3}{2} + n$$

$$2 = n$$

$$t: \; y = \frac{3}{2}x + 2$$

Daher gilt: n = 2

Wie aus der Skizze ersichtlich werden für die Flächenberechnung die Nullstelle von t(x) und die y-Koordinate vom Schnittpunkt $S_y(0\,|\,2)$ der Tangente mit der y-Achse benötigt.

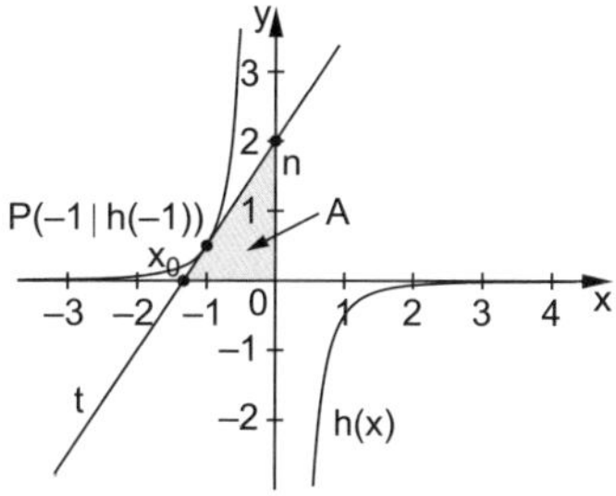

Berechnung der Nullstelle von t(x):

$$\frac{3}{2}x_0 + 2 = 0$$

$$\frac{3}{2}x_0 = -2$$

$$x_0 = -\frac{4}{3}$$

Das zu berechnende Dreieck ist rechtwinklig, da die Koordinatenachsen orthogonal zueinander sind.

Eine Kathete ist $\frac{4}{3}$ LE, die andere 2 LE lang.

Deshalb gilt:

$$A = \frac{1}{2}g \cdot h_g = \frac{1}{2} \cdot \frac{4}{3} \cdot 2 \text{ FE} = \underline{\underline{\frac{4}{3} \text{ FE}}}$$

c) Notwendige Bedingung für die Existenz von Extremstellen: $h'(x_E) = 0$

$$h'(x) = -\frac{1}{2} \cdot (-3) \cdot x^{-4} = \frac{3}{2} \cdot \frac{1}{x^4} \quad \text{siehe auch Teilaufgabe b}$$

$$\frac{3}{2x^4} = 0$$

Da die Gleichung für den gegebenen Definitionsbereich $x \in \mathbb{R}, x \neq 0$ keine Lösung hat, existieren keine Extrempunkte.

d) Betrachtet wird $f_2(x)$:

$$f_2(x) = \frac{1}{2}x^3 + 3x^2 + 5x + 4$$

Da die Steigung der Tangente der 1. Ableitung von $f_2(x)$ entspricht, gilt $m = f_2'(x)$.

$$f_2'(x) = \frac{3}{2}x^2 + 6x + 5$$

Es soll also gelten: $f_2'(x) = 1{,}5$

$$\frac{3}{2}x^2 + 6x + 5 = 1{,}5$$

$$\frac{3}{2}x^2 + 6x + 3{,}5 = 0 \qquad \Big| \cdot \frac{2}{3}$$

$$x^2 + 4x + \frac{7}{3} = 0$$

$$x_{1/2} = -2 \pm \sqrt{4 - \frac{7}{3}} = -2 \pm \sqrt{\frac{5}{3}}$$

Es gibt genau zwei Stellen und damit 2 Punkte auf G_2 mit dem Anstieg $m = 1{,}5$.

e) Waagerechte Tangente bedeutet, dass die Steigung dieser Tangente null ist. Daher gilt:

$$m = f_a'(x) = 0$$

$$f_a'(x) = \frac{3}{a}x^2 + 6x + 5$$

$$0 = \frac{3}{a}x^2 + 6x + 5 \qquad \Big| \cdot \frac{a}{3}$$

$$0 = x^2 + 2ax + \frac{5a}{3}$$

$$x = -a \pm \sqrt{a^2 - \frac{5a}{3}}$$

Da es nur genau einen Punkt mit waagerechter Tangente auf G_a geben soll, muss die obige quadratische Gleichung genau eine Lösung haben.

Das ist genau dann der Fall, wenn der Radikand null wird.

$$a^2 - \frac{5a}{3} = 0$$

$$a \cdot \left(a - \frac{5}{3}\right) = 0$$

$a_1 = 0$ entfällt, da $a \neq 0$ sein muss

$$\underline{\underline{a_2 = \frac{5}{3}}}$$

$f_{\frac{5}{3}}(x)$ hat in genau einem Punkt seines Graphen eine waagerechte Tangente.

Ein Sattelpunkt ist ein Wendepunkt mit waagerechter Wendetangente.

Allgemein gilt: Man muss die 2. und 3. Ableitung von $f_{\frac{5}{3}}(x)$ bilden. Anschließend muss man die Nullstellen der 2. Ableitung bestimmen und für diese prüfen, ob sie tatsächlich Wendestellen sind, d. h., ob die 3. Ableitung an diesen Stellen ungleich null ist. Ist dies der Fall, dann ist es tatsächlich eine Sattelstelle.

Da in diesem Fall bekannt ist, dass es genau nur einen Punkt mit waagerechter Tangente, nämlich $x = -a = -\frac{5}{3}$, gibt, genügt es, $f''_{\frac{5}{3}}(-\frac{5}{3})$ und $f'''_{\frac{5}{3}}(-\frac{5}{3})$ zu berechnen.

f) Nachweis für $P_1(-4\,|\,0)$:

$$h(-4) = -\frac{1}{2\cdot(-4)^3} = \frac{1}{128} \approx 0{,}008 \approx 0$$

$$f_2(-4) = \frac{1}{2}\cdot(-4)^3 + 3\cdot(-4)^2 + 5\cdot(-4) + 4 = 0$$

Nachweis für $P_2(-0{,}64\,|\,1{,}9)$:

$$h(-0{,}64) = -\frac{1}{2\cdot(-0{,}64)^3} \approx 1{,}91 \approx 1{,}9$$

$$f_2(-0{,}64) = \frac{1}{2}\cdot(-0{,}64)^3 + 3\cdot(-0{,}64)^2 + 5\cdot(-0{,}64) + 4 \approx 1{,}90$$

Die Punkte P_1 und P_2 liegen auf beiden verwendeten Graphen.

Seitenlängen der Plane:

Eine Seitenlänge ergibt sich aus der Differenz der x-Koordinaten (Beträge) der beiden Graphenschnittpunkte P_1 und P_2.

$$a = 4 - 0{,}64 = \underline{\underline{3{,}36}}$$

Die andere Seitenlänge ergibt sich aus dem y-Wert des lokalen Maximums von $f_2(x)$:

$$f_2'(x) = \frac{3}{2}x^2 + 6x + 5 \qquad \text{(vgl. Teilaufgabe d)}$$

$$f_2'(x_E) = 0$$

$$\frac{3}{2}x_E^2 + 6x_E + 5 = 0$$

$$x_E^2 + 4x_E + \frac{10}{3} = 0$$

$$x_{E_{1/2}} = -2 \pm \sqrt{4 - \frac{10}{3}}$$

$$x_{E_1} = -2 + \sqrt{\frac{2}{3}} \approx -1{,}18$$

$$x_{E_2} = -2 - \sqrt{\frac{2}{3}} \approx -2{,}82$$

Der Abbildung kann man entnehmen, dass die gesuchte Stelle $x_{E_2} \approx -2{,}82$ ist.

Man berechnet den zugehörigen y-Wert: $f_2(-2{,}82) \approx 2{,}54$

Daraus folgt, dass die Plane mindestens die Abmaße $\underline{\underline{3{,}36\ \text{m} \times 2{,}54\ \text{m}}}$ haben muss.

g) Die Schattenfläche lässt sich wie folgt berechnen:

$$A = \int_{-3}^{-2} (f_2(x) - h(x))\,dx$$

$$= \int_{-3}^{-2} \left(\frac{1}{2}x^3 + 3x^2 + 5x + 4 + \frac{1}{2}x^{-3}\right) dx$$

$$= \left[\frac{1}{8}x^4 + x^3 + \frac{5}{2}x^2 + 4x - \frac{1}{4}x^{-2}\right]_{-3}^{-2}$$

$$= \frac{1}{8}\cdot(-2)^4 + (-2)^3 + \frac{5}{2}\cdot(-2)^2 + 4\cdot(-2) - \frac{1}{4}\cdot(-2)^{-2}$$

$$-\left[\frac{1}{8}\cdot(-3)^4 + (-3)^3 + \frac{5}{2}\cdot(-3)^2 + 4\cdot(-3) - \frac{1}{4}\cdot(-3)^{-2}\right]$$

$$= -\frac{65}{16} - \left(-\frac{461}{72}\right) = \frac{337}{144} \approx 2{,}34$$

Die Schattenfläche hat eine Größe von ca. $\underline{\underline{2{,}34\ \text{m}^2}}$.

h) Darstellung des Sachverhaltes:

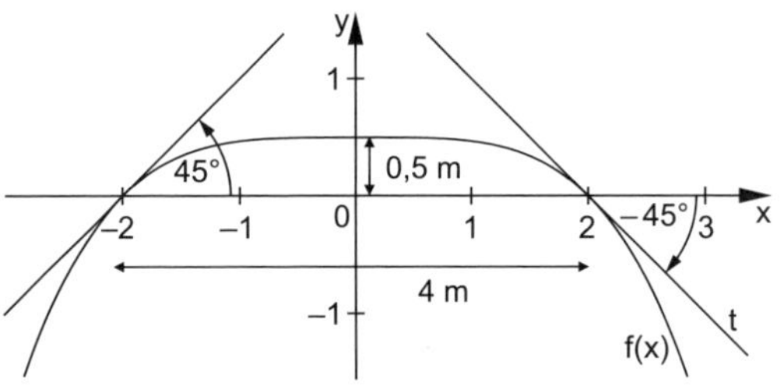

Die allgemeine Funktionsgleichung einer zur y-Achse achsensymmetrischen Funktion 4. Grades lautet:

$$y = f(x) = ax^4 + bx^2 + c \quad \text{mit } a, b, c \in \mathbb{R}$$

$$f'(x) = 4ax^3 + 2bx$$

Folgende Bedingungen sind gegeben:

Höhe der Brücke:

$$f(0) = 0{,}5$$

$$f(0) = a\cdot 0^4 + b\cdot 0^2 + c = 0{,}5 \quad \Rightarrow \quad c = 0{,}5$$

Breite der Brücke (f(–2) wäre auch möglich):

$$f(2) = 0$$

$$f(2) = 2^4 \cdot a + 2^2 \cdot b + 0{,}5 = 0$$

$$\text{I} \quad 16a + 4b + 0{,}5 = 0$$

Steigungswinkel:

$$f'(2) = \tan(-45°)$$

$$4a \cdot 2^3 + 2b \cdot 2 = -1$$

$$\text{II} \quad 32a + 4b = -1$$

Damit ist folgendes lineares Gleichungssystem zu lösen:

$$\begin{array}{ll} \text{I} & 16a + 4b = -0{,}5 \\ \underline{\text{II}} & \underline{32a + 4b = -1} \end{array}$$

$$\begin{array}{rcll} 16a + 4b &=& -0{,}5 & \\ -16a &=& 0{,}5 & (\text{I} - \text{II}) \\ a &=& -\dfrac{1}{32} & \end{array}$$

Einsetzen in I:

$$\begin{aligned} 16 \cdot \left(-\frac{1}{32}\right) + 4b &= -0{,}5 \\ -0{,}5 + 4b &= -0{,}5 \\ 4b &= 0 \\ b &= 0 \end{aligned}$$

Die gesuchte Parabel hat die Gleichung:

$$\underline{\underline{f(x) = -\frac{1}{32}x^4 + \frac{1}{2}}}$$

Berlin – Mathematik Leistungskurs
2018 – Aufgabe 2.1: Analytische Geometrie

Museum BE

Das Gebäude eines Museums kann modellhaft durch den abgebildeten Körper ABCDEFG dargestellt werden. Die obere Etage des Museums entspricht dabei der Pyramide DEFG, die untere Etage dem Körper ABCDEF, der Teil der Pyramide DEFS ist. Das Dreieck ABC liegt in der x-y-Ebene.
Das Dreieck DEF liegt parallel zu dieser Ebene. In einem kartesischen Koordinatensystem gilt für die Lage einiger der genannten Punkte: A(–5 | 5 | 0), B(–5 | 25 | 0), D(0 | 0 | 15), E(0 | 30 | 15), F(–25 | 5 | 15) und G(–10 | 10 | 35). Eine Längeneinheit im Koordinatensystem entspricht 1 m in der Realität.

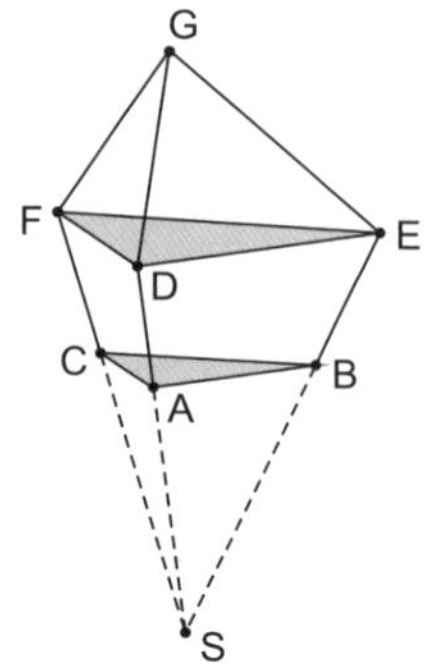

a) Die folgenden Rechnungen zeigen ein mögliches Vorgehen zur Ermittlung der Koordinaten von S:

$$\begin{pmatrix} 0 \\ 0 \\ 15 \end{pmatrix} + r \cdot \begin{pmatrix} -5 \\ 5 \\ -15 \end{pmatrix} = \begin{pmatrix} 0 \\ 30 \\ 15 \end{pmatrix} + s \cdot \begin{pmatrix} -5 \\ -5 \\ -15 \end{pmatrix} \quad \Leftrightarrow \quad r = s = 3$$

$$\begin{pmatrix} 0 \\ 0 \\ 15 \end{pmatrix} + 3 \cdot \begin{pmatrix} -5 \\ 5 \\ -15 \end{pmatrix} = \begin{pmatrix} -15 \\ 15 \\ -30 \end{pmatrix}, \text{ d. h. } S(-15 \mid 15 \mid -30)$$

Erläutern Sie das dargestellte Vorgehen. 4

b) Weisen Sie nach, dass die Bodenfläche der oberen Etage nicht rechtwinklig ist. 3

c) Berechnen Sie für das Dreieck DEF die Größe des Innenwinkels bei E sowie die Länge der Höhe auf der Seite $\overline{EF}$. [Zur Kontrolle: $h_{EF} \approx 21{,}21$ m] 5

d) Für die obere Etage wird eine Anlage zur Entfeuchtung der Luft installiert, die für 100 m^3 Rauminhalt eine elektrische Leistung von 0,8 Kilowatt benötigt.
Weisen Sie nach, dass für den Betrieb der Anlage eine Leistung von 25 Kilowatt ausreichend ist. 4

e) Weisen Sie nach, dass sich die Gerade durch die Punkte A und G und die Ebene, in der das Dreieck DEF liegt, im Punkt $R\left(-\frac{50}{7} \mid \frac{50}{7} \mid 15\right)$ schneiden. 3

f) An einer Metallstange, die durch die Strecke $\overline{RG}$ dargestellt wird, ist ein Scheinwerfer befestigt, der sich entlang der Stange verschieben lässt. Die Größe des Scheinwerfers soll vernachlässigt werden. Der Scheinwerfer soll aus einer Entfernung von 5 m diejenige Wand beleuchten, die im Modell durch das Dreieck EFG dargestellt wird. Das Dreieck EFG liegt in der Ebene mit der Gleichung:
$2x - 2y - z = -75$. Berechnen Sie die Koordinaten des Punktes, der die Position des Scheinwerfers im Modell beschreibt. 6

25

Tipps und Hinweise zur Lösung von Aufgabe 2.1

Tipp zu Teilaufgabe a

- Analysieren Sie mithilfe der gegebenen Punkte, welche Geraden beschrieben werden.

Tipps zu Teilaufgabe b

- Es muss gezeigt werden, dass keine benachbarten Seiten im Dreieck DEF aufeinander senkrecht stehen.
- Wenn zwei Seiten aufeinander senkrecht stehen, ist das zugehörige Skalarprodukt null.

Tipps zu Teilaufgabe c

- Für den Innenwinkel ε bei Punkt E gilt:

$$\cos\varepsilon = \frac{\overrightarrow{ED} \circ \overrightarrow{EF}}{|\overrightarrow{ED}| \cdot |\overrightarrow{EF}|}$$

- Bedenken Sie, dass die Höhe h_{EF} senkrecht auf $\overline{EF}$ steht. Für die Höhe h_{EF} und den Innenwinkel ε bei Punkt E gilt: $\sin\varepsilon = \frac{h_{EF}}{|\overrightarrow{DE}|}$

Tipps zu Teilaufgabe d

- Bei der oberen Etage handelt es sich um die Pyramide DEFG.
- Für das Volumen V einer Pyramide mit der Grundfläche A_G und einer Höhe h gilt:

$$V = \frac{1}{3} \cdot A_G \cdot h$$

- In der Pyramide DEFG gilt für den Flächeninhalt der Grundfläche, also des Dreiecks DEF:

$$A_G = \frac{1}{2} \cdot |\overrightarrow{EF}| \cdot h_{EF}$$

- Die Höhe h der Pyramide lässt sich aus der Differenz der z-Koordinaten der Punkte G und F (bzw. G und D oder G und E) berechnen.

Tipps zu Teilaufgabe e

- Bedenken Sie, dass der Punkt R die gleiche z-Koordinate wie die Punkte D, E und F hat.
- Stellen Sie mithilfe der Punktkoordinaten für G und A eine Geradengleichung auf.
- Der Punkt R muss diese Geradengleichung erfüllen.

Tipps zu Teilaufgabe f

- Die Strecke $\overline{RG}$, auf der sich der Scheinwerfer befindet, liegt auf der Geraden AG. Nehmen Sie zur Berechnung der Koordinaten des gesuchten Punktes die in Teilaufgabe e aufgestellte Geradengleichung AG zu Hilfe. Beachten Sie, dass Sie dabei den Parameter t einschränken müssen.
- Für den Abstand d eines Punktes $P(x_P | y_P | z_P)$ von einer Ebene E: $n_1 \cdot x + n_2 \cdot y + n_3 \cdot z = c$ gilt: $d = \frac{|n_1 \cdot x_P + n_2 \cdot y_P + n_3 \cdot z_P - c|}{\sqrt{n_1^2 + n_2^2 + n_3^2}}$

Lösungen zu Aufgabe 2.1

a) Durch Vergleich mit den gegebenen Punktkoordinaten erkennt man:

Alle Punkte der Geraden durch die Punkte A und D lassen sich durch die Geradengleichung

$$\text{AD: } \vec{x} = \begin{pmatrix} 0 \\ 0 \\ -15 \end{pmatrix} + r \cdot \begin{pmatrix} -5 \\ 5 \\ -15 \end{pmatrix}, \quad r \in \mathbb{R}, \text{ darstellen.}$$

Alle Punkte der Geraden durch die Punkte B und E lassen sich durch die Geradengleichung

$$\text{BE: } \vec{x} = \begin{pmatrix} 0 \\ 30 \\ 15 \end{pmatrix} + s \cdot \begin{pmatrix} -5 \\ -5 \\ -15 \end{pmatrix}, \quad s \in \mathbb{R}, \text{ darstellen.}$$

Zur Bestimmung des Schnittpunktes S der beiden Geraden setzt man im ersten Schritt die Terme $\begin{pmatrix} 0 \\ 0 \\ -15 \end{pmatrix} + r \cdot \begin{pmatrix} -5 \\ 5 \\ -15 \end{pmatrix}$ und $\begin{pmatrix} 0 \\ 30 \\ 15 \end{pmatrix} + s \cdot \begin{pmatrix} -5 \\ -5 \\ -15 \end{pmatrix}$ gleich und erhält so die Werte von r und s, die zum Schnittpunkt S gehören: $r = s = 3$. Im zweiten Schritt berechnet man die Koordinaten von S, indem man $r = 3$ in die Geradengleichung AD einsetzt. Alternativ hätte man auch $s = 3$ in die Geradengleichung BE einsetzen können.

b) Es muss gezeigt werden, dass (i) die Seiten $\overline{DE}$ und $\overline{DF}$, (ii) die Seiten $\overline{ED}$ und $\overline{EF}$ und (iii) die Seiten $\overline{FE}$ und $\overline{FD}$ nicht senkrecht zueinander sind.

$$\text{(i)} \quad \overrightarrow{DE} \circ \overrightarrow{DF} = \begin{pmatrix} 0-0 \\ 30-0 \\ 15-15 \end{pmatrix} \circ \begin{pmatrix} -25-0 \\ 5-0 \\ 15-15 \end{pmatrix} = \begin{pmatrix} 0 \\ 30 \\ 0 \end{pmatrix} \circ \begin{pmatrix} -25 \\ 5 \\ 0 \end{pmatrix} = 0 + 150 + 0 = 150 \neq 0$$

$\overline{DE}$ und $\overline{DF}$ sind nicht senkrecht zueinander. $\Rightarrow \ |\sphericalangle(FDE)| \neq 90°$

$$\text{(ii)} \quad \overrightarrow{ED} \circ \overrightarrow{EF} = \begin{pmatrix} 0-0 \\ 0-30 \\ 15-15 \end{pmatrix} \circ \begin{pmatrix} -25-0 \\ 5-30 \\ 15-15 \end{pmatrix} = \begin{pmatrix} 0 \\ -30 \\ 0 \end{pmatrix} \circ \begin{pmatrix} -25 \\ -25 \\ 0 \end{pmatrix} = 0 + 750 + 0 = 750 \neq 0$$

$\overline{ED}$ und $\overline{EF}$ sind nicht senkrecht zueinander. $\Rightarrow \ |\sphericalangle(FED)| \neq 90°$

$$\text{(iii)} \quad \overrightarrow{FE} \circ \overrightarrow{FD} = \begin{pmatrix} 0+25 \\ 30-5 \\ 15-15 \end{pmatrix} \circ \begin{pmatrix} 0+25 \\ 0-5 \\ 15-15 \end{pmatrix} = \begin{pmatrix} 25 \\ 25 \\ 0 \end{pmatrix} \circ \begin{pmatrix} 25 \\ -5 \\ 0 \end{pmatrix} = 625 - 125 + 0 = 500 \neq 0$$

$\overline{FE}$ und $\overline{FD}$ sind nicht senkrecht zueinander. $\Rightarrow \ |\sphericalangle(EFD)| \neq 90°$

Aus (i), (ii) und (iii) folgt, dass die Bodenfläche der oberen Etage nicht rechtwinklig ist.

c) Für den Innenwinkel ε bei Punkt E gilt:

$$\cos\varepsilon = \frac{\overrightarrow{ED} \circ \overrightarrow{EF}}{|\overrightarrow{ED}| \cdot |\overrightarrow{EF}|} = \frac{\begin{pmatrix} 0 \\ -30 \\ 0 \end{pmatrix} \circ \begin{pmatrix} -25 \\ -25 \\ 0 \end{pmatrix}}{\left|\begin{pmatrix} 0 \\ -30 \\ 0 \end{pmatrix}\right| \cdot \left|\begin{pmatrix} -25 \\ -25 \\ 0 \end{pmatrix}\right|} = \frac{-30 \cdot (-25)}{\sqrt{0^2 + (-30)^2 + 0^2} \cdot \sqrt{(-25)^2 + (-25)^2 + 0^2}}$$

$$= \frac{750}{30 \cdot \sqrt{2 \cdot 25^2}} = \frac{1}{\sqrt{2}}$$

$$\Rightarrow \quad \varepsilon = \cos^{-1}\left(\frac{1}{\sqrt{2}}\right) = 45°$$

Der Innenwinkel bei Punkt E beträgt $\underline{\underline{\varepsilon = 45°}}$.

Da die Höhe h_{EF} senkrecht auf $\overline{EF}$ steht, gilt die trigonometrische Beziehung $\sin\varepsilon = \frac{h_{EF}}{|\overline{DE}|}$.

$$h_{EF} = |\overrightarrow{DE}| \cdot \sin\varepsilon = 30 \cdot \sin 45° = \frac{30}{\sqrt{2}} = 15\sqrt{2} \approx 21{,}21\,[\text{m}]$$

Die Höhe auf die Seite $\overline{EF}$ beträgt $\underline{\underline{h_{EF} = 15\sqrt{2}\text{ m} \approx 21{,}21\text{ m}}}$.

d) Bei der oberen Etage handelt es sich um die Pyramide DEFG, für deren Volumen gilt:

$$V = \frac{1}{3} \cdot A_G \cdot h = \frac{1}{3} \cdot \left(\frac{1}{2} \cdot |\overrightarrow{EF}| \cdot h_{EF}\right) \cdot (z_G - z_F)$$

$$= \frac{1}{3} \cdot \left(\frac{1}{2} \cdot \sqrt{2} \cdot 25 \cdot \frac{30}{\sqrt{2}}\right) \cdot (35 - 15) = 2\,500\,[\text{m}^3]$$

Der Rauminhalt der oberen Etage beträgt 2 500 m^3. Da die Anlage eine elektrische Leistung von 0,8 kW pro 100 m^3 benötigt, ist für deren Betrieb in der oberen Etage folgende Leistung erforderlich:

$$2\,500\text{ m}^3 \cdot \frac{0{,}8\text{ kW}}{100\text{ m}^3} = 20\text{ kW}$$

Für den Betrieb der Anlage ist eine Leistung von 25 Kilowatt daher ausreichend.

e) Da die Ebene DEF parallel verschoben zur x-y-Ebene ist, hat der Punkt $R(x_R \mid y_R \mid z_R)$ die gleiche z-Koordinate wie die Punkte D, E und F: $z_R = 15$

Die Gerade AG lässt sich mit folgender Gleichung beschreiben:

$$\text{AG: } \vec{x} = \overrightarrow{OA} + t \cdot (\overrightarrow{OG} - \overrightarrow{OA}) = \begin{pmatrix} -5 \\ 5 \\ 0 \end{pmatrix} + t \cdot \begin{pmatrix} -5 \\ 5 \\ 35 \end{pmatrix}, \quad t \in \mathbb{R}$$

Für den Punkt R gilt:

$$\begin{pmatrix} x_R \\ y_R \\ 15 \end{pmatrix} = \begin{pmatrix} -5 \\ 5 \\ 0 \end{pmatrix} + t_R \cdot \begin{pmatrix} -5 \\ 5 \\ 35 \end{pmatrix}$$

Aus der Gleichung für die z-Koordinate folgt:

$$15 = 0 + 35t_R \;\Rightarrow\; t_R = \frac{3}{7}$$

Die x- und die y-Koordinate des Punktes R lassen sich durch Einsetzen von $t_R = \frac{3}{7}$ in die Geradengleichung berechnen:

$$x_R = -5 + \frac{3}{7} \cdot (-5) = -\frac{50}{7} \text{ und } y_R = 5 + \frac{3}{7} \cdot 5 = \frac{50}{7}$$

Der Schnittpunkt der Geraden durch die Punkte A und G und der Ebene, in der das Dreieck DEF liegt, hat die Koordinaten $R\left(-\frac{50}{7} \,\middle|\, \frac{50}{7} \,\middle|\, 15\right)$.

f) Die Strecke $\overline{RG}$, auf der sich der Scheinwerfer befindet, liegt auf der Geraden AG. Die Koordinaten aller auf der Strecke $\overline{RG}$ liegenden Punkte lassen sich mithilfe der in Teilaufgabe e aufgestellten Geradengleichung AG unter Einschränkung des Parameters t auf das Intervall $[\frac{3}{7}; 1]$ darstellen. Für die Koordinaten des gesuchten Punktes $P(x_P \mid y_P \mid z_P)$ gilt:

$$\begin{pmatrix} x_P \\ y_P \\ z_P \end{pmatrix} = \begin{pmatrix} -5 \\ 5 \\ 0 \end{pmatrix} + t_P \cdot \begin{pmatrix} -5 \\ 5 \\ 35 \end{pmatrix} \text{ mit } \tfrac{3}{7} \le t_P \le 1$$

Der gesuchte Punkt P hat die Koordinaten $P(-5 - 5t_P \mid 5 + 5t_P \mid 35t_P)$.

Für den Abstand d eines Punktes $P(x_P \mid y_P \mid z_P)$ von einer Ebene E: $n_1 \cdot x + n_2 \cdot y + n_3 \cdot z = c$ gilt:

$$d = \frac{|n_1 \cdot x_P + n_2 \cdot y_P + n_3 \cdot z_P - c|}{\sqrt{n_1^2 + n_2^2 + n_3^2}}$$

Es lässt sich mit den Koordinaten des Punktes P und der gegebenen Ebene folgende Gleichung aufstellen und nach t_P auflösen:

$$\left| \frac{2 \cdot (-5 - 5t_P) - 2 \cdot (5 + 5t_P) - 35t_P + 75}{\sqrt{2^2 + (-2)^2 + (-1)^2}} \right| = 5$$

$$\left| \frac{-55t_P + 55}{3} \right| = 5$$

$$|-55t_P + 55| = 15$$

$$t_{P_1} = \frac{8}{11} \vee t_{P_2} = \frac{14}{11}$$

Nur die Lösung $t_{P_1} = \frac{8}{11}$ liegt im Intervall $[\frac{3}{7}; 1]$.

Die Koordinaten des gesuchten Punktes P lassen sich durch Einsetzen von $t_P = \frac{8}{11}$ in die Geradengleichung AG berechnen:

$$\begin{pmatrix} -5 \\ 5 \\ 0 \end{pmatrix} + \frac{8}{11} \cdot \begin{pmatrix} -5 \\ 5 \\ 35 \end{pmatrix} = \begin{pmatrix} -\frac{95}{11} \\ \frac{95}{11} \\ \frac{280}{11} \end{pmatrix}$$

Der Scheinwerfer muss im Punkt $\underline{\underline{P\left(-\frac{95}{11} \mid \frac{95}{11} \mid \frac{280}{11}\right)}}$ positioniert werden.

Die Lösung $t_{P_2} = \frac{14}{11}$ kann unberücksichtigt bleiben. Durch Einsetzen von $t_{P_2} = \frac{14}{11}$ in die Geradengleichung AG erhielte man einen weiteren 5 m von der Ebene entfernten Punkt, der zwar auf der Geraden AG, nicht aber auf der Strecke $\overline{RG}$ und somit außerhalb der Pyramide DEFG liegt.

Quader

BE

Die Punkte A(4 | 0 | 0), B(4 | 4 | 0), C(0 | 4 | 0) und F(4 | 4 | 3) sind Eckpunkte des abgebildeten Quaders. Die Gerade h verläuft durch B und F.

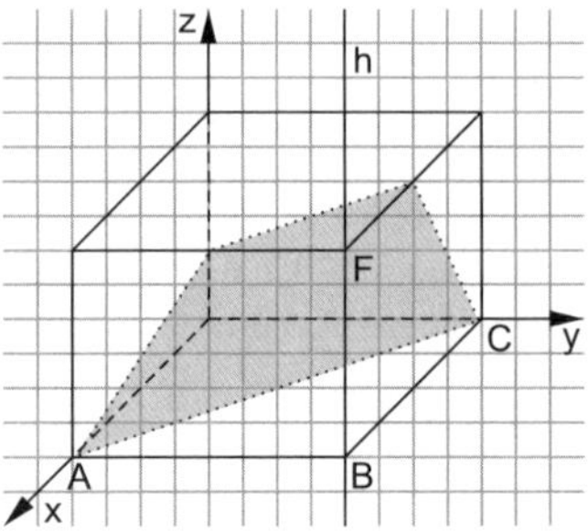

a) Begründen Sie, dass das Dreieck ABC rechtwinklig und gleichschenklig ist. Geben Sie den Flächeninhalt dieses Dreiecks an. 3

b) Geben Sie eine Gleichung der Gerade g an, die durch A und C verläuft. Begründen Sie, dass diese Gerade windschief zu Gerade h ist. 3

Die Punkte der Geraden h lassen sich durch $P_t(4\,|\,4\,|\,t)$ mit $t \in \mathbb{R}$ darstellen. Für jeden Wert von t liegen A, C und P_t in der Ebene E_t: $tx + ty - 4z = 4t$.

c) Ermitteln Sie diejenigen Werte von t, für die die zugehörige Ebene E_t mit der x-y-Ebene einen Winkel der Größe 60° einschließt. 5

Der abgebildete Quader wird durch eine der Ebenen E_t in zwei Teilkörper zerlegt. Die Kanten der Schnittfigur dieser Ebene und des Quaders sind in der Abbildung gepunktet dargestellt.

d) Beschreiben Sie, wie man mithilfe der Abbildung ermitteln kann, dass für diese Abbildung $t = 6$ ist. 3

e) Berechnen Sie das Volumen desjenigen der beiden Teilkörper, zu dem der Punkt B gehört, und erläutern Sie Ihr Vorgehen. 5

f) Es gibt Werte von t, für die die Schnittfigur des Quaders und der Ebene E_t die Form eines Dreiecks hat. Geben Sie alle diese Werte von t an und beschreiben Sie die Lage der Eckpunkte des Dreiecks. 4

g) Die folgende Aussage stellt die Lösung einer Aufgabe im Zusammenhang mit den bisher betrachteten geometrischen Objekten dar:

$$\left|\frac{t\cdot 4 + t\cdot 4 - 4\cdot 0 - 4t}{\sqrt{t^2 + t^2 + 16}}\right| = 2 \iff t = -2\sqrt{2} \vee t = 2\sqrt{2}$$

Formulieren Sie eine dazu passende Aufgabenstellung. 2

25

Tipps und Hinweise zur Lösung von Aufgabe 2.2

Tipps zu Teilaufgabe a

- Formal zu zeigen ist, dass gilt: $|\overrightarrow{AB}| = |\overrightarrow{BC}|$ und $\overrightarrow{AB} \circ \overrightarrow{BC} = 0$
- Für den Flächeninhalt des rechtwinkligen Dreiecks ABC gilt: $A = \frac{1}{2} \cdot |\overrightarrow{AB}| \cdot |\overrightarrow{BC}|$

Tipps zu Teilaufgabe b

- Stellen Sie mithilfe der Punkte A und C eine Geradengleichung auf.
- Betrachten Sie die Lage der Geraden g und h in der Abbildung.

Tipp zu Teilaufgabe c

- Für den Schnittwinkel α zweier Ebenen E_1 und E_2 mit den Normalenvektoren $\vec{n}_1$ und $\vec{n}_2$ gilt:

$$\cos\alpha = \frac{|\vec{n}_1 \circ \vec{n}_2|}{|\vec{n}_1| \cdot |\vec{n}_2|}$$

Tipps zu Teilaufgabe d

- Verlängern Sie die Kanten der Schnittfigur und überlegen Sie, was der Schnittpunkt der verlängerten Kante mit der Geraden h über den Parameter t aussagt.
- Beachten Sie die Koordinaten von P_t.

Tipps zu Teilaufgabe e

- Das Volumen des zu betrachtenden Teilkörpers kann aus der Differenz des Volumens der Pyramide $ABCP_6$ und der kleinen, auf der Deckfläche des Quaders stehenden Pyramide, die den Teilkörper zur Pyramide $ABCP_6$ ergänzt, berechnet werden.
- Für das Volumen V einer Pyramide mit der Grundfläche A_G und der Höhe h gilt:

$$V = \frac{1}{3} \cdot A_G \cdot h$$

Tipps zu Teilaufgabe f

- Betrachten Sie, wie sich die Lage des Punktes P_t in Abhängigkeit des Parameters t verändert.
- Untersuchen Sie auch $t < 0$.

Tipps zu Teilaufgabe g

- Für den Abstand d eines Punktes $P(x_P | y_P | z_P)$ von einer Ebene E: $n_1 \cdot x + n_2 \cdot y + n_3 \cdot z = c$

gilt: $$d = \frac{|n_1 \cdot x_P + n_2 \cdot y_P + n_3 \cdot z_P - c|}{\sqrt{n_1^2 + n_2^2 + n_3^2}}$$

- Vergleichen Sie den allgemeinen Term mit dem aus der Aufgabenstellung.

Lösungen zu Aufgabe 2.2

a) Berechnen der Kantenlängen:

$$|\overrightarrow{AB}| = \left|\begin{pmatrix}0\\4\\0\end{pmatrix}\right| = 4;\ |\overrightarrow{BC}| = \left|\begin{pmatrix}-4\\0\\0\end{pmatrix}\right| = 4$$

$|\overrightarrow{AB}| = |\overrightarrow{BC}| = 4 \Rightarrow$ Das Dreieck ABC ist gleichschenklig.

Prüfen auf Orthogonalität:

$$\overrightarrow{AB} \circ \overrightarrow{BC} = \begin{pmatrix}0\\4\\0\end{pmatrix} \circ \begin{pmatrix}-4\\0\\0\end{pmatrix} = 0$$

Die Seiten $\overrightarrow{AB}$ und $\overrightarrow{BC}$ sind senkrecht zueinander.
Das Dreieck ABC ist rechtwinklig.

Für den Flächeninhalt A des rechtwinkligen Dreiecks ABC gilt:

$$A = \frac{1}{2} \cdot |\overrightarrow{AB}| \cdot |\overrightarrow{BC}| = \frac{1}{2} \cdot 4 \cdot 4 = 8\,[FE]$$

Der Flächeninhalt des Dreiecks ABC beträgt A = 8 FE.

b) Eine Gleichung für die Gerade g lautet:

$$g:\ \vec{x} = \overrightarrow{OA} + r \cdot (\overrightarrow{OC} - \overrightarrow{OA}) = \begin{pmatrix}4\\0\\0\end{pmatrix} + r^* \cdot \begin{pmatrix}-1\\1\\0\end{pmatrix},\quad r, r^* \in \mathbb{R}$$

Die Gerade h schneidet die x-y-Ebene im Punkt B. Die Gerade g durch A und C liegt in der x-y-Ebene und verläuft nicht durch B. Die Geraden g und h sind demnach weder parallel noch haben sie einen Schnittpunkt. Folglich sind die Geraden g und h windschief.

c) Mit den Normalenvektoren $\vec{n}_t = \begin{pmatrix}t\\t\\-4\end{pmatrix}$ und $\vec{n}_{xy} = \begin{pmatrix}0\\0\\1\end{pmatrix}$ ergibt sich für den Schnittwinkel α:

$$\cos\alpha = \frac{|\vec{n}_t \circ \vec{n}_{xy}|}{|\vec{n}_t| \cdot |\vec{n}_{xy}|}$$

$$\cos 60° = \frac{\left|\begin{pmatrix}t\\t\\-4\end{pmatrix} \circ \begin{pmatrix}0\\0\\1\end{pmatrix}\right|}{\sqrt{t^2 + t^2 + (-4)^2} \cdot \sqrt{1}}$$

$$0{,}5 = \frac{|-4|}{\sqrt{2t^2 + 16}}$$

$$\sqrt{2t^2+16}=8$$
$$2t^2+16=64$$
$$t_1=\sqrt{24} \vee t_2=-\sqrt{24}$$

Für die Werte $\underline{\underline{t_1=\sqrt{24}}}$ oder $\underline{\underline{t_2=-\sqrt{24}}}$ schließt die Ebene E_t mit der x-y-Ebene einen Winkel der Größe 60° ein.

d) Verlängert man eine der beiden Kanten der Schnittfigur so, dass die Verlängerung die Gerade h schneidet, so stimmt die z-Koordinate des Schnittpunktes mit dem Wert von t überein, denn jeder Punkt $P_t(4|4|t)$ liegt in E_t und auch auf der Geraden h. Man kann $t=6$ ablesen.

e) Für das Volumen der Pyramide $ABCP_6$ mit der Dreiecksfläche aus Teilaufgabe a als Grundfläche gilt:

$$V_{ABCP_6}=\frac{1}{3}\cdot A_G\cdot h=\frac{1}{3}\cdot 8\cdot 6=16$$

Für das Volumen der kleinen, auf der Deckfläche des Quaders stehenden Pyramide, die den zu betrachtenden Teilkörper zur Pyramide $ABCP_6$ ergänzt, gilt:

$$V_{\text{Ergänzungskörper}}=\frac{1}{3}\cdot A_G\cdot h=\frac{1}{3}\cdot\frac{1}{2}\cdot 2\cdot 2\cdot 3=2$$

Die Seitenlängen des Dreiecks sowie die Höhe des Ergänzungskörpers sind – wie aus der Abbildung ersichtlich – jeweils die Hälfte der Längen der Pyramide $ABCP_6$.

Das Volumen des zu betrachtenden Teilkörpers lässt sich aus der Differenz der Volumina der Pyramide $ABCP_6$ und des Ergänzungskörpers bestimmen:

$$V_{\text{Teilkörper}}=V_{ABCP_6}-V_{\text{Ergänzungskörper}}=16-2=14\,[\text{VE}]$$

Das Volumen des Teilkörpers beträgt $\underline{\underline{14 \text{ VE}}}$.

f) Zwei der Eckpunkte der Schnittfigur sind stets die Punkte A und C. Für $0<t\leq 3$ liegt der dritte Eckpunkt auf der Seitenkante $\overline{BF}$ des Quaders, für $-3\leq t<0$ auf der gegenüberliegenden Seitenkante. Für $t=0$ entsteht keine Schnittfigur, da die eigentliche Schnittfläche in der Grundfläche des Quaders liegt. Für $t>3$ und $t<-3$ liegt der Schnittpunkt mit der Geraden h bzw. mit der Geraden durch die gegenüberliegenden Quaderkanten außerhalb des Quaders, sodass die Schnittfigur kein Dreieck bildet.
Demzufolge ist die Schnittfigur des Quaders mit der Ebene E_t ein Dreieck für $\underline{\underline{t\in[-3;3]\setminus\{0\}}}$.

g) Für den Abstand d eines Punktes $P(x_P \,|\, y_P \,|\, z_P)$ von einer Ebene E: $n_1 \cdot x + n_2 \cdot y + n_3 \cdot z = c$ gilt:

$$d = \frac{|n_1 \cdot x_P + n_2 \cdot y_P + n_3 \cdot z_P - c|}{\sqrt{n_1^2 + n_2^2 + n_3^2}}$$

Vergleicht man diesen Term mit dem in der Aufgabenstellung, dann erkennt man für die Werte n_1, n_2, n_3 und c die Ebene E_t. Für $x_P = 4$, $y_P = 4$ und $z_P = 0$ erhält man den Punkt B. Eine passende Aufgabenstellung lautet: Bestimmen Sie diejenigen Werte von t, für die B und E_t den Abstand 2 [LE] haben.

Smartphone BE

In den Ländern V und W wurde im Jahr 2017 durch eine repräsentative Befragung ermittelt, welcher Anteil der Gesamtbevölkerung (mindestens) ein Smartphone besitzt. Solche Personen werden als „Smartphone-Besitzer" bezeichnet. Folgende Anteile wurden ermittelt:

	Smartphone-Besitzer **unter 25 Jahren**	Smartphone-Besitzer **25 Jahre oder älter**	Smartphone-Besitzer **insgesamt**
Land **V**	8,1 %	5,0 %	5,4 %
Land **W**	56,5 %	24,0 %	29,8 %

a) Bestimmen Sie die Wahrscheinlichkeit dafür, dass in einer zufällig ausgewählten Gruppe von 20 Einwohnern des Landes V, die 25 Jahre oder älter sind,
A_1: genau zwei zu den Smartphone-Besitzern gehören,
A_2: mindestens einer, aber weniger als fünf zu den Smartphone-Besitzern gehören. 6

b) Statt der 20 werden jetzt 40 Einwohner des Landes V, die 25 Jahre oder älter sind, befragt. Betrachtet wird das Ereignis
B: Genau vier der Befragten sind Smartphone-Besitzer.
Bestimmen Sie die Wahrscheinlichkeit des Ereignisses B.
Interpretieren Sie folgenden Term im Sachzusammenhang:
$1-0,76^{40}-\binom{40}{1}\cdot 0,24\cdot 0,76^{39}$. 5

c) Ein Einwohner des Landes W wird zufällig ausgewählt.
Ermitteln Sie, wie groß die Wahrscheinlichkeit ist, dass der ausgewählte Einwohner unter 25 Jahre alt ist.
Begründen Sie dabei Ihren Ansatz, z. B. mithilfe eines Baumdiagramms. 5

d) In einem anderen Land T beträgt die Wahrscheinlichkeit dafür, dass ein Einwohner Smartphone-Besitzer ist, p mit $0<p<1$.
Berechnen Sie, wie groß p mindestens sein muss, damit die Wahrscheinlichkeit dafür, dass sich unter fünf zufällig ausgewählten Einwohnern dieses Landes mindestens ein Smartphone-Besitzer befindet, mindestens 99 % beträgt. 4

e) Eine Gruppe von 22 Fußballspielern trifft sich zu einem Fußballspiel. Insgesamt befinden sich vier Smartphone-Besitzer unter den 22 Spielern.
Die beiden Mannschaften mit jeweils 11 Spielern werden ausgelost.
Bestimmen Sie die Wahrscheinlichkeit dafür, dass sich in der einen oder in der anderen Mannschaft genau drei Smartphone-Besitzer befinden. 5

25

Summierte Binomialverteilungen

Gerundet auf vier Nachkommastellen, weggelassen ist „0,“, alle freien Plätze enthalten 1,0000.

Wird die Tabelle „von unten“ gelesen (p > 0,5), ist der richtige Wert 1 – (abgelesener Wert).

n	k	p = 0,05	0,10	$\frac{1}{6}$	0,20	0,25	0,30	$\frac{1}{3}$	0,40	0,45	0,50	k	n
5	0	7738	5905	4019	3277	2373	1681	1317	0778	0503	0313	4	5
	1	9774	9185	8038	7373	6328	5282	4609	3370	2562	1875	3	
	2	9988	9914	9645	9421	8965	8369	7901	6826	5931	5000	2	
	3		9995	9967	9933	9844	9692	9547	9130	8688	8125	1	
	4			9999	9997	9990	9976	9959	9898	9815	9688	0	
10	0	5987	3487	1615	1074	0563	0282	0173	0060	0025	0010	9	10
	1	9139	7361	4845	3758	2440	1493	1040	0464	0233	0170	8	
	2	9885	9298	7752	6778	5256	3828	2991	1673	0996	0547	7	
	3	9990	9872	9303	8791	7759	6496	5593	3823	2660	1719	6	
	4	9999	9984	9845	9672	9219	8497	7869	6331	5044	3770	5	
	5		9999	9976	9936	9803	9527	9234	8338	7384	6230	4	
	6			9997	9991	9965	9894	9803	9452	8980	8281	3	
	7				9999	9996	9984	9966	9877	9726	9453	2	
	8						9999	9996	9983	9955	9893	1	
	9								9999	9997	9990	0	
15	0	4633	2059	0649	0352	0134	0047	0023	0005	0001	0000	14	15
	1	8290	5490	2596	1671	0802	0353	0194	0052	0017	0005	13	
	2	9638	8159	5322	3980	2361	1268	0794	0271	0107	0037	12	
	3	9945	9444	7685	6482	4613	2969	2092	0905	0424	0176	11	
	4	9994	9873	9102	8358	6865	5155	4041	2173	1204	0592	10	
	5	9999	9978	9726	9389	8516	7216	6184	4032	2608	1509	9	
	6		9997	9934	9819	9434	8689	7970	6098	4522	3036	8	
	7			9987	9958	9827	9500	9118	7869	6535	5000	7	
	8			9998	9992	9958	9848	9682	9050	8182	6964	6	
	9				9999	9992	9963	9915	9662	9231	7491	5	
	10					9999	9993	9982	9907	9745	9408	4	
	11						9999	9997	9981	9937	9824	3	
	12								9997	9989	9963	2	
	13									9999	9995	1	
20	0	3585	1216	0261	0115	0032	0008	0003	0000	0000	0000	19	20
	1	7358	3917	1304	0692	0243	0076	0033	0005	0001	0000	18	
	2	9245	6769	3287	2061	0913	0355	0176	0036	0009	0002	17	
	3	9841	8670	5665	4114	2252	1071	0604	0160	0049	0013	16	
	4	9974	9568	7687	6296	4148	2375	1515	0510	0189	0059	15	
	5	9997	9887	8982	8042	6172	4164	2972	1256	0553	0207	14	
	6		9976	9629	9133	7858	6080	4793	2500	1299	0577	13	
	7		9996	9887	0679	8982	7723	6615	4159	2520	1316	12	
	8		9999	9972	9887	9591	8867	8095	5956	4143	2517	11	
	9			9994	9972	9861	9520	9081	7553	5914	4119	10	
	10			9999	9994	9961	9826	9624	8725	7507	5881	9	
	11				9999	9991	9949	9870	9435	8692	7483	8	
	12					9998	9987	9963	9790	9420	8684	7	
	13						9997	9991	9935	9786	9423	6	
	14							9998	9984	9936	9793	5	
	15								9997	9985	9941	4	
	16									9997	9987	3	
	17										9998	2	
n	k	p = 0,95	0,90	$\frac{5}{6}$	0,80	0,75	0,70	$\frac{2}{3}$	0,60	0,55	0,50	k	n

Tipps und Hinweise zur Lösung von Aufgabe 3.1

Tipps zu Teilaufgabe a

- Die Zufallsvariable X: Anzahl der Smartphone-Besitzer des Landes V unter den „25 Jahre oder älter“ ist (näherungsweise) binomialverteilt mit $n = 20$ und $p = 0{,}05$.
- Nehmen Sie zur Berechnung von $P(A_2)$ die Tabelle „Summierte Binomialverteilungen“ zu Hilfe.

Tipps zu Teilaufgabe b

- Die Zufallsvariable T: Anzahl der Smartphone-Besitzer des Landes V unter den „25 Jahre oder älter“ ist (näherungsweise) binomialverteilt mit $n = 40$ und $p = 0{,}05$.
- Der gegebene Term hat die Struktur $P(D) = 1 - P(C)$.
- Es handelt sich um eine Binomialverteilung mit $n = 40$ und $p = 0{,}24$.

Tipps zu Teilaufgabe c

- Betrachten Sie die Ereignisse J: Die Person ist höchstens 24 Jahre und S: Die ausgewählte Person besitzt ein Smartphone mithilfe eines reduzierten Baumdiagramms.
- Wenden Sie den Satz der totalen Wahrscheinlichkeit bzw. die zweite Pfadregel an.

Tipps zu Teilaufgabe d

- Die Zufallsvariable Y: Anzahl der Befragten, die Smartphone-Besitzer sind, ist (näherungsweise) binomialverteilt mit $n = 5$ und $0 < p < 1$.
- Bestimmen Sie p unter der Bedingung $P(Y \geq 1) \geq 0{,}99$.

Tipp zu Teilaufgabe e

- Modellieren Sie das Zufallsexperiment als 11-stufige Auswahl ohne Wiederholung und ohne Beachtung der Reihenfolge (Lottomodell).

Lösungen zu Aufgabe 3.1

a) X: Anzahl der Smartphone-Besitzer des Landes V unter den „25 Jahre oder älter"
Die Zufallsvariable X ist (näherungsweise) binomialverteilt mit $n=20$ und $p=0{,}05$.

$$P(A_1) = P(X=2) = \binom{20}{2} \cdot 0{,}05^2 \cdot 0{,}95^{18} \approx 0{,}1887$$

$$P(A_2) = P(1 \le X < 5) = P(X \le 4) - P(X=0)$$
$$= 0{,}9974 - 0{,}3585 = 0{,}6389$$

Die Werte für $P(X \le 4)$ und $P(X=0)$ können aus der Tabelle „Summierte Binomialverteilungen" abgelesen werden.

Das Ereignis A_1 hat eine Wahrscheinlichkeit von ungefähr $\underline{\underline{18{,}87\,\%}}$, das Ereignis A_2 hat eine Wahrscheinlichkeit von ungefähr $\underline{\underline{63{,}89\,\%}}$.

b) T: Anzahl der Smartphone-Besitzer des Landes V unter den „25 Jahre oder älter"
Die Zufallsvariable T ist (näherungsweise) binomialverteilt mit $n=40$ und $p=0{,}05$.

$$P(B) = P(T=4) = \binom{40}{4} \cdot 0{,}05^4 \cdot 0{,}95^{36} \approx 0{,}0901$$

Das Ereignis B hat eine Wahrscheinlichkeit von ungefähr $\underline{\underline{9{,}01\,\%}}$.

Der gegebene Term beschreibt ein Gegenereignis der Form $P(D) = 1 - P(C)$ mit $P(C) = P(Y=0) + P(Y=1)$.
Y: Anzahl der Smartphone-Besitzer des Landes W unter den „25 Jahre und älter"
Dies folgt aus $p=0{,}24$ und der Vierfeldertafel.
Daher gibt der Term an, wie groß die Wahrscheinlichkeit ist, dass unter den 40 Befragten mindestens 2 Personen sind, die Smartphone-Besitzer sind, die aus Land W stammen und „25 Jahre oder älter" sind.

c) Bei dem Zufallsexperiment „Eine Person aus dem Land W wird zufällig ausgewählt" werden folgende Ereignisse mithilfe eines reduzierten Baumdiagramms betrachtet:
J: Die Person ist höchstens 24 Jahre alt.
S: Die ausgewählte Person besitzt ein Smartphone.

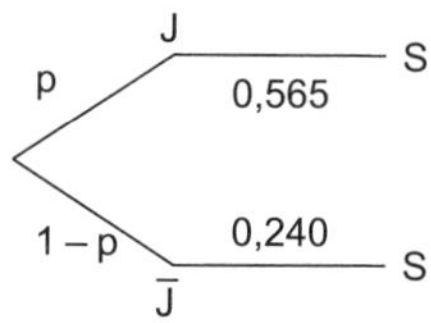

Aus der Vierfeldertafel ist bekannt, dass der Anteil der Smartphone-Besitzer 29,8 % beträgt: $P(S) = 0{,}298$

Mithilfe des Satzes der totalen Wahrscheinlichkeit (Spezialfall der zweiten Pfadregel) lässt sich nun p berechnen:

$$p \cdot P_J(S) + (1-p) \cdot P_{\overline{J}}(S) = P(S)$$
$$p \cdot 0{,}565 + (1-p) \cdot 0{,}240 = 0{,}298$$
$$0{,}565p + 0{,}240 - 0{,}240p = 0{,}298$$
$$0{,}325p = 0{,}058$$
$$p \approx 0{,}178$$

Die Wahrscheinlichkeit, dass der ausgewählte Einwohner unter 25 Jahre alt ist, beträgt also ungefähr 17,8 %.

d) Y: Anzahl der Befragten, die Smartphone-Besitzer sind
Die Zufallsvariable Y ist (näherungsweise) binomialverteilt mit $n = 5$ und $0 < p < 1$.

Für $P(Y \geq 1)$ soll folgende Bedingung gelten: $P(Y \geq 1) \geq 0{,}99$

$$P(Y \geq 1) = 1 - P(Y = 0) = 1 - (1-p)^5$$

$$1 - (1-p)^5 \geq 0{,}99$$

$$-(1-p)^5 \geq -0{,}01$$

$$(1-p)^5 \leq 0{,}01$$

$$-p \leq \sqrt[5]{0{,}01} - 1$$

$$p \geq 1 - \sqrt[5]{0{,}01}$$

$$p \geq 0{,}6019$$

Die Wahrscheinlichkeit p muss mindestens 0,6019 betragen.

e) Das Zufallsexperiment lässt sich als 11-stufige Auswahl ohne Wiederholung und ohne Beachtung der Reihenfolge modellieren (Lottomodell).

Zu betrachten ist das Ereignis D: Genau drei Smartphone-Besitzer befinden sich in einer Mannschaft.

$$P(D) = 2 \cdot \frac{\binom{4}{3} \cdot \binom{18}{8}}{\binom{22}{11}} = 2 \cdot \frac{4 \cdot 43758}{705432} \approx 0{,}4962$$

Der Vorfaktor 2 stammt von den 2 Möglichkeiten (der einen oder der anderen Mannschaft).

Die Wahrscheinlichkeit, dass sich in der einen oder in der anderen Mannschaft genau drei Smartphone-Besitzer befinden, beträgt ungefähr 49,62 %.

Brillenträger BE

In einer großen Gemeinde tragen 62,5 % der Bevölkerung eine Brille. Bei den Frauen beträgt der Anteil 64,8 %. Es ist bekannt, dass 52,1 % der Bevölkerung Frauen sind.

a) Stellen Sie diesen Sachverhalt in einer Vierfeldertafel dar.
Eine aus der Bevölkerung zufällig ausgewählte Person ist ein Mann.
Berechnen Sie die Wahrscheinlichkeit dafür, dass er eine Brille trägt. 4

b) Berechnen Sie die Wahrscheinlichkeiten der folgenden Ereignisse:
A: Von acht zufällig ausgewählten Personen sind alle Brillenträger.
B: Von 20 zufällig ausgewählten Personen sind genau drei keine Brillenträger. 5

c) Betrachtet werden die Ereignisse
C: Von 20 zufällig ausgewählten Personen sind genau neun Brillenträger.
D: Von 20 zufällig ausgewählten Personen sind genau zwölf Brillenträger.
Berechnen Sie die Wahrscheinlichkeit des Ereignisses C.
Begründen Sie mithilfe des Erwartungswertes für die Anzahl der Brillenträger, ob die Wahrscheinlichkeit für das Ereignis D größer oder kleiner ist als die für das Ereignis C. 5

d) Für $0 \leq k \leq 17$ betrachtet man das Ereignis
E_k: Von 20 zufällig ausgewählten Personen sind mindestens k, aber höchstens $k+3$ Personen Brillenträger.
Geben Sie an, für welchen Wert von k die Wahrscheinlichkeit von E_k maximal wird.
Begründen Sie Ihre Angabe. 2

e) Ein Optiker hatte eine Werbeagentur mit einer Werbekampagne für sein Brillengeschäft beauftragt. Die Werbeagentur verspricht nun, dass mehr als 30 % der Brillenträger der Gemeinde Kunden in seinem Geschäft sind.
Der Optiker vermutet jedoch, dass höchstens 30 % der Brillenträger der Gemeinde bei ihm Kunden sind. Durch eine Stichprobe möchte er seine Vermutung untersuchen. Dazu lässt er 100 zufällig ausgewählte Brillenträger befragen, ob sie Kunden bei ihm sind.
Geben Sie die kleinstmögliche untere Grenze des Intervalls $A = [k; 100]$ an, sodass die Wahrscheinlichkeit, dass das Ergebnis der Stichprobe im Intervall A liegt, höchstens 5 % beträgt (unter der Annahme, dass die Vermutung des Optikers zutrifft). 3

f) Auf einer Brillenmesse befindet sich in einer Gruppe von 20 Brillenträgern genau eine Person, die eine Designerbrille trägt.
Berechnen Sie, wie viele Personen dieser Gruppe zufällig und nacheinander „ohne Zurücklegen" mindestens auszuwählen sind, damit die Wahrscheinlichkeit dafür, dass sich der Träger der Designerbrille unter den ausgewählten Personen befindet, mindestens 75 % beträgt. Begründen Sie Ihren Lösungsansatz. 6

25

Summierte Binomialverteilungen

Gerundet auf vier Nachkommastellen, weggelassen ist „0,“, alle freien Plätze links unten enthalten 1,0000, rechts oben 0,0000.
Wird die Tabelle „von unten“ gelesen ($p > 0{,}5$), ist der gesuchte Wert 1 – (abgelesener Wert).

n	k \ p	0,02	0,05	0,10	$\frac{1}{6}$	0,20	0,25	0,30	$\frac{1}{3}$	k
	0	1326	0059							99
	1	4033	0371	0003						98
	2	6767	1183	0019						97
	3	8590	2578	0078						96
	4	9492	4360	0237	0001					95
	5	9845	6160	0576	0004					94
	6	9959	7660	1172	0013	0001				93
	7	9991	8720	2061	0038	0003				92
	8	9998	9369	3209	0095	0009				91
	9	9999	9718	4513	0231	0023				90
	10		9885	5832	0427	0057	0001			89
	11		9957	7030	0777	0126	0004			88
	12		9985	8018	1297	0253	0010			87
	13		9995	8761	2000	0469	0025	0001		86
	14		9999	9274	2874	0804	0054	0002		85
	15			9601	3877	1285	0111	0004		84
	16			9794	4942	1923	0211	0010	0001	83
	17			9900	5994	2712	0376	0022	0002	82
	18			9954	6965	3621	0630	0045	0005	81
	19			9980	7803	4602	0995	0089	0011	80
	20			9992	8481	5595	1400	0165	0024	79
	21			9997	8998	6540	2114	0288	0048	78
	22			9999	9370	7389	2864	0479	0091	77
	23				9621	8109	3711	0755	0164	76
	24				9783	8686	4617	1136	0281	75
	25				9881	9125	5535	1631	0458	74
100	26				9938	9442	6417	2244	0715	73
	27				9969	9658	7224	2964	1066	72
	28				9985	9800	7925	3768	1524	71
	29				9993	9888	8505	4623	2093	70
	30				9997	9939	8962	5491	2766	69
	31				9999	9969	9307	6331	3525	68
	32					9985	9554	7107	4344	67
	33					9993	9723	7793	5188	66
	34					9997	9836	8371	6019	65
	35					9999	9906	8839	6803	64
	36					9999	9948	9201	7511	63
	37						9973	9470	8123	62
	38						9986	9660	8630	61
	39						9993	9790	9034	60
	40						9997	9875	9341	59
	41						9999	9928	9566	58
	42						9999	9960	9724	57
	43							9979	9831	56
	44							9989	9900	55
	45							9995	9943	54
	46							9997	9969	53
	47							9999	9983	52
	48							9999	9991	51
	49								9996	50
	50								9998	49
	51								9999	48
	52									47
n	k		0,95	0,90	$\frac{5}{6}$	0,80	0,75	0,70	$\frac{2}{3}$	p \ k

Tipps und Hinweise zur Lösung von Aufgabe 3.2

Tipps zu Teilaufgabe a

- Erstellen Sie eine Vierfeldertafel mit F: Frauen, M: Männer, R: Brillenträger und $\overline{R}$: Nicht-Brillenträger.
- Zu berechnen ist $P_M(R)$.

Tipps zu Teilaufgabe b

- Die Wahrscheinlichkeiten P(R) und $P(\overline{R})$ können aus der in Teilaufgabe a erstellten Vierfeldertafel entnommen werden.
- Bei beiden beschriebenen Ereignissen handelt es sich um Binomialverteilungen.

Tipps zu Teilaufgabe c

- Für den Erwartungswert μ bei einer Binomialverteilung gilt: $\mu = n \cdot p$
- Dasjenige Ereignis, das näher am Erwartungswert liegt, ist wahrscheinlicher.

Tipp zu Teilaufgabe d

- Zur Bestimmung, für welches k die Wahrscheinlichkeit $P(E_k)$ maximal wird, muss man betrachten, welche Ereignisse am nächsten an dem in Teilaufgabe c berechneten Erwartungswert liegen.

Tipps zu Teilaufgabe e

- Führen Sie einen rechtsseitigen Signifikanztest mit dem Stichprobenumfang $n = 100$ und dem Signifikanzniveau $\alpha = 5\ \%$ durch. Gesucht ist die kleinstmögliche untere Grenze k des Ablehnungsbereichs [k; 100].
- Nehmen Sie die Tabelle "Summierte Binomialverteilungen" zu Hilfe.

Tipp zu Teilaufgabe f

- Bei dem Zufallsexperiment handelt es sich um Ziehen ohne Zurücklegen. Wenden Sie das Lottomodell an.

Lösungen zu Aufgabe 3.2

a) F: Frauen, M: Männer, R: Brillenträger, $\overline{R}$: Nicht-Brillenträger

	F	M	
R	$\mathbf{0{,}648} \cdot \mathbf{0{,}521} \approx 0{,}3376$	0,2874	**0,625**
$\overline{R}$	0,1834	0,1916	0,375
	0,521	0,479	1,000

Die fett unterlegten Werte können direkt aus dem Aufgabenblatt übernommen werden.

Aus $P(R) = P(F \cap R) + P(M \cap R) = P(F) \cdot P_F(R) + P(M) \cdot P_M(R)$ folgt:

$$P_M(R) = \frac{P(R) - P(F) \cdot P_F(R)}{P(M)} \approx \frac{0{,}625 - 0{,}3376}{0{,}479} \approx 0{,}6$$

Die Wahrscheinlichkeit, dass ein zufällig ausgewählter Mann eine Brille trägt, beträgt ungefähr 60 %.

b) R: Brillenträger, $P(R) = 0{,}625$ (vgl. Teilaufgabe a)

$$P(A) = 0{,}625^8 \approx 0{,}023$$

Die Wahrscheinlichkeit für das Ereignis A beträgt ungefähr 2,3 %.

$\overline{R}$: kein Brillenträger, $P(\overline{R}) = 0{,}375$ (vgl. Teilaufgabe a)

Die Zufallsvariable Y: Anzahl der Personen, die keine Brille tragen, ist (näherungsweise) binomialverteilt mit $n = 20$ und $p = 0{,}375$.

$$P(B) = \binom{20}{3} \cdot 0{,}625^{17} \cdot 0{,}375^3 \approx 0{,}0204$$

Die Wahrscheinlichkeit für das Ereignis B beträgt ungefähr 2,04 %.

c) X: Anzahl der Brillenträger; X ist (näherungsweise) binomialverteilt mit $n = 20$ und $p = 0{,}625$.

$$P(C) = P(X = 9) = \binom{20}{9} \cdot 0{,}625^9 \cdot 0{,}375^{11} \approx 0{,}0504$$

Die Wahrscheinlichkeit des Ereignisses C beträgt ungefähr 5,04 %.

Für den Erwartungswert ergibt sich:

$$\mu = n \cdot p = 20 \cdot 0{,}625 = 12{,}5$$

Das Ereignis D liegt näher am Erwartungswert als das Ereignis C, daher ist $P(D) > P(C)$.

d) Für den Erwartungswert gilt laut Teilaufgabe c: $\mu = 12{,}5$
Die vier dem Erwartungswert nächsten Werte sind 11, 12, 13 und 14.
Entsprechend wird $P(k \leq X \leq k + 3)$ maximal für $k = 11$.

e) Zur Lösung der Aufgabe muss man einen rechtsseitigen Hypothesentest durchführen. Die Nullhypothese H_0 ist dabei die Vermutung des Optikers, dass höchstens 30 % ($p_0 = 0{,}3$) der Brillenträger der Gemeinde bei ihm Kunden sind. Der Stichprobenumfang beträgt $n = 100$, das Signifikanzniveau $\alpha = 5\,\% = 0{,}05$. Gesucht ist die kleinstmögliche untere Grenze k des Ablehnungsbereichs [k; 100].
Für die Nullhypothese H_0 soll gelten: $p \le p_0$, also $p \le 0{,}3$
Für die Gegenhypothese H_1 gilt dann: $p_1 > 0{,}3$

Der kritische Wert k lässt sich mit folgender Ungleichung berechnen:

$$\begin{aligned} P(X \ge k) &\le 0{,}05 \\ 1 - P(X < k) &\le 0{,}05 \\ 1 - P(X \le k-1) &\le 0{,}05 \\ 0{,}95 &\le P(X \le k-1) \end{aligned}$$

Aus der Tabelle über die summierten Binomialverteilungen (Anlage) kann man ablesen:
$P(X \le 37) = 0{,}9470$, $P(X \le 38) = 0{,}9660$

Da $P(X \le 38)$ der erste Wert in der Tabelle ist, der größer oder gleich 0,95 ist, beträgt $k - 1 = 38$. Der kritische Wert liegt bei $k = 39$.
Demnach gilt $P(39 \le X \le 100)$. Das gesuchte Intervall ist $\underline{\underline{[39; 100]}}$.

f) F_k: Unter den k ausgewählten Brillenträgern befindet sich der Träger einer Designerbrille. Gesucht ist der kleinste Wert für k mit $P(F_k) \ge 0{,}75$.

Da es sich um Ziehen ohne Zurücklegen handelt, muss das Lottomodell verwendet werden.

Damit gilt:

$$P(F_k) = \frac{\binom{1}{1} \cdot \binom{19}{k-1}}{\binom{20}{k}} = \frac{19! \cdot k! \cdot (20-k)!}{(k-1)! \cdot (19-k+1)! \cdot 20!} = \frac{k}{20}$$

$$\frac{k}{20} \ge 0{,}75$$

$$k \ge 15$$

Es müssen mindestens $\underline{\underline{15}}$ Brillenträger ausgewählt werden.

Analysis 1 BE

Der abgebildete Graph G_f stellt eine Funktion f dar.

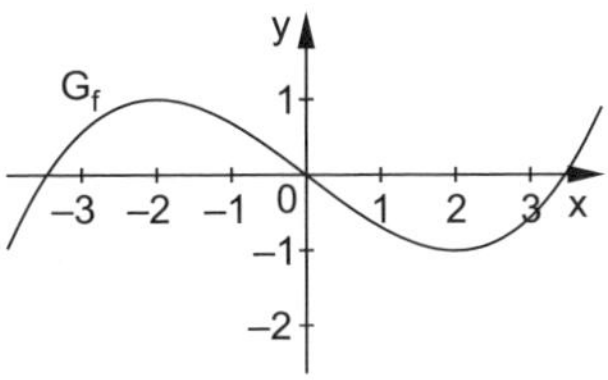

a) Einer der folgenden Graphen I, II und III gehört zur ersten Ableitungsfunktion von f.
Geben Sie diesen Graphen an und begründen Sie, dass die beiden anderen Graphen dafür nicht infrage kommen.

I

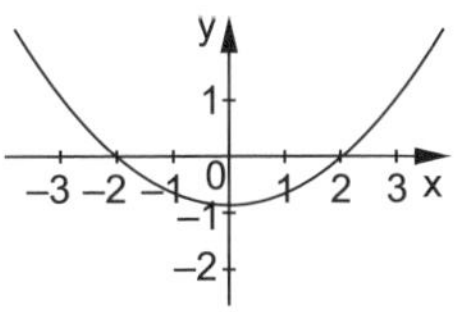

II

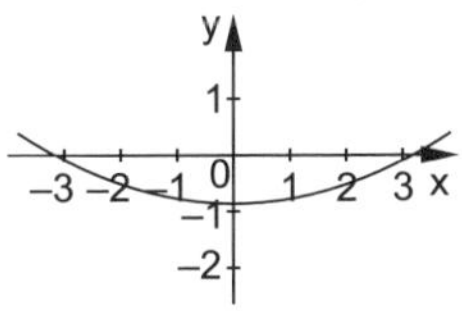

III

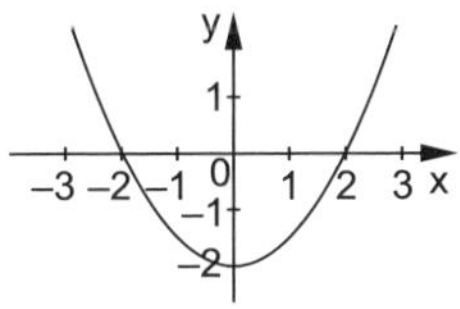

3

b) Die Funktion F ist eine Stammfunktion von f.
Geben Sie das Monotonieverhalten von F im Intervall [1; 3] an.
Begründen Sie Ihre Angabe. 2

Analysis 2

Gegeben ist die Funktion f' mit $f'(x) = 3x^2 - 6x - 6$.

a) Der Punkt $P(-1 \mid 10)$ liegt auf dem Graphen der Funktion f.
Bestimmen Sie eine Gleichung von f. 3

b) Für die Funktion f gilt: $\int_a^b f(x)\,dx = 0$ mit $a, b \in \mathbb{R}$; $a \neq b$ und $f(a) = f(b) = 0$.

Geben Sie die Anzahl und Lage der Nullstellen der Funktion f an.
Begründen Sie Ihre Entscheidung. 2

Analytische Geometrie 1

Gegeben sind die Ebene E: $4x - y + 2z = 9$ und die Ebene H: $x - 2y + z = 1$.

a) Begründen Sie, dass die Ebenen E und H nicht parallel zueinander sind. 2

b) Ermitteln Sie eine Gleichung der Ursprungsgeraden, die sowohl zur Ebene E als auch zur Ebene H parallel ist. 3

Analytische Geometrie 2

Die Gerade g: $\vec{x} = \begin{pmatrix} 0 \\ 2 \\ 0 \end{pmatrix} + r \cdot \begin{pmatrix} 2 \\ 4 \\ 1 \end{pmatrix}$ mit $r \in \mathbb{R}$ und die Ebene E: $x + 2y - 2z = 2$ schneiden sich im Punkt S.

a) Berechnen Sie die Koordinaten von S. 3

b) Der Punkt P_1 liegt auf g, aber nicht in E. Die Abbildung zeigt die Ebene E, die Gerade g sowie einen Repräsentanten des Vektors $\overrightarrow{SP_1}$.
Für den Punkt P_2 gilt: $\overrightarrow{OP_2} = \overrightarrow{OP_1} - 4 \cdot \overrightarrow{SP_1}$, wobei O den Koordinatenursprung bezeichnet.
Zeichnen Sie die Punkte S, P_1 und P_2 in die Abbildung ein.

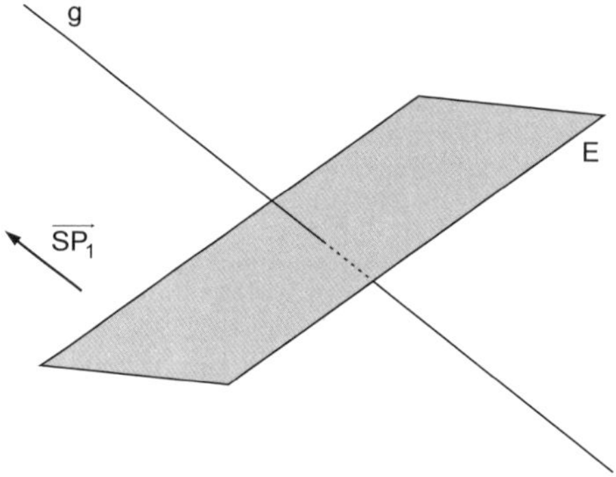

2

Stochastik 1

Erscheinen beim Wurf von fünf Würfeln fünf gleiche Zahlen, so spricht man von einem Kniffel.

a) Berechnen Sie die Wahrscheinlichkeit, mit fünf idealen Würfeln einen Kniffel zu erhalten. 2

Erhält man ein Paar gleicher Zahlen und eine andere Zahl auf allen restlichen drei Würfeln, so spricht man vom Full House. Hat man beim ersten Wurf sein Ziel noch nicht erreicht, darf man einen zweiten Wurf wagen.

Pauls erster Wurf

b) Paul hat vier gleiche Zahlen gewürfelt, er benötigt jedoch ein Full House. Nun will er nur mit einem der vier Würfel mit gleicher Zahl weiterwürfeln. Jasmin schlägt vor, zusätzlich den Würfel mit der einzelnen Zahl zum Würfeln aufzunehmen.
Untersuchen Sie, wer die bessere Gewinnstrategie hat. 3

Stochastik 2

Ein Glücksrad besteht aus fünf gleich großen Sektoren. Einer der Sektoren ist mit „0“ beschriftet, einer mit „1“ und einer mit „2“, die beiden anderen Sektoren sind mit „9“ beschriftet.

a) Das Glücksrad wird viermal gedreht.
Berechnen Sie die Wahrscheinlichkeit dafür, dass die Zahlen 2, 0, 1 und 9 in der angegebenen Reihenfolge erzielt werden. 2

b) Das Glücksrad wird zweimal gedreht.
Bestimmen Sie die Wahrscheinlichkeit dafür, dass die Summe der erzielten Zahlen mindestens 11 beträgt. 3

30

Tipps und Hinweise zur Lösung von Aufgabe 1

Tipps zu Analysis 1

a) Lesen Sie die Extrempunkte des Graphen von f ab.

Die Ableitungsfunktion muss an den Extremstellen von f null sein.

Betrachten Sie den Anstieg des Graphen von f bei $x = 0$.

b) Zur Funktion F(x) ist f(x) die Ableitungsfunktion.

Betrachten Sie f(x) im vorgegebenen Intervall.

Tipps zu Analysis 2

a) Bilden Sie die Stammfunktionen von f'(x).

Setzen Sie die Koordinaten des Punktes P in die möglichen Stammfunktionen ein.

b) Eine ganzrationale Funktion vom Grad n kann maximal n Nullstellen haben.

Ein bestimmtes Integral mit dem Wert null lässt Rückschlüsse auf die eingeschlossene Fläche zu.

Tipps zu Analytische Geometrie 1

a) Untersuchen Sie die aus den Ebenengleichungen ablesbaren Normalenvektoren zu den Ebenen E und H auf Kollinearität.

b) Eine Urspungsgerade verläuft durch den Koordinatenursprung $O(0\,|\,0\,|\,0)$. In der Geradengleichung einer Ursprungsgeraden wird kein Stützvektor benötigt.

Der Richtungsvektor der Geraden kann aus dem Vektorprodukt der Normalenvektoren zu den Ebenen E und H berechnet werden.

Tipps zu Analytische Geometrie 2

a) Stellen Sie die Koordinaten des Schnittpunktes $S(x_S\,|\,y_S\,|\,z_S)$ mithilfe der Gleichung der Geraden g in Abhängigkeit des Parameters r_S dar.

Berechnen Sie r_S durch Einsetzen der Koordinaten in die Gleichung der Ebene E.

Durch Einsetzen des für r_S berechneten Wertes in die Gleichung der Geraden g erhalten Sie dann die Koordinaten des Schnittpunktes S.

b) Zeichnen Sie zunächst den Schnittpunkt S der Geraden g und der Ebene H ein.

Zeichnen Sie mithilfe des Repräsentanten des Vektors SP_1 den Punkt P_1 auf der Geraden g ein.

Zeichnen Sie mithilfe der Gleichung $\overrightarrow{OP_2} = \overrightarrow{OP_1} - 4 \cdot \overrightarrow{SP_1}$ den Punkt P_2 ein. $\overrightarrow{OP_1}$ ist dabei der Ortsvektor zu P_1, $\overrightarrow{OP_2}$ der Ortsvektor zu P_2. Tragen Sie also vom Punkt P_1 in entgegengesetzter Richtung zum Vektor $\overrightarrow{SP_1}$ eine Strecke auf der Geraden g ab. Für diese Strecke gilt, dass sie viermal so lang ist wie der Betrag von $\overrightarrow{SP_1}$.

Tipps zu Stochastik 1

a) Die Wahrscheinlichkeit, mit einem fairen Würfel eine bestimmte Zahl zu erhalten, beträgt $\frac{1}{6}$.

Betrachten Sie die Würfel einzeln: Für einen Kniffel kann auf dem ersten Würfel jede beliebige Zahl von 1 bis 6 erscheinen. Auf den vier weiteren Würfeln darf dann aber jeweils nur die eine mit dem ersten Würfel geworfene Zahl erscheinen. Für den ersten Würfel gibt es also sechs verschiedene Möglichkeiten, für den zweiten bis fünften Würfel jeweils nur eine.

Wenden Sie die Pfadregel an.

b) Paul muss beim zweiten Wurf mit einem Würfel eine bestimmte Augenzahl werfen. Gemäß der Abbildung muss er mit einem Würfel, der beim ersten Wurf die Augenzahl 4 gezeigt hat, die Augenzahl 2 werfen.

Nach Jasmins Vorschlag muss beim zweiten Wurf mit zwei Würfeln die gleiche Augenzahl geworfen werden. Die Augenzahl dieser beiden Würfel muss sich aber von der Augenzahl der weiteren drei Würfel unterscheiden. Gemäß der Abbildung schlägt Jasmin also vor, einen Würfel, der beim ersten Wurf die Augenzahl 4 gezeigt hat, und den Würfel, der die Augenzahl 2 gezeigt hat, zu werfen. Modellieren Sie Jasmins Gewinnstrategie als einen Wurf mit zwei Würfeln, von denen der erste Würfel fünf von sechs möglichen Zahlen zeigen darf, der zweite Würfel aber nur die auf dem ersten Würfel erschienene Zahl. Wenden Sie die Pfadregel an.

Vergleichen Sie die Wahrscheinlichkeiten für Pauls und für Jasmins Gewinnstrategie.

Tipps zu Stochastik 2

a) Bestimmen Sie die Wahrscheinlichkeiten dafür, beim ersten Dreh eine 2, beim zweiten Dreh eine 0, beim dritten Dreh eine 1 und beim vierten Dreh eine 9 zu erhalten.

Wenden Sie die Pfadregel an.

b) Damit die Summe der erzielten Zahlen mindestens 11 beträgt, gibt es drei verschiedene Möglichkeiten: Man kann zweimal hintereinander die 9 oder beim ersten Mal die 2 und dann die 9 oder umgekehrt beim ersten Mal die 9 und dann die 2 drehen.
Bestimmen Sie zunächst mit der Pfadregel die Wahrscheinlichkeiten für diese einzelnen Möglichkeiten.

Berechnen Sie dann mit der Summenregel die Gesamtwahrscheinlichkeit.

Lösungen zu Aufgabe 1

Analysis 1

a) f(x) besitzt an den Stellen $x_{E_1} = -2$ und $x_{E_2} = 2$ Extremstellen, d. h., f'(x) muss an diesen Stellen Nullstellen besitzen (notwendige Bedingung für die Existenz von Extremstellen). Daraus folgt, dass Graph II nicht die Ableitungsfunktion von f(x) darstellt.

Graph III zeigt eine Funktion, die an der Stelle $x = 0$ den Wert $y = -2$ hat. Daher müsste f(x) entsprechend den Anstieg –2 bei $x = 0$ haben. Dies ist aber nicht der Fall. f(x) verläuft an der Stelle $x = 0$ flacher (Anstieg $\approx -0{,}8$). Dies entspricht Graph I.

b) Da F eine Stammfunktion von f ist, gilt:

$$F'(x) = f(x)$$

f(x) ist die Ableitungsfunktion von F(x) und gibt damit den Anstieg von F(x) an. Im Intervall [1; 3] ist $f(x) < 0$, d. h., F(x) ist in diesem Intervall monoton fallend.

Analysis 2

a) Berechnen der Stammfunktionen:

$$f(x) = \int f'(x)\,dx = \int (3x^2 - 6x - 6)\,dx = x^3 - 3x^2 - 6x + C \quad \text{mit } C \in \mathbb{R}$$

Einsetzen der Koordinaten des Punktes P:

$$\begin{aligned} f(-1) &= 10 \\ (-1)^3 - 3\cdot(-1)^2 - 6\cdot(-1) + C &= 10 \\ -1 - 3 + 6 + C &= 10 \\ 2 + C &= 10 \\ C &= 8 \end{aligned}$$

$$\Rightarrow \quad \underline{\underline{f(x) = x^3 - 3x^2 - 6x + 8}}$$

b) Da $f(a) = f(b) = 0$, sind a und b Nullstellen von f(x).

Da das Integral $\int_a^b f(x)\,dx$ null ist, muss zwischen a und b eine weitere Nullstelle liegen und zwar so, dass gilt:

$$\int_a^c f(x)\,dx = -\int_c^b f(x)\,dx$$

Da es eine ganzrationale Funktion 3. Grades ist, kann die Funktion maximal drei Nullstellen (die zuvor genannten) haben.

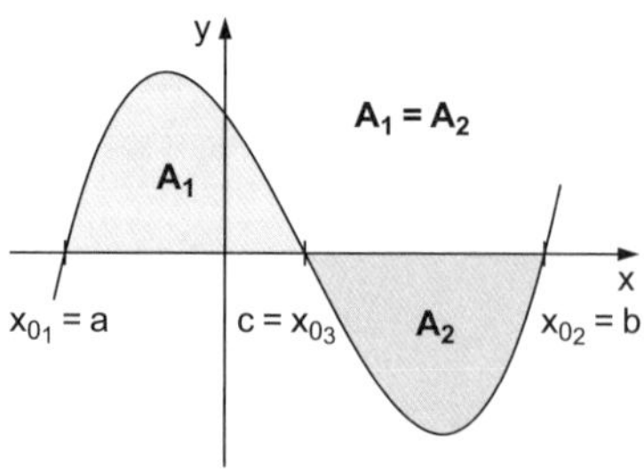

Analytische Geometrie 1

a) Ein Normalenvektor zur Ebene E ist $\vec{n}_E = \begin{pmatrix} 4 \\ -1 \\ 2 \end{pmatrix}$. Ein Normalenvektor der Ebene H ist $\vec{n}_H = \begin{pmatrix} 1 \\ -2 \\ 1 \end{pmatrix}$.

Prüfen auf Kollinearität:

$$\begin{pmatrix} 4 \\ -1 \\ 2 \end{pmatrix} = r \cdot \begin{pmatrix} 1 \\ -2 \\ 1 \end{pmatrix} \quad \text{mit } r \in \mathbb{R}$$

Gleichungen für x- und y-Koordinate:

$$4 = r$$
$$-1 \neq 4 \cdot (-2)$$

Die Normalenvektoren sind nicht kollinear zueinander, d. h., die Ebenen sind nicht parallel.

b) Ein Richtungsvektor, der zu den Ebenen E und H parallel ist, muss senkrecht auf der von den Normalenvektoren $\vec{n}_E$ und $\vec{n}_H$ aufgespannten Ebene stehen und kann daher aus dem Vektorprodukt der beiden Normalenvektoren berechnet werden:

$$\vec{n}_E \times \vec{n}_H = \begin{pmatrix} 4 \\ -1 \\ 2 \end{pmatrix} \times \begin{pmatrix} 1 \\ -2 \\ 1 \end{pmatrix} = \begin{pmatrix} (-1) \cdot 1 - 2 \cdot (-2) \\ 2 \cdot 1 - 4 \cdot 1 \\ 4 \cdot (-2) - (-1) \cdot 1 \end{pmatrix} = \begin{pmatrix} 3 \\ -2 \\ -7 \end{pmatrix}$$

Ein Stützvektor ist in der Gleichung einer Ursprungsgeraden nicht erforderlich.

Eine Gleichung der Geraden g, die sowohl zur Ebene E als auch zur Ebene H parallel ist, lautet:

$$\underline{\underline{g\colon \vec{x} = r \cdot \begin{pmatrix} 3 \\ -2 \\ -7 \end{pmatrix}}}, \quad \text{mit } r \in \mathbb{R}$$

Analytische Geometrie 2

a) Die Koordinaten des Schnittpunktes S lassen sich mithilfe der Gleichung der Geraden g in Abhängigkeit vom Parameter r_S in der Form $S(0 + 2r_S \mid 2 + 4r_S \mid 0 + r_S) = S(2r_S \mid 4r_S + 2 \mid r_S)$ darstellen. Durch Einsetzen der Koordinaten in die Gleichung der Ebene E kann r_S bestimmt werden:

$$2r_S + 2 \cdot (4r_S + 2) - 2r_S = 2$$
$$8r_S + 4 = 2$$
$$8r_S = -2$$
$$r_S = -\frac{1}{4}$$

Durch Einsetzen von r_S in die Gleichung der Geraden g können die Koordinaten des Schnittpunktes S berechnet werden:

$$S\left(2 \cdot \left(-\frac{1}{4}\right) \,\middle|\, 4 \cdot \left(-\frac{1}{4}\right) + 2 \,\middle|\, -\frac{1}{4}\right) = \underline{\underline{S\left(-\frac{1}{2} \,\middle|\, 1 \,\middle|\, -\frac{1}{4}\right)}}$$

b)

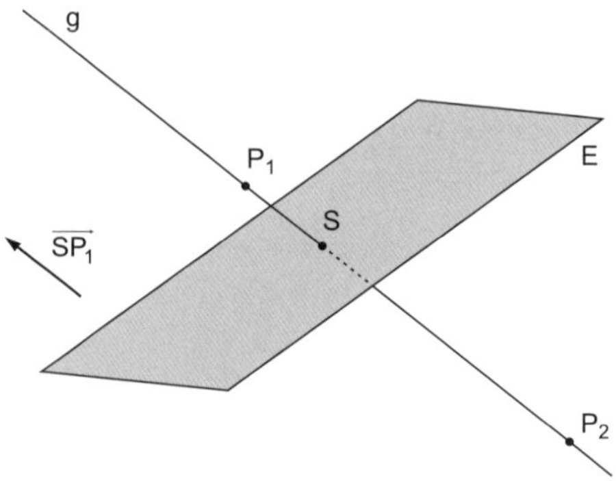

Zeichnen Sie mithilfe der Gleichung $\overrightarrow{OP_2} = \overrightarrow{OP_1} - 4 \cdot \overrightarrow{SP_1}$ den Punkt P_2 ein. $\overrightarrow{OP_1}$ ist dabei der Ortsvektor zu P_1, $\overrightarrow{OP_2}$ der Ortsvektor zu P_2. Tragen Sie also vom Punkt P_1 in entgegengesetzter Richtung zum Vektor $\overrightarrow{SP_1}$ eine Strecke auf der Geraden g ab. Für diese Strecke gilt, dass sie viermal so lang ist wie der Betrag von $\overrightarrow{SP_1}$.

Stochastik 1

a) Um einen Kniffel zu würfeln, kann man mit dem ersten Würfel jede beliebige Zahl von 1 bis 6 werfen. Auf den vier weiteren Würfeln darf dann aber jeweils nur die mit dem ersten Würfel geworfene Zahl erscheinen. Die Wahrscheinlichkeit, mit einem fairen Würfel eine bestimmte Zahl zu erhalten, beträgt $\frac{1}{6}$. Unter Anwendung der Pfadregel ergibt sich für einen Kniffel die Wahrscheinlichkeit:

$$P(\text{Kniffel}) = 1 \cdot \frac{1}{6} \cdot \frac{1}{6} \cdot \frac{1}{6} \cdot \frac{1}{6} = \left(\frac{1}{6}\right)^4 = \underline{\underline{\frac{1}{1\,296}}}$$

Zum Erreichen der vollen Punktzahl reicht die Angabe $\left(\frac{1}{6}\right)^4$ bzw. $\frac{1}{6^4}$. Die Potenz 6^4 muss nicht berechnet werden.

b) Paul muss beim zweiten Wurf mit einem Würfel eine bestimmte Zahl werfen. Mit Verweis auf die Abbildung kann man auch konkret formulieren: Er nimmt einen Würfel, der beim ersten Wurf die Augenzahl 4 gezeigt hat, und muss die Augenzahl 2 würfeln. Bei Pauls Vorgehen ergibt sich die Wahrscheinlichkeit P_1 für ein Full House:

$$P_1(\text{Full House}) = \frac{1}{6}$$

Jasmins Gewinnstrategie zufolge muss mit zwei Würfeln die gleiche Augenzahl gewürfelt werden. Die Augenzahl muss aber verschieden sein von den übrigen drei Würfeln. Mit Verweis auf die Abbildung kann man auch konkret formulieren: Jasmin schlägt vor, einen der Würfel, die die Augenzahl 4 gezeigt haben, und den Würfel, der beim ersten Wurf die Augenzahl 2 gezeigt hat, zu werfen. Beim ersten dieser beiden Würfel können beim zweiten Wurf fünf verschiedene Zahlen erscheinen (im konkreten Fall: 1, 2, 3, 5 oder 6), der zweite ist dann ebenfalls auf diese Zahl festgelegt. Unter Anwendung der Pfadregel ergibt sich für Jasmins Vorschlag die Wahrscheinlichkeit P_2 für ein Full House:

$$P_2(\text{Full House}) = \frac{5}{6} \cdot \frac{1}{6} = \frac{5}{36}$$

$$P_1 = \frac{1}{6} = \frac{6}{36} > P_2 = \frac{5}{36}$$

Da P_1 größer ist als P_2, hat Paul die bessere Gewinnstrategie.

Stochastik 2

a) Die Wahrscheinlichkeit, beim ersten Dreh eine 2, beim zweiten Dreh eine 0 und beim dritten Dreh eine 1 zu drehen, beträgt jeweils $\frac{1}{5}$, da von den fünf Feldern jeweils ein Feld mit der entsprechenden Zahl beschriftet ist. Die Wahrscheinlichkeit, beim vierten Dreh eine 9 zu drehen, beträgt $\frac{2}{5}$, da zwei Felder mit der 9 beschriftet sind.
Zur Berechnung der Wahrscheinlichkeit, dass man beim viermaligen Dreh des Glücksrades die Zahlenfolge 2, 0, 1, 9 dreht, muss die Pfadregel angewendet werden:

$$P(\text{Zahlenfolge } 2, 0, 1, 9) = \frac{1}{5} \cdot \frac{1}{5} \cdot \frac{1}{5} \cdot \frac{2}{5} = \underline{\underline{\frac{2}{625}}}$$

b) Es gibt 3 Möglichkeiten, bei zweimaligem Drehen mindestens die Summe 11 zu erhalten: (9, 9); (2, 9) und (9, 2)

Man kann zweimal hintereinander eine 9 drehen. Die Wahrscheinlichkeit für diese Möglichkeit beträgt:

$$P(9, 9) = \frac{2}{5} \cdot \frac{2}{5} = \frac{4}{25}$$

Man kann beim ersten Mal eine 2 und beim zweiten Mal eine 9 drehen. Die Wahrscheinlichkeit für diese Möglichkeit beträgt:

$$P(2, 9) = \frac{1}{5} \cdot \frac{2}{5} = \frac{2}{25}$$

Man kann beim ersten Mal eine 9 und beim zweiten Mal eine 2 drehen. Die Wahrscheinlichkeit für diese Möglichkeit beträgt:

$$P(9, 2) = \frac{2}{5} \cdot \frac{1}{5} = \frac{2}{25}$$

Die Gesamtwahrscheinlichkeit dafür, dass die Summe der erzielten Zahlen mindestens 11 beträgt, kann gemäß der Summenregel aus den Teilwahrscheinlichkeiten für die drei Möglichkeiten berechnet werden:

$$P(\text{Summe der erzielten Zahlen mindestens } 11)$$
$$= P(9, 9) + P(2, 9) + P(9, 2) = \frac{4}{25} + \frac{2}{25} + \frac{2}{25} = \underline{\underline{\frac{8}{25}}}$$

Fischlogo BE

Gegeben ist die Funktionenschar f_a durch $f_a(x) = \frac{x}{a} \cdot \ln\left(\frac{x}{a}\right)$; $a \in \mathbb{R}$; $a > 0$.

Die zugehörigen Graphen sind G_a.

Des Weiteren ist die Funktion h durch $h(x) = \frac{1}{10}e^{x-1} + 2$ gegeben.

Der Graph dieser Funktion ist K.

a) Geben Sie den Definitionsbereich von f_a an.
Berechnen Sie die Nullstellen von f_a in Abhängigkeit von a. 4

b) Alle Graphen G_a der Funktion f_a besitzen genau einen lokalen Extrempunkt $E(x \mid f_a(x))$.
Zeigen Sie, dass die x-Koordinate dieses Punktes $x = \frac{a}{e}$ ist und bestimmen Sie die Art des Extrempunktes.
Begründen Sie, dass für den Wertebereich W aller Funktionen der Schar f_a gilt:
$W = \{y \mid y \in \mathbb{R}, y \geq -e^{-1}\}$. 9

c) Die Funktionenschar $\tilde{f}_a$ ist durch $\tilde{f}_a(x) = \frac{x}{a} \cdot \ln\left(\frac{x}{a}\right)$; $a \in \mathbb{R}$; $a < 0$ gegeben.
Geben Sie den Definitionsbereich von $\tilde{f}_a$ an.
Erläutern Sie, wie sich die Lage und die Art des Extrempunktes der Graphen von $\tilde{f}_a$ ohne Rechnung aus der Lage und der Art des Extrempunktes der Graphen von f_a ergeben. 4

d) Geben Sie das Verhalten der Funktionswerte von h für $x \to +\infty$ und $x \to -\infty$ an.
Skizzieren Sie den Graphen K mindestens im Intervall $-2 \leq x \leq 4$. 4

e) An die Graphen der Funktion h und ihrer Ableitungsfunktion h' wird in den Punkten $B(u \mid h(u))$ und $B'(u \mid h'(u))$ mit $u \in \mathbb{R}$ jeweils eine Tangente gelegt.
Beschreiben Sie die besondere Lage dieser beiden Tangenten zueinander.
Begründen Sie Ihre Aussage. 3

Der Inhaber eines Geschäftes für Anglerbedarf möchte seine Außenwerbung verbessern. Er entwirft als Logo einen großen Fisch, dessen Konturen durch Lichtschläuche gebildet werden. Der Durchmesser der Lichtschläuche kann vernachlässigt werden.

Der Fisch kann modellhaft in einem Koordinatensystem durch Funktionsgraphen veranschaulicht werden (siehe Abbildung).

Die Spitze des Fischmauls liegt im Punkt P(4 | 4).

Der höchste Punkt des Logos befindet sich im Punkt Q(–1 | 6).
Es gilt: 1 LE = 1 m.

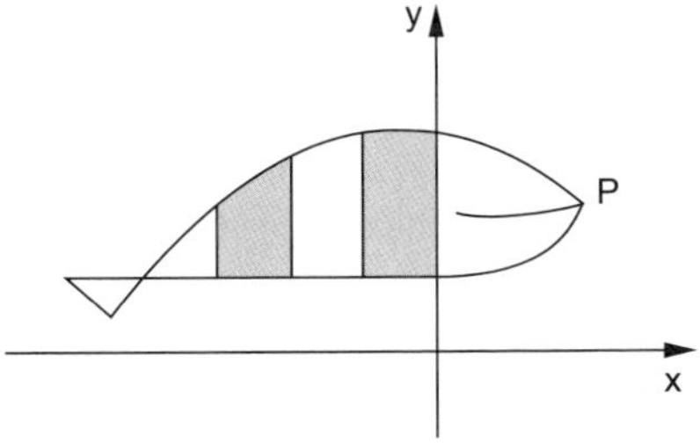

Abbildung nicht maßstabsgerecht

f) Der Fischrücken soll durch den Graphen einer ganzrationalen Funktion p zweiten Grades im Intervall $-9 \leq x \leq 4$ modelliert werden.
Ermitteln Sie eine Funktionsgleichung für p.
[Kontrollergebnis: $p(x) = -\frac{2}{25}x^2 - \frac{4}{25}x + \frac{148}{25}$] 6

g) Für den Bauch des Fisches wird der Graph K gewählt.
Es werden zwei senkrechte farbige Streifen zwischen dem Graphen K und dem Graphen der Funktion p gemalt. Ein Streifen liegt im Intervall [–2; 0].
Berechnen Sie den Flächeninhalt dieses Streifens. 6

h) Das Fischmaul wird durch den Graphen der Funktion m im Intervall $0{,}5 \leq x \leq 4$ beschrieben. Der Graph der Funktion m ist der um 4 Einheiten entlang der y-Achse nach oben verschobene Graph G_4.
Geben Sie eine zugehörige Funktionsgleichung für m an.

Das Fischauge befindet sich im Punkt A. Über die Lage des Punktes A ist Folgendes bekannt:

- A liegt auf der Strecke zwischen Rücken und Maul, die parallel zur y-Achse verläuft, für die der senkrechte Abstand von Rücken und Maul am größten ist.
- A liegt genau in der Mitte dieser Strecke.

Beschreiben Sie, wie die Koordinaten des Punktes A berechnet werden können. 4

40

Tipps und Hinweise zur Lösung von Aufgabe 2.1

Tipps zu Teilaufgabe a

- Die Logarithmusfunktion ist nur für positive Argumente definiert.
- Die Logarithmusfunktion ln(x) wird null für $x = 1$.

Tipps zu Teilaufgabe b

- Notwendige Bedingung für Extremstellen: $f'(x_E) = 0$
- Hinreichende Bedingung und Art der Extremstelle: $f''(x_E) < 0$ für ein lokales Maximum, $f''(x_E) > 0$ für ein lokales Minimum

Tipps zu Teilaufgabe c

- Überlegen Sie, was aus dem Definitionsbereich von $\tilde{f}_a$ für den Wertebereich folgt.
- $\tilde{f}_a$ zu f_a ist achsensymmetrisch zur y-Achse.

Tipps zu Teilaufgabe d

- Intervallgrenze „mindestens“ bedeutet, dass der Graph auch darüber hinaus gezeichnet werden kann.
- Für die Skizze ist es hilfreich, zusätzliche Punkte von h(x) zu bestimmen (z. B. h(0); h(4)).

Tipps zu Teilaufgabe e

- Bilden Sie die Ableitungsfunktion h'(x).
- Vergleichen Sie h'(x) und h(x).

Tipps zu Teilaufgabe f

- Die allgemeine Gleichung für eine Funktion 2. Grades lautet: $p(x) = ax^2 + bx + c$
- Setzen Sie die Koordinaten der gegebenen Punkte P und Q in die allgemeine Gleichung ein.
- Beachten Sie, dass der Punkt Q ein Extrempunkt ist.
- Lösen Sie das entstandene lineare Gleichungssystem.

Tipp zu Teilaufgabe g

- Der Flächeninhalt lässt sich über folgendes Integral berechnen: $A = \int_{-2}^{0} (p(x) - h(x))\,dx$

Tipps zu Teilaufgabe h

- G_4 wird durch die Funktionsgleichung $g(x) = \frac{x}{4}\ln\left(\frac{x}{4}\right)$ beschrieben.
- Überlegen Sie, was eine positive Verschiebung entlang der y-Achse für die Funktionsgleichung bedeutet.
- Eine Skizze des Sachverhalts kann zur Beschreibung der Koordinaten des Punktes A hilfreich sein.
- Zur Bestimmung der Koordinaten des Punktes A benötigt man die Differenz $d(x) = p(x) - m(x)$.
- Es ist nur eine Beschreibung des Vorgehens und keine explizite Berechnung verlangt.

Lösungen zu Aufgabe 2.1

a) Da die Logarithmusfunktion nur für positive Argumente definiert ist, muss gelten: $\frac{x}{a} > 0$

Weil $\frac{x}{a} > 0$ und $a > 0$ gilt, muss gelten: $x > 0$

$$\Rightarrow \quad DB_{f_a}: \underline{\underline{x > 0}}$$

Für Nullstellen muss gelten: $f_a(x_0) = 0$

$$\frac{x_0}{a} \cdot \ln\left(\frac{x_0}{a}\right) = 0$$

Ein Produkt ist immer null, wenn einer der Faktoren null ist.

$$\frac{x_0}{a} = 0 \quad \Rightarrow \quad x_0 = 0$$

Aufgrund des Definitionsbereichs ist diese Lösung nicht möglich.

$$\ln\left(\frac{x_0}{a}\right) = 0$$

$$\frac{x_0}{a} = 1$$

$$x_0 = a$$

Die Nullstellen der Funktionenschar sind $\underline{\underline{x = a.}}$

b) Notwendige Bedingung für Extremstellen: $f_a'(x_E) = 0$

$$f_a(x) = \frac{1}{a} x \cdot \ln\left(\frac{1}{a} x\right) = u(x) \cdot v(x)$$

$$f_a'(x) = \underbrace{\frac{1}{a}}_{u'} \cdot \underbrace{\ln\left(\frac{x}{a}\right)}_{v} + \underbrace{\frac{a}{x} \cdot \frac{1}{a}}_{v'} \cdot \underbrace{\frac{1}{a} \cdot x}_{u}$$

$$f_a'(x) = \frac{1}{a} \cdot \ln\left(\frac{x}{a}\right) + \frac{1}{a}$$

$$\frac{1}{a} \cdot \ln\left(\frac{x_E}{a}\right) + \frac{1}{a} = 0$$

$$\frac{1}{a} \cdot \left(\ln\left(\frac{x_E}{a}\right) + 1\right) = 0$$

Der 1. Faktor kann nicht null werden.

$$\ln\left(\frac{x_E}{a}\right)+1=0$$

$$\ln\left(\frac{x_E}{a}\right)=-1$$

$$\frac{x_E}{a}=e^{-1}$$

$$x_E=ae^{-1}$$

$$x_E=\frac{a}{e}$$

Art des Extremums (hinreichende Bedingung)

Es gilt: $f_a''(x_E)>0$ für ein lokales Minimum und $f_a''(x_E)<0$ für ein lokales Maximum

$$f_a''(x)=\frac{1}{a}\cdot\frac{a}{x}\cdot\frac{1}{a}+0=\frac{1}{ax}$$

$$f_a''\left(x_E=\frac{a}{e}\right)=\frac{1}{a\cdot\frac{a}{e}}=\frac{e}{a^2}>0 \quad \text{da } a>0 \text{ und } e>0$$

Die Extremstelle $x_E=\frac{a}{e}$ ist ein Minimum.

Bestimmen des zugehörigen Funktionswertes:

$$f_a(x)=\frac{x}{a}\cdot\ln\left(\frac{x}{a}\right)$$

$$f_a\left(\frac{a}{e}\right)=\frac{a}{e\cdot a}\cdot\ln\left(\frac{a}{a\cdot e}\right)=\frac{1}{e}\cdot\ln\frac{1}{e}=\frac{1}{e}\cdot\ln e^{-1}=\frac{1}{e}\cdot(-1)\cdot\ln e=-\frac{1}{e}$$

Der Extrempunkt ist ein Minimum und hat folgende Koordinaten:

$$\underline{\underline{P_{min}\left(\frac{a}{e}\,\middle|\,-\frac{1}{e}\right)}}$$

Begründung des vorgegebenen Wertebereichs WB_{f_a}: $y\geq-\frac{1}{e}$

Der Funktionswert des einzigen lokalen Extremwerts ist unabhängig von a. Das bedeutet, dass $P_{min}\left(\frac{a}{e}\,\middle|\,-\frac{1}{e}\right)$ auch globaler Minimumpunkt von $f_a(x)$ ist, was wiederum bedeutet, dass kein Punkt auf dem Graphen von $f_a(x)$ einen kleineren oder gleichen y-Wert als P_{min} besitzt. Daraus folgt der angegebene Wertebereich von $f_a(x)$.

c) Da die Logarithmusfunktion nur für positive Argumente definiert ist, muss gelten: $\frac{x}{a}>0$

Weil $\frac{x}{a}>0$ und $a<0$ gilt, muss gelten: $x<0$

$$\Rightarrow \quad DB_{\tilde{f}_a}: \underline{\underline{x<0}}$$

Man wähle ein beliebiges $x\in DB_{f_a}$.

Zu diesem Argument gehört der Funktionswert $y=\frac{x}{a}\cdot\ln\left(\frac{x}{a}\right)$ mit $a>0$.

Nun betrachtet man das Argument $-x=\tilde{x}\in DB_{\tilde{f}a}$.

Zu diesem Argument gehört der Funktionswert $\tilde{y} = \frac{\tilde{x}}{\tilde{a}} \cdot \ln\left(\frac{\tilde{x}}{\tilde{a}}\right)$ mit $\tilde{a} = -a < 0$.
Dabei gilt:

$$\frac{x}{a} = \frac{-x}{-a} = \frac{\tilde{x}}{\tilde{a}}, \quad \text{d. h. es gilt } y = \tilde{y}$$

Daraus folgt, dass für jedes x der Punkt $P(x \mid y)$ auf dem Graphen von $f_a(x)$ liegt und der Punkt $\tilde{P}(\tilde{x} \mid \tilde{y}) = \tilde{P}(-x \mid y)$ auf dem Graphen von $\tilde{f}_a(x)$ liegt.

Die Punkte P und $\tilde{P}$ liegen somit symmetrisch zur y-Achse, damit auch die zugehörigen Extrempunkte. Die Art des Extremums ist deshalb bei beiden Funktionen gleich.

d) Verhalten im Unendlichen von h(x):

$$\lim_{x \to \infty} h(x) = \lim_{x \to \infty} \left(\frac{1}{10} e^{x-1} + 2\right) = \infty + 2 = \underline{\underline{\infty}}$$

$$\lim_{x \to -\infty} h(x) = \lim_{x \to -\infty} \left(\frac{1}{10} e^{x-1} + 2\right) = 0 + 2 = \underline{\underline{2}}$$

Skizzieren des Graphen

Die Berechnung zusätzlicher Punkte kann für die Skizze hilfreich sein.

$$h(0) = \frac{1}{10} e^{0-1} + 2 \approx 2{,}04$$

$$h(4) = \frac{1}{10} e^{4-1} + 2 \approx 4{,}01$$

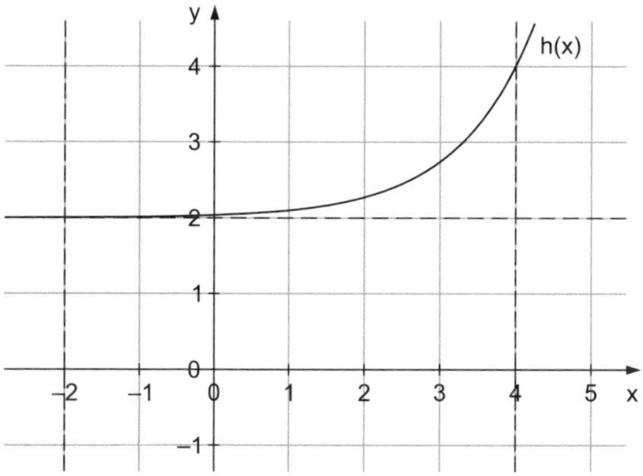

Der prinzipielle Verlauf des Graphen ist **mindestens** im Intervall [–2; 4] zu skizzieren.

e) Die Ableitungsfunktion von h(x) lautet:

$$h'(x) = \left(\frac{1}{10} e^{x-1}\right) \cdot 1 + 0 = \frac{1}{10} e^{x-1}$$

Man erhält den Graphen von h'(x) aus dem Graphen von h(x), indem man diesen lediglich entlang der y-Achse verschiebt. Dabei ändert sich der Anstieg von h(x) an jeder Stelle $x \in DB_h$ nicht.
Das bedeutet, dass die beiden Tangenten an den Graphen von h(x) und h'(x) an der Stelle u parallel zueinander verlaufen.

f) Die gesuchte Funktion p(x) ist eine ganzrationale Funktion 2. Grades, damit gilt:

$$p(x) = ax^2 + bx + c$$

Die Punkte Q(–1 | 6) und P(4 | 4) liegen auf dem Graphen von p(x), damit muss gelten:

$$(1)\quad 6 = a - b + c$$

$$(2)\quad 4 = 16a + 4b + c$$

Q(–1 | 6) ist bezüglich p(x) ein lokales Maximum, damit muss gelten:

$$p(x) = ax^2 + bx + c$$
$$p'(x) = 2ax + b$$
$$p'(-1) = 0$$

$$(3)\quad -2a + b = 0$$

Damit ergibt sich folgendes lineares Gleichungssystem zur Bestimmung der Parameter a, b und c bezüglich p(x):

$$\begin{array}{lrcrcrcrl} \text{I} & a & - & b & + & c & = & 6 & \\ \text{II} & 16a & + & 4b & + & c & = & 4 & (\text{I} - \text{II}) \\ \text{III} & -2a & + & b & & & = & 0 & \\ \hline \text{I} & a & - & b & + & c & = & 6 & \\ \text{II} & -15a & - & 5b & & & = & 2 & \\ \text{III} & -2a & + & b & & & = & 0 & (\text{II} + 5 \cdot \text{III}) \\ \hline \text{I} & a & - & b & + & c & = & 6 & \\ \text{II} & -15a & - & 5b & & & = & 2 & \\ \text{III} & -25a & & & & & = & 2 & \\ \hline \text{III} & & & & & & & a = -\frac{2}{25} & \end{array}$$

Einsetzen von $a = -\frac{2}{25}$ in II:

$$-15 \cdot \left(-\frac{2}{25}\right) - 5b = 2$$
$$\frac{6}{5} - 5b = 2$$
$$-\frac{4}{5} = 5b$$
$$-\frac{4}{25} = b$$

Einsetzen von $a = -\frac{2}{25}$ und $b = -\frac{4}{25}$ in I:

$$-\frac{2}{25} + \frac{4}{25} + c = 6$$
$$\frac{2}{25} + c = 6$$
$$c = \frac{148}{25}$$

Man erhält für die gesuchte Funktion folgende Gleichung:

$$\underline{\underline{p(x) = -\frac{2}{25}x^2 - \frac{4}{25}x + \frac{148}{25}}}$$

Das Gleichungssystem kann auch mit anderen Verfahren wie beispielsweise dem Einsetzungsverfahren gelöst werden.

g) Der Flächeninhalt des Streifens ist die Fläche, die von den Graphen von p(x) und h(x) im Intervall [–2; 0] eingeschlossen wird. Da in diesem Bereich p(x) stets oberhalb von h(x) verläuft, lässt sich der Flächeninhalt folgendermaßen berechnen:

$$A = \int_{-2}^{0} (p(x) - h(x))\,dx$$
$$= \int_{-2}^{0} \left(-\frac{2}{25}x^2 - \frac{4}{25}x + \frac{148}{25} - \frac{1}{10}e^{x-1} - 2\right)dx$$
$$= \int_{-2}^{0} \left(-\frac{2}{25}x^2 - \frac{4}{25}x + \frac{98}{25} - \frac{1}{10}e^{x-1}\right)dx$$
$$= \left[-\frac{2}{75}x^3 - \frac{2}{25}x^2 + \frac{98}{25}x - \frac{1}{10}\cdot\frac{1}{1}e^{x-1}\right]_{-2}^{0}$$
$$= -\frac{1}{10}e^{0-1} - \left(-\frac{2}{75}\cdot(-2)^3 - \frac{2}{25}\cdot(-2)^2 + \frac{98}{25}\cdot(-2) - \frac{1}{10}e^{-2-1}\right)$$
$$= -\frac{1}{10}e^{-1} - \left(\frac{16}{75} - \frac{8}{25} - \frac{196}{25} - \frac{1}{10}e^{-3}\right) \approx 7{,}91$$

Dieser Streifen hat eine Fläche von rund $\underline{\underline{7{,}91\ m^2}}$.

h) G_4 wird durch die Funktionsgleichung $g(x) = \frac{x}{4}\ln\left(\frac{x}{4}\right)$ beschrieben.
Um 4 Einheiten entlang der y-Achse nach oben verschoben bedeutet:

$$m(x) = g(x) + 4$$
$$\underline{\underline{m(x) = \frac{x}{4}\cdot\ln\left(\frac{x}{4}\right) + 4}} \quad x \in [0{,}5;\ 4]$$

Skizze

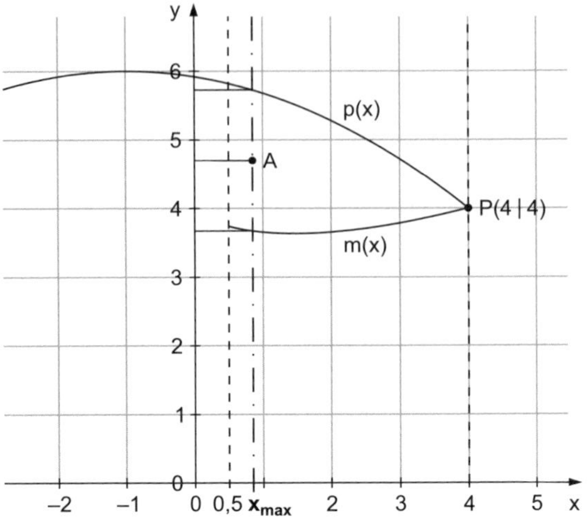

Der Punkt A habe die Koordinaten $A(x_A \mid y_A)$.
Man muss die maximale Entfernung zwischen Rücken (p(x)) und dem Maul (m(x)) bestimmen.
Dazu bestimmt man die Differenz $d(x) = p(x) - m(x)$, weil man die Entfernung bezüglich der y-Achse bestimmen soll.

$$d(x) = -\frac{2}{25}x^2 - \frac{4}{25}x + \frac{148}{25} - \frac{x}{4} \cdot \ln\left(\frac{x}{4}\right) - 4 \quad \text{mit } x \in [0{,}5;\, 4]$$

Um die maximale Entfernung zu bestimmen, ermittelt man das lokale Maximum von d(x), mithilfe der daraus resultierenden Bedingung: $d'(x_A) = 0$
Anschließend prüft man mit $d''(x_A) < 0$, ob tatsächlich ein Maximum vorliegt.
y_A erhält man dann aus der Summe von $m(x_A) + \frac{1}{2}d(x_A)$.

Beachten Sie: Die Stelle x_{max} muss Element des Intervalls [0,5; 4] sein, damit die Aufgabe lösbar ist.

Berlin – Mathematik Leistungskurs
2019 – Aufgabe 2.2: Analysis

Funktionenschar BE

Aufgabenteil 1

Für jeden Wert von $k \in \mathbb{R}^+$ ist eine Funktion f_k durch $f_k(x) = 8k \cdot (kx-1)^2 \cdot (kx+1)^2$; $x \in \mathbb{R}$ festgelegt.
Die Graphen von f_k werden mit G_k bezeichnet.

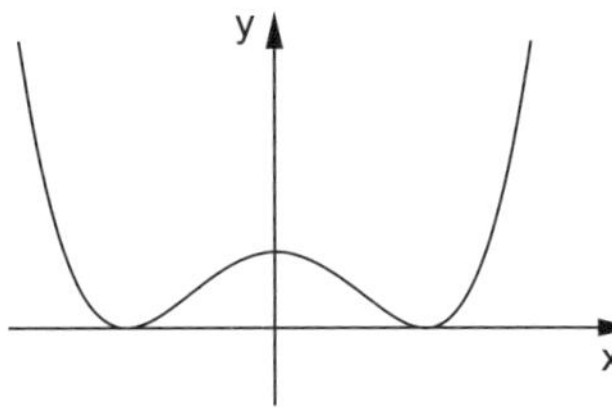

Abb. 1

a) Berechnen Sie die Koordinaten der Punkte, die G_k mit den Koordinatenachsen gemeinsam haben.
Skalieren Sie in der Abbildung 1 die beiden Achsen so, dass die gezeigte Kurve den Graphen $G_{0,25}$ darstellt. 5

b) Beschreiben Sie, wie die Graphen G_{2k} aus G_k hervorgehen.
Begründen Sie, dass $f_k(x) = 8k \cdot (k^2x^2 - 1)^2$ gilt, und zeigen Sie, dass G_k symmetrisch bezüglich der y-Achse sind. 5

c) Für einen Wert von k gibt es einen Punkt $(x_1 \mid f_k(x_1))$ mit $x_1 > 1$, für den die Gleichung $\frac{f_k(x_1) - 0}{x_1 - 0} = -\frac{1}{f_k'(x_1)}$ gilt.
Beschreiben Sie die geometrische Bedeutung dieser Gleichung. 3

G_k schließt im ersten Quadranten mit den Koordinatenachsen ein Flächenstück ein. Die Abbildung 2 zeigt dieses Flächenstück (grau markiert) sowie das Rechteck mit den Eckpunkten $(0 \mid f_k(0))$ und $\left(\frac{1}{k} \mid 0\right)$, dessen Seiten parallel zu den Koordinatenachsen sind.

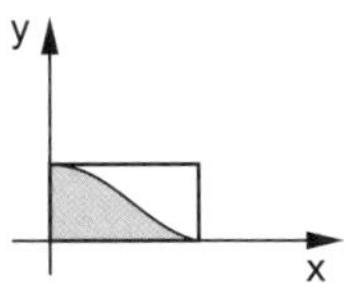

Abb. 2

d) Berechnen Sie den Inhalt des Flächenstücks. 4

e) Bei Rotation des Rechtecks um die x-Achse entsteht ein Körper, ebenso bei Rotation um die y-Achse.
Skizzieren Sie einen der beiden Körper und beschriften Sie die Skizze mit den Maßen des Körpers.
Ermitteln Sie denjenigen Wert von k, für den die beiden Körper das gleiche Volumen haben. 5

f) Bei Rotation des grau markierten Flächenstücks um die y-Achse entsteht ein weiterer Körper.
Begründen Sie, dass das Volumen dieses Körpers mit zunehmendem Wert von k beliebig klein wird. 4

Aufgabenteil 2

Im Folgenden werden die in $\mathbb{R}$ definierten Funktionen f mit $f(x) = \frac{1}{4}x^4 - 2x^2 + 4$ und g mit $g(x) = (x-2)^2 \cdot e^x$ betrachtet.

a) Die Funktion f ist eine Funktion der Schar aus Aufgabe 1.
Ermitteln Sie den zugehörigen Wert von k.
Zwei Extrempunkte des Graphen von f liegen auf dem Graphen von g.
Berechnen Sie die Koordinaten dieser Punkte. 6

b) Die Abbildung 3 zeigt die Graphen von f und g für $0 \le x \le 2$.
Ordnen Sie jeden der Graphen I und II der passenden Funktion zu und begründen Sie Ihre Zuordnung.

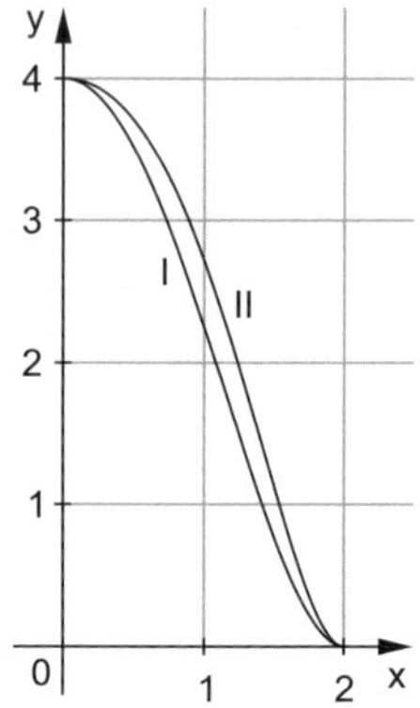

Abb. 3 2

c) Betrachtet wird die Tangente an den Graphen von g im Punkt $P(p\,|\,g(p))$ mit $0 < p < 2$.
Ermitteln Sie rechnerisch denjenigen Wert von p, für den diese Tangente die x-Achse im Punkt $Q(2\,|\,0)$ schneidet. 6

40

Tipps und Hinweise zur Lösung von Aufgabe 2.2

Aufgabenteil 1

Tipps zu Teilaufgabe a

- Für Schnittpunkte der Graphen G_k mit der x-Achse gilt: $f_k(x) = 0$
- Für Schnittpunkte mit der y-Achse gilt: $f_k(0)$
- Berechnen Sie die Koordinaten der Schnittpunkte für $k = 0{,}25$.

Tipps zu Teilaufgabe b

- Schreiben Sie die Funktionsgleichung für den Graphen G_{2k} auf und vergleichen Sie diese mit $f_k(x)$.
- Zum Nachweis, dass beide Terme $f_k(x)$ beschreiben, fassen Sie den Term zu Beginn der Aufgabenstellung so weit wie möglich zusammen.
- Für Symmetrie bezüglich der y-Achse gilt: $f(x) = f(-x)$

Tipps zu Teilaufgabe c

- $f_k'(x_1)$ beschreibt die Steigung der Tangente an $f_k(x)$ an der Stelle x_1.
- $\frac{f_k(x_1)-0}{x_1-0}$ 0 ist ein Differenzenquotient, der die Steigung einer Sekanten durch die Punkte $(0\,|\,0)$ und $(x_1\,|\,f_k(x_1))$ beschreibt.

Tipp zu Teilaufgabe d

- Der Flächeninhalt lässt sich über folgendes Integral berechnen: $\int_0^{\frac{1}{k}} f_k(x)\,dx$

Tipps zu Teilaufgabe e

- Bei der Rotation um die x-Achse und um die y-Achse entsteht jeweils ein Kreiszylinder.
- Volumen eines Kreiszylinders: $V = r^2 \cdot \pi \cdot h$
- Um die Radien und Höhen der Zylinder zu bestimmen, verwenden Sie den Funktionswert $f_k(0)$.

Tipps zu Teilaufgabe f

- Verwenden Sie als Anhaltspunkt das Volumen des Körpers, der bei der Rotation um die y-Achse entsteht aus Teilaufgabe e.
- Ermitteln Sie dieses Volumen für $k \to \infty$.

Aufgabenteil 2

Tipps zu Teilaufgabe a

- Setzen Sie $f_k(x)$ und $f(x)$ gleich.
- Notwendige Bedingung für Extremstellen: $f'(x_E)=0$
- Hinreichende Bedingung und Art der Extremstelle: $f''(x_E)<0$ für ein lokales Maximum, $f''(x_E)>0$ für ein lokales Minimum
- Berechnen Sie zu allen Extremwerten die zugehörigen y-Werte.
- Setzen Sie die Koordinaten der Extrempunkte in $g(x)$ ein, um zu ermitteln, welche Punkte auf beiden Graphen liegen.

Tipp zu Teilaufgabe b

- Wählen Sie einen Punkt, an dem sich die beiden Graphen unterscheiden, und berechnen Sie für den entsprechenden x-Wert die Funktionswerte der Graphen f und g.

Tipps zu Teilaufgabe c

- Eine Skizze ist hilfreich.
- Die Gleichung der Tangente hat folgende Form: $y=m_t(x)+n_t$
- Die Tangentensteigung $m_t(p)$ an der Stelle p entspricht $g'(p)$.
- Zur Bestimmung des Achsenabschnitts n_t setzt man die Koordinaten des Punktes Q in die Tangentengleichung ein.
- Am Punkt P müssen die Funktionswerte von Tangente und $g(x)$ gleich sein.

Lösungen zu Aufgabe 2.2

Aufgabenteil 1

a) Schnittpunkte mit der x-Achse:

$$f_k(x)=0$$
$$8k\cdot(kx-1)^2\cdot(kx+1)^2=0$$

Ein Produkt ist immer null, wenn einer der Faktoren null ist.

$$8k=0 \;\Rightarrow\; k=0$$

Diese Lösung entfällt, da $k>0$ sein soll.

$$kx-1=0$$
$$x_1=\frac{1}{k} \qquad \Rightarrow \qquad \underline{\underline{S_{x_1}\left(\frac{1}{k}\,\middle|\,0\right)}}$$

$$kx+1=0$$
$$x_2=-\frac{1}{k} \qquad \Rightarrow \qquad \underline{\underline{S_{x_2}\left(-\frac{1}{k}\,\middle|\,0\right)}}$$

Schnittpunkt mit der y-Achse:

$$f_k(0) = 8k \cdot (0-1)^2 \cdot (0+1)^2 = 8k \quad \Rightarrow \quad \underline{\underline{S_y(0\,|\,8k)}}$$

Skalierung (Normierung) der Achsen für k = 0,25:

$$S_{x_1}\left(\frac{1}{\frac{1}{4}} \middle| 0\right) = S_{x_1}(4|0)$$

$$S_{x_2}\left(\frac{1}{-\frac{1}{4}} \middle| 0\right) = S_{x_2}(-4|0)$$

$$S_y\left(0 \middle| 8 \cdot \frac{1}{4}\right) = S_y(0|2)$$

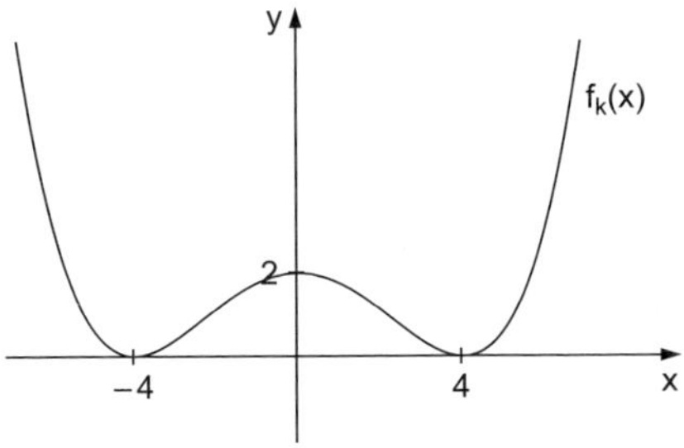

b) Funktionsgleichung für G_{2k}

$$f_{2k}(x) = 8 \cdot 2k \cdot ((2k)^2 x^2 - 1)^2 = 2 \cdot 8k \cdot (2^2 k^2 x^2 - 1)^2 =$$
$$= 2 \cdot 8k \cdot (k^2 (2x)^2 - 1)^2$$

$$\Rightarrow \quad f_{2k}(x) = 2 \cdot f_k(2x)$$

Der Graph G_{2k} ist also in y-Richtung ein um Faktor 2 gestreckter Graph G_k und in x-Richtung ein um $\frac{1}{2}$ gestauchter Graph G_k.

Nachweis von $f_k(x) = 8k \cdot (k^2 \cdot x^2 - 1)^2$
Man wendet zunächst die Potenzgesetze an:

$$f_k(x) = 8k \cdot (kx-1)^2 \cdot (kx+1)^2$$
$$= 8k \cdot ((kx-1) \cdot (kx+1))^2$$

Jetzt lässt sich die 3. binomische Formel für die beiden inneren Klammern anwenden:

$$f_k(x) = 8k \cdot ((kx-1) \cdot (kx+1))^2$$
$$= 8k \cdot (k^2x^2 - 1^2)^2 = 8k \cdot (k^2x^2 - 1)^2$$

Wenn man die binomische Formel und Potenzgesetze nicht erkennt, muss man ausmultiplizieren.

$$f_k(x) = 8k \cdot (kx-1)^2 \cdot (kx+1)^2$$
$$= 8k \cdot (k^2x^2 - 2kx + 1) \cdot (k^2x^2 + 2kx + 1)$$
$$= 8k \cdot (k^4x^4 + \cancel{2k^3x^3} + k^2x^2 - \cancel{2k^3x^3} - 4k^2x^2 - \cancel{2kx} + k^2x^2 + \cancel{2kx} + 1)$$
$$= 8k \cdot (k^4x^4 - 2k^2x^2 + 1) = 8k \cdot (k^2x^2 - 1)^2$$

Nachweis der Achsensymmetrie von G_k bezüglich der y-Achse:

$$f_k(x) = 8k \cdot (k^2x^2 - 1)^2$$
$$f_k(-x) = 8k \cdot (k^2 \cdot (-x)^2 - 1)^2 = 8k \cdot (k^2x^2 - 1)^2 = f_k(x)$$

Da $f_k(x) = f_k(-x)$, ist G_k symmetrisch zur y-Achse.

c) $\frac{f_k(x_1)-0}{x_1-0}$ ist ein Differenzenquotient.

Dieser beschreibt den Anstieg einer Sekante bezüglich $f_k(x)$ durch die Punkte $O(0|0)$ und $P(x_1|f_k(x_1))$. $f_k'(x_1)$ beschreibt den Anstieg der Tangente an $f_k(x)$ an der Stelle x_1.
Gilt für 2 Geradenanstiege $m_1=-\frac{1}{m_2}$, dann stehen diese Geraden senkrecht aufeinander.
Die angegebene Gleichung ist eine Bestimmungsgleichung für k für den Fall, dass die Sekante durch O und P orthogonal zur Tangente an $f_k(x)$ an der Stelle x_1 verläuft.

d) Der Inhalt des Flächenstücks lässt sich wie folgt berechnen:

$$A=\int_0^{\frac{1}{k}} 8k\cdot(k^2x^2-1)^2\,dx=8k\cdot\int_0^{\frac{1}{k}}(k^2x^2-1)^2\,dx$$

$$=8k\cdot\int_0^{\frac{1}{k}}(k^4x^4-2k^2x^2+1)\,dx$$

$$=8k\cdot\left[\frac{1}{5}k^4x^5-\frac{2}{3}k^2x^3+x\right]_0^{\frac{1}{k}}$$

$$=8k\cdot\left[\frac{1}{5}k^4\cdot\frac{1}{k^5}-\frac{2}{3}k^2\cdot\frac{1}{k^3}+\frac{1}{k}-0\right]$$

$$=8k\cdot\left[\frac{1}{5}\cdot\frac{1}{k}-\frac{2}{3}\cdot\frac{1}{k}+\frac{1}{k}\right]$$

$$=\frac{8}{5}-\frac{16}{3}+8=\frac{64}{15}\approx 4{,}27$$

Die Fläche beträgt $\underline{\underline{A=\frac{64}{15}\text{ FE}\approx 4{,}27\text{ FE}.}}$

e) Rotation um die y-Achse

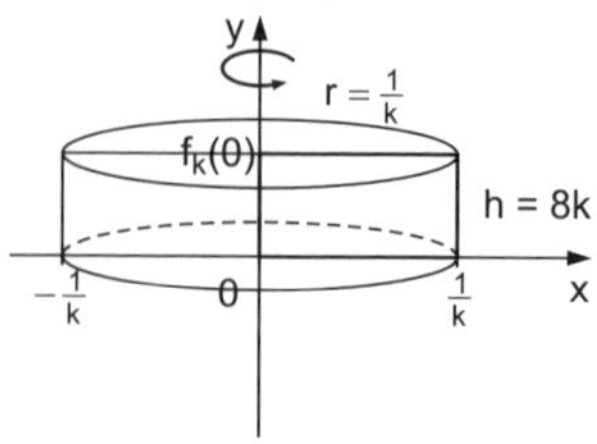

Rotation um die x-Achse

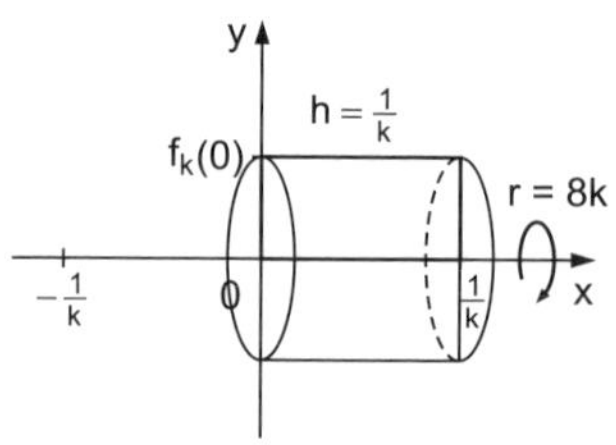

Es ist nur eine der beiden Zeichnungen gefordert.

$$f_k(0)=8k\cdot(k^2\cdot 0^2-1)^2=8k\cdot(-1)^2=8k$$

In beiden Fällen erhält man einen Kreiszylinder. Für das jeweilige Volumen ergibt sich:

$$V_x=\pi\cdot r^2\cdot h=\pi\cdot(8k)^2\cdot\frac{1}{k}=\pi\cdot 64k^2\cdot\frac{1}{k}=64k\cdot\pi$$

$$V_y = \pi \cdot r^2 \cdot h = \pi \cdot \left(\frac{1}{k}\right)^2 \cdot 8k = \frac{1}{k^2} \cdot 8k \cdot \pi = \frac{8}{k} \cdot \pi$$

Es soll gelten:

$$V_x = V_y$$

$$64k \cdot \pi = \frac{8}{k} \cdot \pi$$

$$k^2 = \frac{1}{8}$$

$$k = \pm\sqrt{\frac{1}{8}} = \pm\frac{1}{\sqrt{8}}$$

Da $k \in \mathbb{R}^+$, entfällt die negative Lösung. Beide Volumina sind gleich für $k = \frac{1}{\sqrt{8}}$.

f) Das Volumen des Rotationskörpers, der bei Rotation der grauen Fläche um die y-Achse entsteht, ist immer kleiner als das Volumen des Rotationskörpers, der bei Rotation des achsenparallelen Rechtecks mit den Eckpunkten $O(0\,|\,8k)$ und $P\left(\frac{1}{k}\,\middle|\,0\right)$ entsteht.

Für das Volumen V_y bezüglich des rotierenden Rechtecks gilt:

$$V_y = \frac{8}{k} \cdot \pi \qquad \text{(vergleiche Teilaufgabe e)}$$

Für den Grenzwert ergibt sich:

$$\lim_{k \to \infty} V_y = \lim_{k \to \infty} \frac{8}{k} \cdot \pi = 8\pi \cdot \lim_{k \to \infty} \frac{1}{k} = 8\pi \cdot 0 = 0$$

V_y wird mit wachsendem k beliebig klein und damit auch das Volumen des zu untersuchenden Körpers.

Aufgabenteil 2

a) Bestimmen von k durch Gleichsetzen der Funktionsgleichungen

$$f(x) = f_k(x)$$

$$\frac{1}{4}x^4 - 2x^2 + 4 = 8k \cdot (k^2x^2 - 1)^2$$

$$\frac{1}{4}x^4 - 2x^2 + 4 = 8k \cdot (k^4x^4 - 2k^2x^2 + 1)$$

$$\frac{1}{4}x^4 - 2x^2 + 4 = 8k^5x^4 - 16k^3x^2 + 8k$$

Durch Koeffizientenvergleich erhält man:

Absolutglied: $8k = 4 \;\Rightarrow\; k = \frac{1}{2}$

Probe

Koeffizient von x^4: $8 \cdot \left(\frac{1}{2}\right)^5 = 8 \cdot \frac{1}{32} = \frac{1}{4}$ ok

Koeffizient von x^2: $-16 \cdot \left(\frac{1}{2}\right)^3 = -16 \cdot \frac{1}{8} = -2$ ok

f(x) ist die Funktion der Funktionenschar $f_k(x)$ für $\underline{\underline{k = \frac{1}{2}}}$.

Notwendige Bedingung für Extremstellen: $f'(x_E) = 0$

$$f'(x) = x^3 - 4x$$

$$x_E^3 - 4x_E = 0$$

$$x_E(x_E^2 - 4) = 0$$

$$x_{E_1} = 0$$

$$x_E^2 - 4 = 0$$

$$x_{E_{2,3}} = \pm 2$$

Hinreichende Bedingung für Extremstellen:

$$f''(x) = 3x^2 - 4$$

$f''(0) = -4 < 0 \Rightarrow$ lokales Maximum
$f''(2) = 8 > 0 \Rightarrow$ lokales Minimum
$f''(-2) = 8 > 0 \Rightarrow$ lokales Minimum

Berechnen der zugehörigen Funktionswerte:

$$f(0) = 4$$

$$f(2) = 4 - 8 + 4 = 0$$

$$f(-2) = 4 - 8 + 2 = 0$$

Prüfen mithilfe von g(x), welche dieser Punkte auf beiden Graphen liegen:

$g(0) = (0-2)^2 \cdot e^0 = 4$
$g(2) = (2-2)^2 \cdot e^2 = 0$
$g(-2) = (-2-2)^2 \cdot e^{-2} = 16 \cdot e^{-2} = \frac{16}{e^2} \neq 0$

Das lokale Maximum bei $\underline{\underline{P_{max}(0|4)}}$ und das lokale Minimum $\underline{\underline{P_{min}(2|0)}}$ liegen auch auf dem Graphen von g.

b) Man wählt einen x-Wert, z. B. x = 1, an dem sich beide Graphen unterscheiden, und berechnet mit f(x) und g(x) die zugehörigen y-Werte.

$$f(1) = \frac{1}{4} \cdot 1^4 - 2 \cdot 1^2 + 4 = 2{,}25$$

$$g(1) = (1-2)^2 \cdot e^1 = e \approx 2{,}71$$

Da $g(1) > f(1)$, beschreibt g(x) den Graphen II und f(x) den Graphen I.

c) Die Tangentensteigung $m_t(x)$ erhält man über die 1. Ableitung von g(x).

$$g'(x) = 2(x-2)\cdot e^x + e^x\cdot(x-2)^2$$
$$= e^x\cdot(x-2)\cdot(2+(x-2))$$
$$= e^x\cdot(x-2)\cdot(2+x-2)$$
$$= e^x\cdot(x-2)\cdot x$$

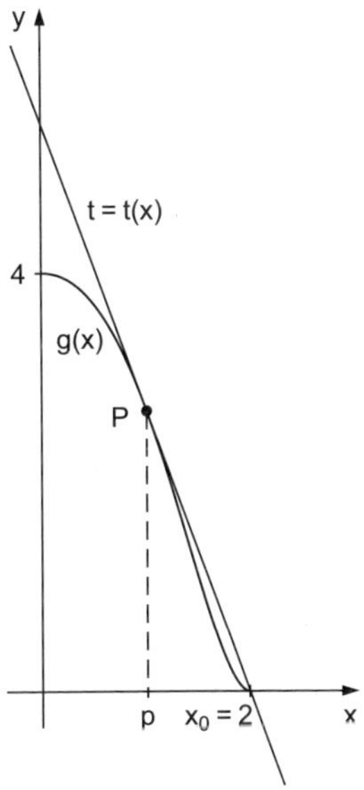

Tangentengleichung:

$$y = m_t\cdot x + n_t$$
$$y = m_t(p)\cdot x + n_t$$
$$y = (e^p\cdot(p-2)\cdot p)\cdot x + n_t$$

Zur Bestimmung von n_t wird der Punkt $Q(2\,|\,0)$ in die Tangentengleichung eingesetzt.

$$0 = p\cdot(p-2)\cdot e^p\cdot 2 + n_t$$
$$n_t = -2p\cdot(p-2)\cdot e^p$$

Damit ergibt sich für die Tangentengleichung:

$$y = p\cdot(p-2)\cdot e^p\cdot x - 2p\cdot(p-2)\cdot e^p$$

Am Punkt P sind die Funktionswerte der Tangentengleichung und der Funktion g(x) gleich:

$$t(p) = g(p)$$
$$p\cdot(p-2)\cdot e^p\cdot p - 2p\cdot(p-2)\cdot e^p = (p-2)^2\cdot e^p$$
$$e^p\cdot(p^2\cdot(p-2) - 2p\cdot(p-2)) = (p-2)^2\cdot e^p$$
$$e^p\cdot(-(p-2)^2 + p^2\cdot(p-2) - 2p\cdot(p-2)) = 0$$
$$e^p\cdot(p-2)\cdot(-(p-2) + p^2 - 2p) = 0$$
$$e^p\cdot(p-2)\cdot(p^2 - 3p + 2) = 0$$

$$e^p \neq 0$$
$$p-2 = 0 \quad\Rightarrow\quad p_1 = 2$$

Diese Lösung entfällt, weil $0 < p < 2$ gilt.

$$p^2 - 3p + 2 = 0$$
$$p_{2/3} = \frac{3}{2} \pm \sqrt{\left(-\frac{3}{2}\right)^2 - 2} = \frac{3}{2} \pm \frac{1}{2}$$
$$p_2 = 2;\quad p_3 = 1$$

$p_2 = p_1$ und ist demnach keine Lösung.
Für $\underline{\underline{p = 1}}$ geht die Tangente durch $Q(2\,|\,0)$.

Berlin – Mathematik Leistungskurs
2019 – Aufgabe 3.1: Analytische Geometrie

Tunnel BE

Ein Berg wird von seiner Südseite zu seiner Nordseite durch einen Autotunnel unterquert. Der Verlauf des Autotunnels kann als Teil einer Geraden modelliert werden. Die x-y-Ebene befindet sich auf der Höhe des Meeresspiegels. (1 LE = 100 m)
Auf der Südseite beginnt der Tunnel im Punkt $S(0\,|\,40\,|\,6)$ und endet auf der Nordseite im Punkt $N(30\,|\,65\,|\,7)$.

a) Geben Sie eine Gleichung der Geraden an, mit deren Hilfe man den Verlauf des Autotunnels modellieren kann.
Berechnen Sie die Länge des Autotunnels.
Ermitteln Sie den Winkel, in dem die Gerade zur x-y-Ebene ansteigt. 5

b) In der Mitte des Autotunnels befindet sich eine Nothaltebucht, die vereinfacht modellhaft als Punkt L beschrieben werden kann.
Geben Sie die Koordinaten des Punktes L an.
Von der Nothaltebucht führt ein Lüftungsrohr senkrecht zum Meeresspiegel nach oben. Das Lüftungsrohr ragt 2 m aus der Oberfläche des Berges hinaus. Die Oberfläche des Berges kann in diesem Bereich durch eine Ebene F beschrieben werden mit $F\colon 10x + 5y + 7z = 475{,}5$.
Ermitteln Sie die Länge des Lüftungsrohrs. 6

Ein Bahntunnel verläuft geradlinig zwischen den Punkten $A(20\,|\,60\,|\,6{,}5)$ und $B(60\,|\,65\,|\,6)$.

c) Zeigen Sie, dass der Bahntunnel den Autotunnel nicht kreuzt.
Hinweis: Die Querschnitte der Tunnel können vernachlässigt werden. 4

d) Die Lok eines 700 m langen Güterzuges fährt um 09:10 Uhr in den Bahntunnel hinein. Der letzte Wagen ist um 09:13 Uhr vollständig aus dem Bahntunnel herausgefahren. Der Güterzug bewegt sich mit einer konstanten Geschwindigkeit durch den Bahntunnel.
Prüfen Sie, ob der Zug die zulässige Höchstgeschwindigkeit von $100\,\frac{\text{km}}{\text{h}}$ einhält. 3

e) Vom Punkt $P(1\,|\,51\,|\,6{,}2)$ ist eine geradlinige Zufahrt in den Autotunnel geplant. Bestimmen Sie den Punkt Q, in dem die Zufahrt auf den Autotunnel treffen muss, damit sie die kleinstmögliche Länge hat. 5

f) Die geradlinige Zufahrt vom Punkt P zum Autotunnel wird schließlich nicht so gebaut, dass sie die kleinstmögliche Länge hat, sondern so, dass ihre Länge 1 300 m beträgt.
Begründen Sie, dass es dafür genau eine Möglichkeit gibt. 2

25

Tipps und Hinweise zur Lösung von Aufgabe 3.1

Tipps zu Teilaufgabe a

- Die Punkte S und N liegen auf der gesuchten Geraden. Die Ortsvektoren $\overrightarrow{OS}$ und $\overrightarrow{ON}$ sind also mögliche Stützvektoren. Der Verbindungsvektor $\overrightarrow{SN}$ ist ein möglicher Richtungsvektor.
- Die Länge des Autotunnels entspricht dem Abstand der Punkte S und N.
- Der Abstand der Punkte S und N ist gleich dem Betrag des Vektors $\overrightarrow{SN}$.
- Für den Schnittwinkel α einer Geraden g (mit dem Richtungsvektor $\vec{u}$) und einer Ebene (mit dem Normalenvektor $\vec{n}$) gilt:

$$\sin\alpha = \frac{\vec{u} \circ \vec{n}}{|\vec{u}| \cdot |\vec{n}|};\ 0° \le \alpha \le 90°$$

Tipps zu Teilaufgabe b

- Zur Bestimmung der Koordinaten des Punktes L müssen die Koordinaten des Mittelpunktes der Strecke $\overline{SN}$ berechnet werden.
- Stellen Sie die Parametergleichung der Geraden auf, die den Verlauf des Lüftungsrohrs modelliert. Der Punkt L liegt auf der Geraden. Der Vektor $\overrightarrow{OL}$ ist also ein möglicher Stützvektor. Berücksichtigen Sie zur Ermittlung des Richtungsvektors die Angabe, dass das Lüftungsrohr senkrecht zum Meeresspiegel, also zur x-y-Ebene, verläuft.
- Der Punkt, an dem das Lüftungsrohr die Oberfläche des Berges durchstößt, ist der Schnittpunkt der Geraden, die das Lüftungsrohr modelliert, und der Ebene F. Bestimmen Sie zunächst die Koordinaten des Schnittpunktes in Abhängigkeit des Parameters t. Durch Einsetzen dieser Koordinaten in die Ebenengleichung erhalten Sie einen Wert für t. Berechnen Sie dann durch Einsetzen von t in die Geradengleichung die Koordinaten des Schnittpunktes.
- Da das Lüftungsrohr senkrecht zum Meeresspiegel verläuft, ist die Länge des Lüftungsrohrs innerhalb des Berges gleich der Differenz der z-Koordinaten des berechneten Schnittpunktes und des Punktes L, der die Nothaltebucht modelliert. Berücksichtigen Sie schließlich, dass das Lüftungsrohr 2 m aus dem Berg hinausragt.

Tipps zu Teilaufgabe c

- Stellen Sie die Parametergleichung der Geraden durch A und B auf, die den Verlauf des Bahntunnels modelliert. Gehen Sie dabei vor wie in Teilaufgabe a.
- Um zu zeigen, dass der Bahntunnel den Autotunnel nicht kreuzt, weisen Sie nach, dass die Gerade m, mit der der Bahntunnel modelliert wird, keinen Schnittpunkt mit der Geraden g hat, mit der der Autotunnel modelliert wird (vergleiche Teilaufgabe a).

Tipps zu Teilaufgabe d

- Berechnen Sie die Länge des Bahntunnels. Gehen Sie dabei genauso wie bei der Berechnung der Länge des Autotunnels in Teilaufgabe a vor. Die Länge des Bahntunnels entspricht der Länge der Strecke $\overline{AB}$, die sich mithilfe des Betrages des Vektors $\overrightarrow{AB}$ bestimmen lässt.
- Für die konstante Geschwindigkeit v in Abhängigkeit des innerhalb einer Zeitspanne t zurückgelegten Weges s gilt: $v = \frac{s}{t}$
- Der in der Zeitspanne von 09:10 Uhr und 09:13 Uhr vom Zug zurückgelegte Weg ergibt sich aus der Summe der Länge des Tunnels und der Länge des Zuges.
- Achten Sie auf die korrekte Verwendung der Maßeinheiten.

Tipps zu Teilaufgabe e

- Damit die Zufahrt die kleinstmögliche Länge hat, muss sie senkrecht auf den Autotunnel treffen. Bei dem Punkt Q handelt es sich also um den Lotfußpunkt zum Punkt P auf der Geraden g.
- Zur Berechnung der Koordinaten des Lotfußpunktes stellen Sie zunächst eine Gleichung der Hilfsebene H auf, die senkrecht auf der Geraden g steht und durch den Punkt P geht.
- Durch Einsetzen der Koordinaten der Geraden g in die Ebenengleichung H erhält man den zum Punkt Q zugehörigen Parameter r_Q der Geradengleichung.
- Durch Einsetzen des ermittelten Wertes für r_Q in die Geradengleichung erhält man die Koordinaten des Punktes Q.

Tipps zu Teilaufgabe f

- Grundsätzlich gibt es stets zwei Punkte auf einer Geraden, die zu einem gegebenen Punkt eine vorgegebene Entfernung haben, wenn diese Entfernung größer ist als der Abstand des Punktes zu der Geraden.
- Überprüfen Sie, ob diese Punkte auf der Strecke $\overline{SN}$, die den Autotunnel darstellt, liegen können. Betrachten Sie hierfür die Abstände des Punktes P zum Anfang des Tunnels im Punkt S und zum Ende des Tunnels im Punkt N.

Lösungen zu Aufgabe 3.1

a) Der zu dem auf der Geraden liegenden Punkt S führende Ortsvektor $\overrightarrow{OS} = \begin{pmatrix} 0 \\ 40 \\ 6 \end{pmatrix}$ ist ein möglicher Stützvektor.

Der Vektor $\overrightarrow{SN} = \begin{pmatrix} 30 \\ 65 \\ 7 \end{pmatrix} - \begin{pmatrix} 0 \\ 40 \\ 6 \end{pmatrix} = \begin{pmatrix} 30 \\ 25 \\ 1 \end{pmatrix}$ ist ein möglicher Richtungsvektor.

Demnach ergibt sich folgende Geradengleichung in Parameterform:

$$\underline{\underline{g: \vec{x} = \begin{pmatrix} 0 \\ 40 \\ 6 \end{pmatrix} + r \cdot \begin{pmatrix} 30 \\ 25 \\ 1 \end{pmatrix}; \quad r \in \mathbb{R}}}$$

Die Länge des Autotunnels entspricht dem Abstand der Punkte S und N und ist gleich dem Betrag des Vektors $\overrightarrow{SN}$.

$$d(S, N) = |\overrightarrow{SN}| = \left| \begin{pmatrix} 30 \\ 25 \\ 1 \end{pmatrix} \right| = \sqrt{30^2 + 25^2 + 1^2} \approx 39{,}06 \text{ [LE]}$$

$$39{,}06 \text{ LE} \mathrel{\hat{=}} 3\,906 \text{ m}$$

Der Autotunnel ist ungefähr $\underline{\underline{3\,906 \text{ m}}}$ lang.

Für den Schnittwinkel α einer Geraden g (mit dem Richtungsvektor $\vec{u}$) und einer Ebene (mit dem Normalenvektor $\vec{n}$) gilt: $\sin\alpha = \frac{\vec{u} \circ \vec{n}}{|\vec{u}| \cdot |\vec{n}|}$; $0° \leq \alpha \leq 90°$

Ein Normalenvektor der x-y-Ebene ist $\vec{n} = \begin{pmatrix} 0 \\ 0 \\ 1 \end{pmatrix}$.

$$\sin\alpha = \frac{\begin{pmatrix} 30 \\ 25 \\ 1 \end{pmatrix} \circ \begin{pmatrix} 0 \\ 0 \\ 1 \end{pmatrix}}{\left| \begin{pmatrix} 30 \\ 25 \\ 1 \end{pmatrix} \right| \cdot \left| \begin{pmatrix} 0 \\ 0 \\ 1 \end{pmatrix} \right|} = \frac{1}{\sqrt{30^2 + 25^2 + 1^2} \cdot \sqrt{1^2}} = \frac{1}{\sqrt{1\,526}}$$

$$\alpha = \sin^{-1}\left(\frac{1}{\sqrt{1\,526}} \right) \approx 1{,}5°$$

Der Winkel, in dem die Gerade zur x-y-Ebene ansteigt, beträgt ungefähr $\underline{\underline{1{,}5°}}$.

b) Der Punkt L liegt in der Mitte des Autotunnels. Man muss daher die Koordinaten des Mittelpunktes der Strecke $\overline{SN}$ bestimmen.

$$\overrightarrow{OL} = \frac{1}{2} \cdot \left(\overrightarrow{OS} + \overrightarrow{ON} \right) = \frac{1}{2} \cdot \left(\begin{pmatrix} 0 \\ 40 \\ 6 \end{pmatrix} + \begin{pmatrix} 30 \\ 65 \\ 7 \end{pmatrix} \right) = \frac{1}{2} \cdot \begin{pmatrix} 30 \\ 105 \\ 13 \end{pmatrix} = \underline{\underline{\begin{pmatrix} 15 \\ 52{,}5 \\ 6{,}5 \end{pmatrix}}}$$

Die Gerade, die den Verlauf des Lüftungsrohrs modelliert, lässt sich durch folgende Gleichung beschreiben, in der der Ortsvektor zum Punkt L als Stützvektor und, weil das Lüftungsrohr senkrecht zum Meeresspiegel verläuft, ein Normalenvektor zur x-y-Ebene als Richtungsvektor fungiert:

$$h: \vec{x} = \begin{pmatrix} 15 \\ 52{,}5 \\ 6{,}5 \end{pmatrix} + t \cdot \begin{pmatrix} 0 \\ 0 \\ 1 \end{pmatrix}; \quad t \in \mathbb{R}$$

Der Punkt D, an dem das Lüftungsrohr die Oberfläche des Berges durchstößt, ist der Schnittpunkt der Geraden h und der Ebene F und hat folgende Koordinaten in Abhängigkeit des Parameters t_D:

$$D(x_D \mid y_D \mid z_D) = D(15 + 0 \cdot t_D \mid 52{,}5 + 0 \cdot t_D \mid 6{,}5 + t_D) = D(15 \mid 52{,}5 \mid 6{,}5 + t_D)$$

Durch Einsetzen der Koordinaten von D in die Gleichung der Ebene F ergibt sich:

$$\begin{aligned} 10 \cdot 15 + 5 \cdot 52{,}5 + 7 \cdot (6{,}5 + t_D) &= 475{,}5 \\ 412{,}5 + 45{,}5 + 7t_D &= 475{,}5 \\ 7t_D &= 17{,}5 \\ t_D &= 2{,}5 \end{aligned}$$

Durch Einsetzen von $t_D = 2{,}5$ in die Geradengleichung h erhält man die Koordinaten des Punktes $D(15 \mid 52{,}5 \mid 9)$.

Da das Lüftungsrohr senkrecht zum Meeresspiegel bzw. die Gerade h senkrecht zur x-y-Ebene verläuft, entspricht die Länge des Lüftungsrohrs innerhalb des Berges der Differenz der z-Koordinaten der Punkte D und L:

$$z_D - z_L = 9 - 6{,}5 = 2{,}5 \; [\text{LE}]$$

$$2{,}5 \text{ LE} \mathrel{\hat{=}} 250 \text{ m}$$

Die Länge des Lüftungsrohrs innerhalb des Berges beträgt also 250 m. Dazu kommen noch die 2 m, die das Lüftungsrohr aus dem Berg ragt:

$$250 \text{ m} + 2 \text{ m} = 252 \text{ m}$$

Das Lüftungsrohr ist insgesamt <u>252 m</u> lang.

c) Der Bahntunnel lässt sich mit der Geraden m durch die Punkte A und B modellieren. Dabei ist der Ortsvektor $\overrightarrow{OA} = \begin{pmatrix} 20 \\ 60 \\ 6{,}5 \end{pmatrix}$ ein möglicher Stützvektor und der Verbindungsvektor $\overrightarrow{AB} = \begin{pmatrix} 60-20 \\ 65-60 \\ 6-6{,}5 \end{pmatrix} = \begin{pmatrix} 40 \\ 5 \\ -0{,}5 \end{pmatrix}$ ein möglicher Richtungsvektor.

$$m: \vec{x} = \begin{pmatrix} 20 \\ 60 \\ 6{,}5 \end{pmatrix} + t \cdot \begin{pmatrix} 40 \\ 5 \\ -0{,}5 \end{pmatrix}; \quad t \in \mathbb{R}$$

Zum Nachweis, dass der Bahntunnel den Autotunnel nicht kreuzt, muss gezeigt werden, dass die Gerade m, mit der der Bahntunnel modelliert wird, keinen Schnittpunkt mit der Geraden g hat, mit der der Autotunnel modelliert wird (vergleiche Teilaufgabe a).

Aus der Gleichung $\begin{pmatrix}20\\60\\6,5\end{pmatrix}+t\cdot\begin{pmatrix}40\\5\\-0,5\end{pmatrix}=\begin{pmatrix}0\\40\\6\end{pmatrix}+r\cdot\begin{pmatrix}30\\25\\1\end{pmatrix}$ mit r, $t\in\mathbb{R}$ ergibt sich folgendes lineares Gleichungssystem (LGS):

$$\begin{array}{lll} \text{I} & 20+40t=30r & \mid :10 \\ \text{II} & 60+5t=40+25r & \mid :5 \\ \text{III} & 6,5-0,5t=6+r & \end{array}$$

Umsortieren und vereinfachen der Gleichungen:

$$\begin{array}{ll} \text{I} & 3r-4t=2 \\ \text{II} & 5r-t=4 \\ \text{III} & r+0,5t=0,5 \end{array}$$

Nun versucht man, dieses Gleichungssystem, z. B. mit dem Gauß-Verfahren, zu lösen:

$$\begin{array}{lrcrcrl} \text{I} & 3r & - & 4t & = & 2 & \\ \text{II} & 5r & - & t & = & 4 & (\text{II}-\frac{5}{3}\text{I}) \\ \text{III} & r & + & 0,5t & = & 0,5 & \\ \hline \text{I} & 3r & - & 4t & = & 2 & \\ \text{II} & 0 & + & \frac{17}{3}t & = & \frac{2}{3} & \\ \text{III} & r & + & 0,5t & = & 0,5 & (\text{III}-\frac{1}{3}\text{I}) \\ \hline \text{I} & 3r & - & 4t & = & 2 & \\ \text{II} & 0 & + & \frac{17}{3}t & = & \frac{2}{3} & \\ \text{III} & 0 & + & \frac{11}{6}t & = & -\frac{1}{6} & (\text{III}-\frac{11}{34}\text{II}) \\ \hline \text{I} & 3r & - & 4t & = & 2 & \\ \text{II} & 0 & + & \frac{17}{3}t & = & \frac{2}{3} & \\ \text{III} & 0 & + & 0 & = & -\frac{13}{34} & \end{array}$$

Das LGS hat keine Lösung. Daher haben die Geraden m und g keinen Schnittpunkt. Der Bahntunnel kreuzt den Autotunnel nicht.

d) Die Länge des Bahntunnels entspricht der Länge der Strecke $\overline{AB}$:

$$d(A, B)=|\overrightarrow{AB}|=\left|\begin{pmatrix}40\\5\\-0,5\end{pmatrix}\right|=\sqrt{40^2+5^2+(-0,5)^2}\approx 40,314\ [\text{LE}]$$

$$40,314\ \text{LE} \mathrel{\hat{=}} 4\,031,4\ \text{m}$$

Der Bahntunnel hat eine Länge von ungefähr 4 031,4 m.

In der Zeitspanne von 09:10 Uhr und 09:13 Uhr, also 3 min = 3 · 60 s = 180 s, legt der Zug einen Weg der Länge des Bahntunnels zuzüglich seiner eigenen Länge von 700 m zurück. Die Geschwindigkeit v lässt sich mit dem Quotienten aus zurückgelegtem Weg und der dafür benötigten Zeit berechnen:

$$v = \frac{s}{t} = \frac{4\,031{,}4\text{ m} + 700\text{ m}}{180\text{ s}} = \frac{4\,731{,}4\text{ m}}{180\text{ s}} \approx 26{,}29\,\frac{\text{m}}{\text{s}} \approx 94{,}64\,\frac{\text{km}}{\text{h}}$$

Umrechnung:

$$1\,\frac{\text{m}}{\text{s}} \cdot 3{,}6 = 1\,\frac{\text{km}}{\text{h}}$$

Der Zug fährt ungefähr $94{,}63\,\frac{\text{km}}{\text{h}}$ und hält damit die Höchstgeschwindigkeit ein.

e) Damit die Zufahrt die kleinstmögliche Länge hat, muss sie senkrecht auf den Autotunnel treffen. Bei dem Punkt Q handelt es sich also um den Lotfußpunkt zum Punkt P auf der Geraden g. Zur Berechnung der Koordinaten des Lotfußpunktes stellt man zunächst eine Gleichung der Hilfsebene H auf, die senkrecht auf der Geraden g (Richtungsvektor $\overrightarrow{SN}$) steht und den Punkt P enthält:

$$H: [\vec{x} - \vec{p}] \circ \overrightarrow{SN} = 0$$

$$H: \left[\vec{x} - \begin{pmatrix} 1 \\ 51 \\ 6{,}2 \end{pmatrix}\right] \circ \begin{pmatrix} 30 \\ 25 \\ 1 \end{pmatrix} = 0$$

Durch Einsetzen der Koordinaten der Geraden g in die Ebenengleichung H erhält man den zum Punkt Q zugehörigen Parameter r_Q der Geradengleichung.

$$\left[\begin{pmatrix} 0-1 \\ 40-51 \\ 6-6{,}2 \end{pmatrix} + r_Q \cdot \begin{pmatrix} 30 \\ 25 \\ 1 \end{pmatrix}\right] \circ \begin{pmatrix} 30 \\ 25 \\ 1 \end{pmatrix} = 0$$

$$\begin{aligned}
(30r_Q - 1) \cdot 30 + (25r_Q - 11) \cdot 25 + (r_Q - 0{,}2) \cdot 1 &= 0 \\
900r_Q - 30 + 625r_Q - 275 + r_Q - 0{,}2 &= 0 \\
1\,526r_Q - 305{,}2 &= 0 \\
r_Q &= \frac{1}{5}
\end{aligned}$$

Durch Einsetzen von r_Q in die Geradengleichung erhält man die Koordinaten des Punktes Q.

$$\begin{pmatrix} 0 \\ 40 \\ 6 \end{pmatrix} + \frac{1}{5} \cdot \begin{pmatrix} 30 \\ 25 \\ 1 \end{pmatrix} = \begin{pmatrix} 6 \\ 45 \\ 6{,}2 \end{pmatrix}$$

Der Punkt Q, in dem die Zufahrt auf den Autotunnel treffen muss, damit die Zufahrt die kleinste Länge hat, hat die Koordinaten $\underline{\underline{Q(6|45|6{,}2)}}$.

f) Grundsätzlich gibt es stets zwei Punkte auf einer Geraden, die zu einem gegebenen Punkt eine vorgegebene Entfernung haben, wenn diese Entfernung größer ist als der Abstand des Punktes zu der Geraden. Daher gibt es auch auf der Geraden durch S und N auf jeder Seite des Lotfußpunktes Q einen Punkt, der 1 300 m vom Punkt P entfernt liegt. Doch nur einer der beiden Punkte liegt auch auf der Strecke $\overline{SN}$, die den Autotunnel darstellt.

Berechnen des Abstands $|\overrightarrow{PS}|$:

$$d(P, S) = |\overrightarrow{PS}| = \left|\begin{pmatrix} 0 \\ 40 \\ 6 \end{pmatrix} - \begin{pmatrix} 1 \\ 51 \\ 6,2 \end{pmatrix}\right| = \left|\begin{pmatrix} -1 \\ -11 \\ -0,2 \end{pmatrix}\right| = \sqrt{(-1)^2 + (-11)^2 + (-0,2)^2} \approx 11,05 \text{ [LE]}$$

$$11,05 \text{ LE} \mathrel{\hat{=}} 1105 \text{ m} < 1300 \text{ m}$$

Da der Abstand vom Punkt P zum Beginn des Tunnels im Punkt S kleiner als die Länge der Zufahrt von 1 300 m ist, liegt zumindest einer der beiden Punkte außerhalb der Strecke $\overline{SN}$.

Berechnen des Abstands $|\overrightarrow{PN}|$:

$$d(P, N) = |\overrightarrow{PN}| = \left|\begin{pmatrix} 30 \\ 65 \\ 7 \end{pmatrix} - \begin{pmatrix} 1 \\ 51 \\ 6,2 \end{pmatrix}\right| = \left|\begin{pmatrix} 29 \\ 14 \\ 0,8 \end{pmatrix}\right| = \sqrt{29^2 + 14^2 + 0,8^2} \approx 32,21 \text{ [LE]}$$

$$32,21 \text{ LE} \mathrel{\hat{=}} 3\,221 \text{ m} > 1300 \text{ m}$$

Der Abstand vom Punkt P zum Ende des Tunnels im Punkt N hingegen ist größer als die Länge der Zufahrt von 1 300 m.

Daher liegt der einzige Punkt, der vom Punkt P zur Strecke $\overline{SN}$ den Abstand 1 300 m hat, auf der Teilstrecke $\overline{QN}$ zwischen dem Lotfußpunkt Q und dem Endpunkt N des Tunnels.

Würfel BE

Die Abbildung zeigt den Würfel ABCDEFGH mit A(0 | 0 | 0) und G(5 | 5 | 5) in einem kartesischen Koordinatensystem.
Die Ebene T schneidet die Kanten des Würfels unter anderem in den Punkten I(5 | 0 | 1), J(2 | 5 | 0), K(0 | 5 | 2) und L(1 | 0 | 5).

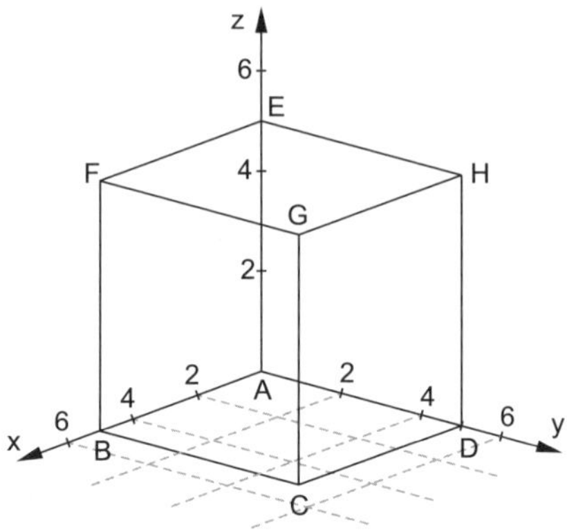

a) Zeichnen Sie das Viereck IJKL in die Abbildung ein. 2

b) Zeigen Sie, dass das Viereck IJKL ein Trapez ist, in dem zwei gegenüberliegende Seiten gleich lang sind. 3

c) Ermitteln Sie eine Gleichung der Ebene T in Koordinatenform.
[zur Kontrolle: T: $5x + 4y + 5z = 30$] 4

d) Spiegelt man T an der Ebene mit der Gleichung $x = 2{,}5$, so erhält man die Ebene T'.
Zeigen Sie, dass T' durch die Gleichung $-5x + 4y + 5z = 5$ beschrieben wird.
Berechnen Sie die Größe des Winkels, unter dem sich T und T' schneiden. 6

e) Die Spitze einer Pyramide mit der Grundfläche IJKL liegt auf der Strecke $\overline{FG}$.
Untersuchen Sie, ob die Höhe der Pyramide $\frac{18}{\sqrt{66}}$ betragen kann. 4

Betrachtet wird die Schar der Geraden g_a: $\vec{x} = \begin{pmatrix} 2{,}5 \\ 0 \\ 3{,}5 \end{pmatrix} + r \cdot \begin{pmatrix} 0 \\ -10a \\ \frac{2}{a} \end{pmatrix}$ mit $a \in \mathbb{R}^+$ und $r \in \mathbb{R}$.

f) Begründen Sie ohne zu rechnen, dass keine Gerade der Schar in der Ebene mit der Gleichung $z = 3{,}5$ liegt. 2

g) Untersuchen Sie, ob die Schnittgerade von T und T' zur betrachteten Schar gehört. 4

25

Tipps und Hinweise zur Lösung von Aufgabe 3.2

Tipp zu Teilaufgabe a

- Zeichnen Sie die Punkte I(5 | 0 | 1), J(2 | 5 | 0), K(0 | 5 | 2) und L(1 | 0 | 5) in die Abbildung ein. Achten Sie dabei darauf, die Koordinaten an den richtigen Achsen abzutragen.

Tipps zu Teilaufgabe b

- Ein Trapez ist ein Viereck mit mindestens zwei parallelen Seiten.
- Der Zeichnung (vgl. Teilaufgabe a) können Sie entnehmen, welche Seiten parallel zueinander sind. Weisen Sie deren Parallelität nach, indem Sie die zugehörigen Vektoren auf Kollinearität überprüfen.
- Der Zeichnung (vgl. Teilaufgabe a) können Sie entnehmen, welche Seiten gleich lang sind. Weisen Sie dies nach, indem Sie die jeweilige Länge berechnen. Hierfür gilt: Die Länge einer Seite entspricht dem Betrag des jeweils zugehörigen Vektors.

Tipps zu Teilaufgabe c

- Berechnen Sie mithilfe des Vektorprodukts zweier Spannvektoren (z. B. $\overrightarrow{IJ}$ und $\overrightarrow{JK}$) einen Normalenvektor $\vec{n}_T$ zur Ebene T.
- Durch einen in der Ebene liegenden Punkt, z. B. I, ist auch ein Ortsvektor $\vec{p}$ gegeben.
- Wandeln Sie die Normalenform T: $(\vec{x} - \vec{p}) \circ \vec{n}_T = 0$ durch Einsetzen der entsprechenden Vektoren und anschließendes Ausmultiplizieren in die Koordinatenform um.

Tipps zu Teilaufgabe d

- Durch drei Punkte wird eine Ebene eindeutig bestimmt.
- Überlegen Sie, wohin die Punkte I, J und K gespiegelt werden. Bestimmen Sie die Koordinaten der Spiegelpunkte I', J', und K'.
- Zeigen Sie mithilfe von Punktproben für die Punkte I', J' und K', dass die angegebene Gleichung der Ebene T': $-5x + 4y + 5z - 5 = 0$ korrekt ist.
- Der Schnittwinkel der Ebenen T und T' hat die gleiche Größe wie der Schnittwinkel zweier ihrer Normalenvektoren.
- Für den von zwei Vektoren $\vec{u}$ und $\vec{v}$ gebildeten Winkel φ gilt:

$$\cos\varphi = \frac{\vec{u} \cdot \vec{v}}{|\vec{u}| \cdot |\vec{v}|};\ 0° \leq \varphi \leq 180°$$

Tipps zu Teilaufgabe e

- Geben Sie die Koordinaten der Spitze S der Pyramide in Abhängigkeit eines Parameters t an. Bestimmen Sie auch das Intervall, in dem der Parameter t liegen kann. Berücksichtigen Sie dabei, dass S auf der Strecke $\overline{FG}$ liegt.
- Der Abstand des Punktes S zur Ebene T entspricht der Höhe der Pyramide.
- Für den Abstand eines Punktes $P(x_P \mid y_P \mid z_P)$ zu einer Ebene mit einer Gleichung in Koordinatenform E: $n_1 \cdot x + n_2 \cdot y + n_3 \cdot z = a$ und einem Normalenvektor $\vec{n} = \begin{pmatrix} n_1 \\ n_2 \\ n_3 \end{pmatrix}$ gilt:
  $$d(P, E) = \frac{n_1 \cdot x_P + n_2 \cdot y_P + n_3 \cdot z_P - a}{|\vec{n}|}$$
- Geben Sie den Abstand d(S, T) des Punktes S zur Ebene T in Abhängigkeit des Parameters t an. Überprüfen Sie, ob und für welchen Wert des Parameters t der Abstand $d(S, T) = \frac{18}{\sqrt{66}}$ betragen kann.

Tipps zu Teilaufgabe f

- Eine Gerade liegt genau dann in der Ebene mit der Gleichung $z = 3{,}5$, wenn für alle Punkte dieser Geraden die z-Koordinate $z = 3{,}5$ beträgt.
- Untersuchen Sie die Gleichung der Geradenschar darauf, ob dies für bestimmte Werte des Parameters a möglich ist.

Tipps zu Teilaufgabe g

- Überprüfen Sie mithilfe einer Punktprobe, ob der Punkt $(2{,}5 \mid 0 \mid 3{,}5)$, der wegen des Stützvektors $\begin{pmatrix} 2{,}5 \\ 0 \\ 3{,}5 \end{pmatrix}$ auf allen Geraden der Geradenschar liegt, sowohl in der Ebene T als auch in der Ebene T' enthalten ist.
- Der Richtungsvektor der Schnittgeraden muss sowohl zum Normalenvektor der Ebene T als auch zum Normalenvektor T' senkrecht stehen.
- Zwei Vektoren stehen senkrecht aufeinander, wenn ihr Skalarprodukt gleich null ist.

Lösungen zu Aufgabe 3.2

a)

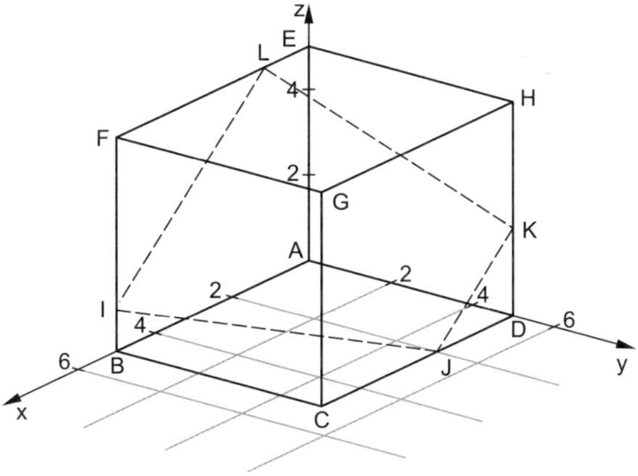

b) Ein Trapez ist ein Viereck mit mindestens zwei parallelen Seiten.

Aus der Zeichnung entsteht die Vermutung, dass die Seiten $\overline{IL}$ und $\overline{JK}$ parallel zueinander sind.
Überprüfen der Vermutung:

$$\overrightarrow{IL} = \begin{pmatrix}1\\0\\5\end{pmatrix} - \begin{pmatrix}5\\0\\1\end{pmatrix} = \begin{pmatrix}-4\\0\\4\end{pmatrix} \text{ und } \overrightarrow{JK} = \begin{pmatrix}0\\5\\2\end{pmatrix} - \begin{pmatrix}2\\5\\0\end{pmatrix} = \begin{pmatrix}-2\\0\\2\end{pmatrix}$$

Es folgt:

$$\begin{pmatrix}-4\\0\\4\end{pmatrix} = 2 \cdot \begin{pmatrix}-2\\0\\2\end{pmatrix}$$

Da die Gleichung $\overrightarrow{IL} = r \cdot \overrightarrow{JK}$ mit $r \in \mathbb{R}$ die Lösung $r = 2$ hat, sind die Seiten parallel.

Nun berechnet man die Länge der beiden anderen Seiten des Vierecks IJKL, $\overline{IJ}$ und $\overline{KL}$:

$$|\overrightarrow{IJ}| = \left| \begin{pmatrix}2\\5\\0\end{pmatrix} - \begin{pmatrix}5\\0\\1\end{pmatrix} \right| = \left| \begin{pmatrix}-3\\5\\-1\end{pmatrix} \right| = \sqrt{3^2 + 5^2 + (-1)^2} = \sqrt{35}$$

$$|\overrightarrow{KL}| = \left| \begin{pmatrix}1\\0\\5\end{pmatrix} - \begin{pmatrix}0\\5\\2\end{pmatrix} \right| = \left| \begin{pmatrix}1\\-5\\3\end{pmatrix} \right| = \sqrt{1^2 + (-5)^2 + 3^2} = \sqrt{35}$$

Das Viereck IJKL ist folglich ein Trapez, in dem die Seiten $\overline{IL}$ und $\overline{JK}$ parallel zueinander und die Seiten $\overline{IJ}$ und $\overline{KL}$ gleich lang sind.

c) Zwei Spannvektoren der Ebene T sind z. B. $\overrightarrow{IJ} = \begin{pmatrix} -3 \\ 5 \\ -1 \end{pmatrix}$ und $\overrightarrow{JK} = \begin{pmatrix} -2 \\ 0 \\ 2 \end{pmatrix}$.

Durch Bildung des Vektorprodukts kann ein Normalenvektor zur Ebene T bestimmt werden:

$$\overrightarrow{IJ} \times \overrightarrow{JK} = \begin{pmatrix} -3 \\ 5 \\ -1 \end{pmatrix} \times \begin{pmatrix} -2 \\ 0 \\ 2 \end{pmatrix} = \begin{pmatrix} 5 \cdot 2 - (-1) \cdot 0 \\ (-1) \cdot (-2) - (-3) \cdot 2 \\ (-3) \cdot 0 - 5 \cdot (-2) \end{pmatrix} = \begin{pmatrix} 10 \\ 8 \\ 10 \end{pmatrix} = 2 \cdot \begin{pmatrix} 5 \\ 4 \\ 5 \end{pmatrix}$$

Ein Normalenvektor zur Ebene T ist $\vec{n}_T = \begin{pmatrix} 5 \\ 4 \\ 5 \end{pmatrix}$.

Ein Punkt in der Ebene ist z. B. I mit dem Ortsvektor $\vec{p} = \overrightarrow{OI} = \begin{pmatrix} 5 \\ 0 \\ 1 \end{pmatrix}$.

Aus der Normalenform T: $(\vec{x} - \vec{p}) \circ \vec{n}_T = 0$ erhält man durch Einsetzen der entsprechenden Vektoren und durch Ausmultiplizieren die Koordinatenform der Ebene T:

$$T: \left[\begin{pmatrix} x \\ y \\ z \end{pmatrix} - \begin{pmatrix} 5 \\ 0 \\ 1 \end{pmatrix} \right] \circ \begin{pmatrix} 5 \\ 4 \\ 5 \end{pmatrix} = 0$$

$$\begin{aligned}(x-5) \cdot 5 + (y-0) \cdot 4 + (z-1) \cdot 5 &= 5x - 25 + 4y + 5z - 5 \\ &= \underline{\underline{5x + 4y + 5z - 30 = 0}}\end{aligned}$$

d) Spiegelt man die Punkte I, J und K an der Ebene mit der Gleichung $x = 2{,}5$, so erhält man die Punkte $I'(0|0|1)$, $J'(3|5|0)$ und $K'(5|5|2)$, durch die die Ebene T' eindeutig bestimmt ist.

Da die Spiegelebene parallel zur y-z-Ebene verläuft, ändern sich bei den Spiegelpunkten nur die x-Koordinaten der Punkte. Der Abstand zur Spiegelebene $(x = 2{,}5)$ muss für Punkt und Spiegelpunkt gleich sein.
Beispielsweise für Punkt J:

$$2{,}5 - 2 = 0{,}5$$

Daraus ergibt sich für die x-Koordinate von J':

$$2{,}5 + 0{,}5 = 3$$

Durch Punktproben für die drei Punkte kann man zeigen, dass die gegebene Ebenengleichung T': $-5x + 4y + 5z - 5 = 0$ korrekt ist.

Punktprobe für den Punkt I':

$$-5 \cdot x_{I'} + 4 \cdot y_{I'} + 5 \cdot z_{I'} - 5 = -5 \cdot 0 + 4 \cdot 0 + 5 \cdot 1 - 5 = 0 \qquad \Rightarrow \quad I' \in T'$$

Punktprobe für den Punkt J':

$$-5 \cdot x_{J'} + 4 \cdot y_{J'} + 5 \cdot z_{J'} - 5 = -5 \cdot 3 + 4 \cdot 5 + 5 \cdot 0 - 5 = 0 \qquad \Rightarrow \quad J' \in T'$$

Punktprobe für den Punkt K':

$$-5 \cdot x_{K'} + 4 \cdot y_{K'} + 5 \cdot z_{K'} - 5 = -5 \cdot 5 + 4 \cdot 5 + 5 \cdot 2 - 5 = 0 \qquad \Rightarrow \quad K' \in T'$$

Der Schnittwinkel φ der Ebenen T und T' hat die gleiche Größe wie der Schnittwinkel zweier ihrer Normalenvektoren $\vec{n}_T$ und $\vec{n}_{T'}$:

$$\cos\varphi = \frac{\vec{n}_T \circ \vec{n}_{T'}}{|\vec{n}_T| \cdot |\vec{n}_{T'}|} = \frac{\begin{pmatrix}5\\4\\5\end{pmatrix} \circ \begin{pmatrix}-5\\4\\5\end{pmatrix}}{\left|\begin{pmatrix}5\\4\\5\end{pmatrix}\right| \cdot \left|\begin{pmatrix}-5\\4\\5\end{pmatrix}\right|} = \frac{5\cdot(-5)+4\cdot4+5\cdot5}{\sqrt{5^2+4^2+5^2}\cdot\sqrt{(-5)^2+4^2+5^2}} = \frac{16}{66} = \frac{8}{33}$$

$$\varphi = \arccos\left(\frac{8}{33}\right) \approx 76°$$

Der Schnittwinkel der beiden Ebenen T und T' beträgt ungefähr $\underline{\underline{76°}}$.

e) Da die Spitze S der Pyramide auf der Strecke $\overline{FG}$ liegt, hat sie die Koordinaten $S(5\,|\,t\,|\,5)$ mit $t \in [0; 5]$.
Der Abstand vom Punkt S zur Ebene T entspricht der Höhe der Pyramide.

Für den Abstand eines Punktes $P(x_P\,|\,y_P\,|\,z_P)$ zu einer Ebene mit einer Gleichung in Koordinatenform E: $n_1 \cdot x + n_2 \cdot y + n_3 \cdot z = a$ und einem Normalenvektor $\vec{n} = \begin{pmatrix}n_1\\n_2\\n_3\end{pmatrix}$ gilt:

$$d(P, E) = \frac{n_1 \cdot x_P + n_2 \cdot y_p + n_3 \cdot z_P - a}{|\vec{n}|}$$

Für den Abstand d(S, T) mit $\vec{n}_T$ gilt entsprechend:

$$d(S, T) = \frac{5\cdot5 + 4t + 5\cdot5 - 30}{\sqrt{66}} = \frac{4t+20}{\sqrt{66}}$$

Zu überprüfen ist, ob d(S, T) den Wert $\frac{18}{\sqrt{66}}$ haben kann:

$$\frac{4t+20}{\sqrt{66}} = \frac{18}{\sqrt{66}}$$

$$4t + 20 = 18$$

$$t = -0{,}5$$

Da $t = -0{,}5$ nicht im Intervall [0; 5] liegt, kann die Höhe der Pyramide $\underline{\underline{\text{nicht}}}$ $\frac{18}{\sqrt{66}}$ betragen.

f) Eine Gerade liegt genau dann in der Ebene mit der Gleichung $z = 3{,}5$, wenn für alle Punkte dieser Geraden die z-Koordinate $z = 3{,}5$ beträgt.
Um diese Bedingung zu erfüllen, müsste in der Gleichung der Geradenschar g_a der Term $\frac{2}{a}$ null werden. Dies ist nicht möglich. Wegen $\frac{2}{a} \neq 0$ liegt keine Gerade der Schar in der Ebene $z = 3{,}5$.

Darüber hinaus lässt sich sagen, dass der Punkt $(2{,}5\,|\,0\,|\,3{,}5)$, zu dem der Stützvektor $\begin{pmatrix}2{,}5\\0\\3{,}5\end{pmatrix}$ führt, der einzige Punkt der Geradenschar mit der z-Koordinate $z = 3{,}5$ ist (für $r = 0$). Er ist der Schnittpunkt aller Geraden der Geradenschar mit der Ebene $z = 3{,}5$.

g) Da der Punkt (2,5 | 0 | 3,5) auf allen Geraden der Geradenschar liegt (vergleiche Teilaufgabe f), prüft man mit einer Punktprobe, ob dieser Punkt auch in den Ebenen T und T' liegt.

$5 \cdot 2{,}5 + 4 \cdot 0 + 5 \cdot 3{,}5 = 12{,}5 + 0 + 17{,}5 = 30 \quad \Rightarrow$ Der Punkt liegt in der Ebene T.

$-5 \cdot 2{,}5 + 4 \cdot 0 + 5 \cdot 3{,}5 = -12{,}5 + 0 + 17{,}5 = 5 \quad \Rightarrow$ Der Punkt liegt in der Ebene T'.

Der Richtungsvektor der Schnittgeraden von T und T' muss sowohl zum Normalenvektor $\vec{n}_T$ der Ebene T als auch zum Normalenvektor $\vec{n}_{T'}$ der Ebene T' senkrecht verlaufen.

Das Skalarprodukt des Richtungsvektors $\begin{pmatrix} 0 \\ -10a \\ \frac{2}{a} \end{pmatrix}$ und des jeweiligen Normalenvektors muss daher null ergeben.

$$\begin{pmatrix} 0 \\ -10a \\ \frac{2}{a} \end{pmatrix} \circ \vec{n}_T = \begin{pmatrix} 0 \\ -10a \\ \frac{2}{a} \end{pmatrix} \circ \begin{pmatrix} 5 \\ 4 \\ 5 \end{pmatrix} = 0 \qquad \text{mit } a \in \mathbb{R}^+$$

$$-40a + \frac{10}{a} = 0$$

$$-40a^2 = -10$$

$$a = \pm\frac{1}{2}$$

Die negative Lösung für a entfällt wegen $a \in \mathbb{R}^+$.

Nun prüft man, ob das Skalarprodukt mit $\vec{n}_{T'}$ für $a = \frac{1}{2}$ auch null ist:

$$\begin{pmatrix} 0 \\ -10a \\ \frac{2}{a} \end{pmatrix} \circ \begin{pmatrix} -5 \\ 4 \\ 5 \end{pmatrix} = \begin{pmatrix} 0 \\ -10 \cdot \frac{1}{2} \\ \frac{2}{\frac{1}{2}} \end{pmatrix} \circ \begin{pmatrix} -5 \\ 4 \\ 5 \end{pmatrix} = 0 - 20 + 20 = 0$$

Die Schnittgerade der Ebenen T und T' gehört zur Geradenschar g_a und hat die Geradengleichung $\underline{\underline{g_{\frac{1}{2}}: \vec{x} = \begin{pmatrix} 2{,}5 \\ 0 \\ 3{,}5 \end{pmatrix} + r \cdot \begin{pmatrix} 0 \\ -5 \\ 4 \end{pmatrix}}}$ mit $r \in \mathbb{R}$.

Berlin – Mathematik Leistungskurs
2019 – Aufgabe 4.1: Stochastik

Biathlon BE

Biathlon ist eine Sportart, die sich aus den Disziplinen Skilanglauf und Schießen zusammensetzt.

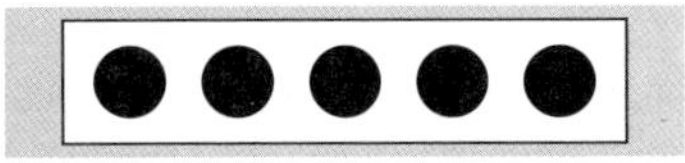

Während eines Einzelrennens kommen alle Biathleten mehrmals an Schießstände.
Dort versuchen sie, mit fünf Schüssen die fünf schwarzen Zielscheiben zu treffen.

a) Eine Biathletin hat unabhängig von allen äußeren Umständen eine konstante Trefferwahrscheinlichkeit von 90 %.
Berechnen Sie die Wahrscheinlichkeit für die folgenden Ereignisse.

A: Sie trifft an einem Schießstand alle fünf Scheiben.
B: Im gesamten Einzelrennen mit 20 Schüssen hat sie höchstens einen Fehlschuss. 4

b) Ein Biathlet hat am Schießstand beim ersten Schuss eine Trefferwahrscheinlichkeit von nur 75 %, bei den anderen vier Schüssen von jeweils 90 %.
Berechnen Sie die Wahrscheinlichkeit für die folgenden Ereignisse:

F_1: Er hat einen Fehlschuss beim ersten Schuss, alle anderen Schüsse treffen.
F_2: Er hat genau einen Fehlschuss beim 2. bis 5. Schuss, alle anderen Schüsse treffen.
F_3: Der Biathlet hat bei seinen fünf Schüssen genau einen Fehlschuss. 6

c) Nach einer Wettkampfsaison wurde die Treffergenauigkeit der gesamten deutschen Biathlon-Mannschaft ausgewertet. Insgesamt gingen 5 096 Schüsse in die Auswertung ein. Dabei ergab sich, dass 811 Fehlschüsse abgegeben wurden und dass bei den Damen von 2 533 Schüssen 2 119 das Ziel trafen.
Von den betrachteten Biathleten wird eine Person zufällig ausgewählt. Untersucht werden die folgenden Ereignisse:

D: Die Person ist eine Frau.
T: Die Person trifft das Ziel.

Erstellen Sie eine Vierfeldertafel zu diesem Sachverhalt.
Prüfen Sie, ob $P_D(T) = P_{\overline{D}}(T)$ gilt.
Interpretieren Sie das Ergebnis im Sachzusammenhang. 6

Bei einem Staffelrennen, bei dem jeweils vier Biathleten einer Mannschaft nacheinander den Rundkurs absolvieren, gelten abweichende Regeln am Schießstand. Wenn nicht alle fünf Scheiben getroffen wurden, darf jetzt bis zu dreimal nachgeladen und erneut geschossen werden. Es können also maximal acht Schüsse abgegeben werden.
Es wird im Folgenden wieder von einer konstanten Trefferwahrscheinlichkeit von $p = 0{,}9$ ausgegangen.

d) Begründen Sie, warum der Term $\left[\binom{5}{4}\cdot 0{,}9^4\cdot 0{,}1^1\right]\cdot 0{,}9$ geeignet ist, die Wahrscheinlichkeit dafür zu berechnen, dass genau ein Nachlader erforderlich ist, um alle fünf Scheiben zu treffen. 2

e) Berechnen Sie die Wahrscheinlichkeit dafür, dass genau zwei Nachlader erforderlich sind, um alle fünf Scheiben zu treffen. 3

f) Untersucht wird wie in Teilaufgabe d die Wahrscheinlichkeit dafür, dass genau ein Nachlader erforderlich ist. Die Funktion f gibt diese Wahrscheinlichkeit in Abhängigkeit von der Trefferwahrscheinlichkeit p an.
Zeigen Sie, dass gilt: $f(p)=5p^5-5p^6$.
Ermitteln Sie, für welchen Wert von p der Funktionswert f(p) maximal wird.
Hinweis: Ein Nachweis mithilfe einer hinreichenden Bedingung ist nicht erforderlich. 4

25

Tipps und Hinweise zur Lösung von Aufgabe 4.1

Tipps zu Teilaufgabe a

- Die Zufallsgröße X: „Anzahl der Treffer" ist binomialverteilt mit der Wahrscheinlichkeit $p=0{,}9$. Berechnen Sie die gesuchten Wahrscheinlichkeiten für die Ereignisse A und B mit der Bernoulli-Formel.
- Im Fall des Ereignisses A berechnen Sie die Wahrscheinlichkeit, bei einer Anzahl von fünf Schüssen $(n=5)$ genau fünfmal zu treffen: $P(X=5)$
- Im Fall des Ereignisses B berechnen Sie die Wahrscheinlichkeit, bei einer Anzahl von 20 Schüssen $(n=20)$ mindestens 19-mal, d. h. 19- oder 20-mal, zu treffen:
$P(X\geq 19)=P(X=19)+P(X=20)$

Tipps zu Teilaufgabe b

- Die Wahrscheinlichkeit für einen Treffer beim ersten Schuss beträgt $p_1=0{,}75$, die Wahrscheinlichkeit für einen Fehlschuss beim ersten Schuss lässt sich mithilfe der Gegenwahrscheinlichkeit angeben: $1-p_1=0{,}25$ Die Wahrscheinlichkeit für einen Treffer bei jedem weiteren Schuss beträgt jeweils $p_2=0{,}9$, die Wahrscheinlichkeit für einen Fehlschuss jeweils $1-p_2=0{,}1$.
- Die Wahrscheinlichkeiten für die Ereignisse F_1 und F_2 lassen sich unter Anwendung der Bernoulli-Formel und der Pfadregel berechnen.
- Zur Bestimmung der Wahrscheinlichkeit des Ereignisses F_3 ist zusätzlich noch die Anwendung der Summenregel erforderlich.

Tipps zu Teilaufgabe c

- Erstellen Sie eine Vierfeldertafel mit T: Treffer, $\overline{T}$: Fehlschuss, D: Frau und $\overline{D}$: Mann.
- Die bedingte Wahrscheinlichkeit $P_D(T)$ berechnet sich aus dem Quotienten der Anzahl der Treffer der Damen und der Gesamtanzahl der Schüsse der Damen.
- Die bedingte Wahrscheinlichkeit $P_{\overline{D}}(T)$ berechnet sich aus dem Quotienten der Anzahl der Treffer der Herren und der Gesamtanzahl der Schüsse der Herren.
- Mit der Überprüfung, ob $P_D(T) = P_{\overline{D}}(T)$ gilt, untersuchen Sie, ob die Ereignisse D (die Person ist eine Frau) und T (die Person trifft das Ziel) stochastisch unabhängig sind.

Tipps zu Teilaufgabe d

- Der zu untersuchende Term beinhaltet den in eckigen Klammern stehenden Teilterm in Form der Bernoulli-Formel. Überlegen Sie zunächst, welche Wahrscheinlichkeit mit diesem Teilterm berechnet wird.
- Der in eckigen Klammern stehende Teilterm wird mit der Trefferwahrscheinlichkeit $p = 0{,}9$ multipliziert.

Tipps zu Teilaufgabe e

- Die Beschreibung des Ereignisses E: „Genau zwei Nachlader sind erforderlich, um alle fünf Scheiben zu treffen“ lässt sich in zwei Teilereignisse umformulieren: E_1: „Unter den ersten fünf Schüssen sind drei Treffer und bei den Nachladern zwei Treffer“ oder E_2: „Unter den ersten fünf Schüssen sind vier Treffer und anschließend bei den Nachladern ein Fehlschuss und ein Treffer“.
- Die Wahrscheinlichkeit für das Ereignis E lässt sich gemäß der Summenregel durch Addition der Wahrscheinlichkeiten für die Teilereignisse E_1 und E_2 berechnen.
- Orientieren Sie sich an der Formel in Teilaufgabe d.

Tipps zu Teilaufgabe f

- Ersetzen Sie im Term von Teilaufgabe d die Trefferwahrscheinlichkeit durch die Variable p.
- Fassen Sie diesen Term so weit wie möglich zusammen.
- Notwendige Bedingung für eine lokale Extremstelle x_E ist $f'(x_E) = 0$.
- Auf einen Nachweis mit einer hinreichenden Bedingung kann laut Aufgabenstellung verzichtet werden, schließen Sie aber trotzdem Lösungen, die nicht sinnvoll sind, aus.

Lösungen zu Aufgabe 4.1

a) Die Zufallsgröße X: „Anzahl der Treffer" ist binomialverteilt mit der Wahrscheinlichkeit $p = 0{,}9$. Die Wahrscheinlichkeit der beiden Ereignisse lässt sich mit der Bernoulli-Formel berechnen.

Im Fall des Ereignisses A: „Die Biathletin trifft an einem Schießstand alle fünf Scheiben" beträgt $n = 5$. Es muss die Wahrscheinlichkeit für genau fünf Treffer berechnet werden.

$$P(A) = P(X = 5) = 0{,}9^5 \approx 0{,}5905$$

Die Wahrscheinlichkeit für das Ereignis A: „Die Biathletin trifft an einem Schießstand alle fünf Scheiben" beträgt ungefähr $\underline{\underline{59{,}05\ \%}}$.

Im Fall des Ereignisses B: „Im gesamten Einzelrennen mit 20 Schüssen hat die Biathletin höchstens einen Fehlschuss" beträgt $n = 20$. Wenn die Biathletin bei 20 Schüssen höchstens einen Fehlschuss hat, trifft sie mindestens 19-mal. Es muss also die Wahrscheinlichkeit für 19 oder 20 Treffer berechnet werden.

$$P(B) = P(X \geq 19) = P(X = 20) + P(X = 19) = 0{,}9^{20} + \binom{20}{19} \cdot 0{,}9^{19} \cdot 0{,}1^1 \approx 0{,}3917$$

Die Wahrscheinlichkeit für das Ereignis B: „Im gesamten Einzelrennen mit 20 Schüssen hat die Biathletin höchstens einen Fehlschuss" beträgt ungefähr $\underline{\underline{39{,}17\ \%}}$.

b) Die Wahrscheinlichkeit für einen Treffer beim ersten Schuss beträgt $p_1 = 0{,}75$, die Wahrscheinlichkeit für einen Fehlschuss beim ersten Schuss $1 - p_1 = 0{,}25$. Die Wahrscheinlichkeit für einen Treffer bei jedem weiteren Schuss beträgt jeweils $p_2 = 0{,}9$, die Wahrscheinlichkeit für einen Fehlschuss jeweils $1 - p_2 = 0{,}1$. Die Wahrscheinlichkeiten für die Ereignisse F_1 und F_2 lassen sich unter Anwendung der Bernoulli-Formel und der Pfadregel berechnen. Zur Bestimmung der Wahrscheinlichkeit des Ereignisses F_3 ist zusätzlich noch die Summenregel erforderlich.

Das Ereignis F_1 bedeutet: Der Biathlet trifft beim ersten Schuss nicht, bei allen vier weiteren Schüssen trifft er.

$$P(F_1) = (1 - p_1)^1 \cdot p_2^4 = 0{,}25 \cdot 0{,}9^4 \approx 0{,}1640$$

Da die Reihenfolge, wann der Fehlschuss stattfindet, festgelegt ist, gibt es nur eine Möglichkeit.

Die Wahrscheinlichkeit für das Ereignis F_1: „Der Biathlet hat einen Fehlschuss beim ersten Schuss, alle anderen Schüsse treffen" beträgt ungefähr $\underline{\underline{16{,}4\ \%}}$.

Das Ereignis F_2 bedeutet: Der Biathlet trifft beim ersten Schuss; bei den vier weiteren Schüssen trifft er dreimal und einmal verfehlt er die Scheibe.

$$P(F_2) = p_1 \cdot \left[\binom{4}{3} \cdot p_2^3 \cdot (1 - p_2)^1\right] = 0{,}75 \cdot \left[\binom{4}{3} \cdot 0{,}9^3 \cdot 0{,}1\right] = 0{,}2187$$

Die Wahrscheinlichkeit für das Ereignis F_2: „Der Biathlet hat genau einen Fehlschuss beim 2. bis 5. Schuss, alle anderen Schüsse treffen" beträgt $\underline{\underline{21{,}87\ \%}}$.

Das Ereignis F_3 bedeutet: Der Biathlet hat einen Fehlschuss beim ersten Schuss, bei allen vier weiteren Schüssen trifft er (= Ereignis F_1), oder er trifft beim ersten Schuss und bei den vier weiteren Schüssen trifft er dreimal und verfehlt einmal die Scheibe

(= Ereignis F_2). Die Wahrscheinlichkeit für das Ereignis F_3 ist also die Summe der Wahrscheinlichkeiten für die Ereignisse F_1 und F_2.

$$P(F_3) = P(F_1) + P(F_2) \approx 0{,}1640 + 0{,}2187 \approx 0{,}3827$$

Die Wahrscheinlichkeit für das Ereignis F_3: „Der Biathlet hat bei seinen fünf Schüssen genau einen Fehlschuss" beträgt ungefähr $\underline{\underline{38{,}27\ \%}}$.

c) Die bei der Auswertung erhobenen absoluten Häufigkeiten lassen sich in folgender Vierfeldertafel darstellen: T: Treffer, $\overline{T}$: Fehlschuss, D: Frau und $\overline{D}$: Mann

	T	$\overline{T}$	Gesamtanzahlen
D	**2 119**	414	**2 533**
$\overline{D}$	2 166	397	2 563
Gesamtanzahlen	4 285	**811**	**5 096**

Hinweis: Die fett unterlegten Werte können direkt der Aufgabenstellung entnommen werden.

Die bedingte Wahrscheinlichkeit $P_D(T)$ berechnet sich aus dem Quotienten der Anzahl der Treffer der Damen und der Gesamtanzahl der Schüsse der Damen:

$$P_D(T) = \frac{2\,119}{2\,533} \approx 0{,}8366$$

Die bedingte Wahrscheinlichkeit $P_{\overline{D}}(T)$ berechnet sich aus dem Quotienten der Anzahl der Treffer der Herren und der Gesamtanzahl der Schüsse der Herren:

$$P_{\overline{D}}(T) = \frac{2\,166}{2\,563} \approx 0{,}8451$$

Es gilt:

$$P_D(T) \approx P_{\overline{D}}(T)$$

Da die bedingten Wahrscheinlichkeiten für eine zufällig ausgewählte Person annähernd gleich sind, ist die Trefferwahrscheinlichkeit annähernd unabhängig vom Geschlecht.

d) Mit dem in eckigen Klammern stehenden Teilterm in Form der Bernoulli-Formel wird die Wahrscheinlichkeit berechnet, dass unter den ersten fünf Schüssen genau vier Treffer sind. Diese Wahrscheinlichkeit wird gemäß der Pfadregel mit der Wahrscheinlichkeit für einen Treffer bei einem weiteren Schuss multipliziert.

Mit dem zu untersuchenden Term wird also die Wahrscheinlichkeit des Ereignisses berechnet: Unter den ersten fünf Schüssen sind genau vier Treffer und anschließend bei einem Nachlader ein weiterer Treffer. Dies entspricht der im Aufgabentext gegebenen Beschreibung des Ereignisses, dass genau ein Nachlader erforderlich ist, um alle fünf Scheiben zu treffen.

e) Das Ereignis E: „Genau zwei Nachlader sind erforderlich, um alle fünf Scheiben zu treffen“ bedeutet, dass entweder das Ereignis E_1: „Unter den ersten fünf Schüssen sind drei Treffer und bei den Nachladern zwei Treffer“ oder das Ereignis E_2: „Unter den ersten fünf Schüssen sind vier Treffer und anschließend bei den Nachladern ein Fehlschuss und ein Treffer“ eintritt:

$$P(E) = P(E_1) + P(E_2) = \left[\binom{5}{3} \cdot 0{,}9^3 \cdot 0{,}1^2\right] \cdot 0{,}9^2 + \left[\binom{5}{4} \cdot 0{,}9^4 \cdot 0{,}1^1\right] \cdot 0{,}1 \cdot 0{,}9$$

$$\approx 0{,}0886$$

Die Wahrscheinlichkeit dafür, dass genau zwei Nachlader erforderlich sind, um alle fünf Scheiben zu treffen, beträgt ungefähr $\underline{\underline{8{,}86\,\%}}$.

f) Die Wahrscheinlichkeit dafür, dass genau ein Nachlader erforderlich ist, kann in Abhängigkeit von p mit folgendem Term beschrieben werden (vgl. Teilaufgabe d):

$$\left[\binom{5}{4} \cdot p^4 \cdot (1-p)^1\right] \cdot p$$

Durch Berechnung des Binomialkoeffizienten und Ausklammern kann gezeigt werden, dass gilt:

$$f(p) = \left[\binom{5}{4} \cdot p^4 \cdot (1-p)^1\right] \cdot p = [5 \cdot p^4 \cdot (1-p)] \cdot p = [5p^4 - 5p^5] \cdot p = 5p^5 - 5p^6$$

Die erste Ableitung f'(p) hat folgende Funktionsgleichung:

$$f'(p) = 25p^4 - 30p^5$$

Für eine lokale Extremstelle p_E gilt die notwendige Bedingung $f'(p_E) = 0$.

$$f'(p_E) = 0$$

$$25p_E^4 - 30p_E^5 = 0$$

$$p_E^4 \cdot (25 - 30p_E) = 0$$

Ein Produkt ist immer dann null, wenn einer der Faktoren null ist.

$$p_{E_1} = 0$$

$$25 - 30p_{E_2} = 0$$

$$p_{E_2} = \frac{25}{30}$$

$$p_{E_2} = \frac{5}{6}$$

Die Lösung $p_{E_1} = 0$ entfällt, da es sich nicht um ein Maximum handeln kann, sondern ein Minimum sein muss.

Das lokale Maximum liegt bei $p_{max} = p_{E_2} = \frac{5}{6}$. Auf einen Nachweis mithilfe einer hinreichenden Bedingung kann gemäß Aufgabenstellung verzichtet werden.

Für $\underline{\underline{p = \frac{5}{6}}}$ wird der Funktionswert f(p) maximal.

Berlin – Mathematik Leistungskurs
2019 – Aufgabe 4.2: Stochastik

Ausflugsschiff BE

Ein Unternehmen organisiert Fahrten mit einem Ausflugsschiff.
Betrachtet wird zunächst eine Fahrt, bei der das Schiff mit 60 Fahrgästen voll besetzt ist. Zu Beginn der Fahrt werden drei Fahrgäste zufällig ausgewählt; diese erhalten jeweils ein Freigetränk.

a) Ermitteln Sie die Anzahl möglicher Dreiergruppen, die sich bei der Auswahl ergeben können. 2

b) Zwei Drittel der Fahrgäste kommen aus Deutschland, die übrigen aus anderen Ländern.
Berechnen Sie die Wahrscheinlichkeit dafür, dass die drei ausgewählten Fahrgäste aus Deutschland kommen. 2

c) Unter den Fahrgästen befinden sich Erwachsene und Kinder. Die Hälfte der Fahrgäste isst während der Fahrt ein Eis, von den Erwachsenen nur jeder Dritte, von den Kindern 75 %.
Berechnen Sie, wie viele Kinder an der Fahrt teilnehmen. 3

Möchte man an der Fahrt teilnehmen, so muss man dafür im Voraus eine Reservierung vornehmen. Erfahrungsgemäß erscheinen von den Personen mit Reservierung einige nicht zur Fahrt. Für die 60 Plätze lässt das Unternehmen deshalb bis zu 62 Reservierungen zu.
Es soll davon ausgegangen werden, dass für jede Fahrt tatsächlich 62 Reservierungen vorgenommen werden. Erscheinen mehr als 60 Personen mit Reservierung zur Fahrt, so können nur 60 von ihnen daran teilnehmen; die übrigen müssen abgewiesen werden.
Vereinfachend soll angenommen werden, dass die Anzahl der Personen mit Reservierung, die zur Fahrt erscheinen, binomialverteilt ist, wobei die Wahrscheinlichkeit dafür, dass eine zufällig ausgewählte Person mit Reservierung nicht zur Fahrt erscheint, 10 % beträgt.

d) Geben Sie einen Grund dafür an, dass es sich bei dieser Annahme im Sachzusammenhang um eine Vereinfachung handelt. 1

e) Bestimmen Sie die Wahrscheinlichkeit dafür, dass mindestens eine Person mit Reservierung abgewiesen werden muss. 3

f) Bei den sogenannten Mondscheinfahrten im Sommer muss erfahrungsgemäß bei 2 % der Fahrten jemand mit Reservierung abgewiesen werden.
Ermitteln Sie, wie viele Fahrten höchstens durchgeführt werden können, damit die Wahrscheinlichkeit, dass bei mindestens einer Fahrt jemand abgewiesen werden muss, höchstens 50 % beträgt. 4

Das Unternehmen richtet ein Online-Portal zur Reservierung ein und vermutet, dass dadurch der Anteil der Personen mit Reservierung, die zur jeweiligen Fahrt nicht erscheinen, zunehmen könnte. Als Grundlage für die Entscheidung dafür, ob pro Fahrt künftig mehr als 62 Reservierungen angenommen werden, soll die Nullhypothese „Die Wahrscheinlichkeit dafür, dass eine zufällig ausgewählte Person mit Reservierung nicht zur Fahrt erscheint, beträgt höchstens 10 %" mithilfe einer Stichprobe von 200 Personen mit Reservierung auf einem Signifikanzniveau von 5 % getestet werden. Vor der Durchführung des Tests wird festgelegt, die Anzahl der Reservierungen pro Fahrt nur dann zu erhöhen, wenn die Nullhypothese aufgrund des Testergebnisses abgelehnt werden müsste.

g) Ermitteln Sie für den beschriebenen Test die zugehörige Entscheidungsregel. 5

h) Entscheiden Sie, ob bei der Wahl der Nullhypothese eher das Interesse, dass weniger Plätze frei bleiben sollen, oder das Interesse, dass nicht mehr Personen mit Reservierung abgewiesen werden müssen, im Vordergrund stand.
Begründen Sie Ihre Entscheidung. 3

i) Beschreiben Sie den Fehler zweiter Art im Sachzusammenhang. 2

25

Summierte Binomialverteilungen für n = 200 (Auszug)

Gerundet auf vier Nachkommastellen, weggelassen ist „0,", alle freien Plätze enthalten 1,0000.

Wird die Tabelle „von unten" gelesen ($p > 0{,}5$), ist der richtige Wert 1 – (abgelesener Wert).

n	k	p										k	n
		0,05	0,10	$\frac{1}{6}$	0,20	0,25	0,30	$\frac{1}{3}$	0,40	0,45	0,50		
	0	0000	0000	0000	0000	0000	0000	0000	0000	0000	0000	**200**	
	1	0004	0000	0000	0000	0000	0000	0000	0000	0000	0000	**199**	
	2	0023	0000	0000	0000	0000	0000	0000	0000	0000	0000	**198**	
	3	0090	0000	0000	0000	0000	0000	0000	0000	0000	0000	**197**	
	4	0264	0000	0000	0000	0000	0000	0000	0000	0000	0000	**196**	
	5	0623	0000	0000	0000	0000	0000	0000	0000	0000	0000	**195**	
	6	1237	0001	0000	0000	0000	0000	0000	0000	0000	0000	**194**	
	7	2133	0005	0000	0000	0000	0000	0000	0000	0000	0000	**193**	
	8	3270	0014	0000	0000	0000	0000	0000	0000	0000	0000	**192**	
	9	4547	0035	0000	0000	0000	0000	0000	0000	0000	0000	**191**	
	10	5831	0081	0000	0000	0000	0000	0000	0000	0000	0000	**190**	
	11	6998	0168	0000	0000	0000	0000	0000	0000	0000	0000	**189**	
200	**12**	7965	0320	0000	0000	0000	0000	0000	0000	0000	0000	**188**	**200**
	13	8701	0566	0000	0000	0000	0000	0000	0000	0000	0000	**187**	
	14	9219	0929	0000	0000	0000	0000	0000	0000	0000	0000	**186**	
	15	9556	1431	0001	0000	0000	0000	0000	0000	0000	0000	**185**	
	16	9762	2075	0003	0000	0000	0000	0000	0000	0000	0000	**184**	
	17	9879	2849	0006	0000	0000	0000	0000	0000	0000	0000	**183**	
	18	9942	3724	0013	0000	0000	0000	0000	0000	0000	0000	**182**	
	19	9973	4655	0027	0000	0000	0000	0000	0000	0000	0000	**181**	
	20	9988	5592	0052	0001	0000	0000	0000	0000	0000	0000	**180**	
	21	9995	6484	0094	0002	0000	0000	0000	0000	0000	0000	**179**	
	22	9998	7290	0163	0005	0000	0000	0000	0000	0000	0000	**178**	
	23	9999	7983	0269	0010	0000	0000	0000	0000	0000	0000	**177**	
	24		8551	0426	0020	0000	0000	0000	0000	0000	0000	**176**	

n	k	p: 0,05	0,10	$\frac{1}{6}$	0,20	0,25	0,30	$\frac{1}{3}$	0,40	0,45	0,50	k	n
	25		8995	0648	0036	0000	0000	0000	0000	0000	0000	**175**	
	26		9328	0945	0064	0000	0000	0000	0000	0000	0000	**174**	
	27		9565	1329	0110	0000	0000	0000	0000	0000	0000	**173**	
	28		9729	1803	0179	0001	0000	0000	0000	0000	0000	**172**	
	29		9837	2366	0283	0002	0000	0000	0000	0000	0000	**171**	
	30		9905	3007	0430	0004	0000	0000	0000	0000	0000	**170**	
	31		9946	3711	0632	0008	0000	0000	0000	0000	0000	**169**	
	32		9971	4454	0899	0014	0000	0000	0000	0000	0000	**168**	
	33		9985	5210	1239	0026	0000	0000	0000	0000	0000	**167**	
	34		9992	5953	1656	0044	0000	0000	0000	0000	0000	**166**	
	35		9996	6658	2151	0073	0000	0000	0000	0000	0000	**165**	
	36		9998	7305	2717	0117	0001	0000	0000	0000	0000	**164**	
	37		9999	7877	3345	0182	0001	0000	0000	0000	0000	**163**	
	38			8369	4019	0276	0003	0000	0000	0000	0000	**162**	
	39			8777	4718	0405	0005	0000	0000	0000	0000	**161**	
	40			9106	5422	0578	0009	0000	0000	0000	0000	**160**	
	41			9362	6108	0804	0016	0000	0000	0000	0000	**159**	
	42			9556	6758	1089	0027	0001	0000	0000	0000	**158**	
	43			9699	7355	1438	0045	0002	0000	0000	0000	**157**	
	44			9801	7887	1852	0072	0003	0000	0000	0000	**156**	
	45			9871	8349	2332	0111	0005	0000	0000	0000	**155**	
200	**46**			9919	8738	2870	0169	0009	0000	0000	0000	**154**	**200**
	47			9950	9056	3458	0249	0016	0000	0000	0000	**153**	
	48			9970	9310	4083	0359	0026	0000	0000	0000	**152**	
	49			9983	9506	1729	0506	0042	0000	0000	0000	**151**	
	50			9990	9655	5379	0695	0067	0000	0000	0000	**150**	
	51			9995	9764	6017	0934	0103	0000	0000	0000	**149**	
	52			9997	9843	6626	1228	0154	0000	0000	0000	**148**	
	53			9998	9897	7192	1579	0226	0000	0000	0000	**147**	
	54			9999	9934	7707	1988	0323	0001	0000	0000	**146**	
	55				9959	8162	2455	0453	0002	0000	0000	**145**	
	56				9975	8555	2972	0621	0003	0000	0000	**144**	
	57				9985	8885	3532	0833	0005	0000	0000	**143**	
	58				9991	9157	4123	1094	0008	0000	0000	**142**	
	59				9995	9375	4733	1409	0013	0000	0000	**141**	
	60				9997	9546	5348	1778	0021	0000	0000	**140**	
	61				9998	9677	5953	2202	0034	0000	0000	**139**	
	62				9999	9774	6533	2677	0052	0000	0000	**138**	
	63					9846	7079	3198	0080	0001	0000	**137**	
	64					9897	7579	3755	0119	0001	0000	**136**	
	65					9932	8028	4338	0173	0002	0000	**135**	
	66					9956	8421	4934	0247	0004	0000	**134**	
	67					9972	8758	5530	0346	0006	0000	**133**	
						Werte für 67 < k < 132 sind nicht dargestellt							
n	k	0,95	0,90	$\frac{5}{6}$	0,80	0,75	0,70	$\frac{2}{3}$	0,60	0,55	0,50	k	n
		p											

Tipps und Hinweise zur Lösung von Aufgabe 4.2

Tipp zu Teilaufgabe a

- Die Anzahl der Möglichkeiten, aus einer Gruppe von n Personen k Personen auszuwählen, gibt der Binomialkoeffizient $\binom{n}{k}$ an.

Tipps zu Teilaufgabe b

- Die Angabe, dass zwei Drittel der Fahrgäste aus Deutschland kommen, liefert die Information, dass von den insgesamt 60 Fahrgästen 40 aus Deutschland kommen.
- Zur Aufstellung eines Terms für die Wahrscheinlichkeit dafür, dass die drei ausgewählten Fahrgäste aus Deutschland kommen, kann Ihnen folgende Überlegung helfen: Für die Auswahl der ersten Person der Dreiergruppe stehen 40 Fahrgäste aus Deutschland von insgesamt 60 Fahrgästen zur Verfügung. Für die Auswahl der zweiten Person der Dreiergruppe stehen nur noch 39 Fahrgäste aus Deutschland von insgesamt 59 Fahrgästen zur Verfügung. Für die Auswahl der dritten Person der Dreiergruppe stehen schließlich nur noch 38 Fahrgäste aus Deutschland von insgesamt 58 Fahrgästen zur Verfügung.

Tipps zu Teilaufgabe c

- Die Angabe, dass die Hälfte der Fahrgäste ein Eis isst, liefert die Information, dass von den 60 Fahrgästen 30 ein Eis essen.
- Führen Sie eine Variable ein, die die Anzahl der an der Fahrt teilnehmenden Kinder bezeichnet.
- Stellen Sie einen Term für die Anzahl der Eis essenden Fahrgäste in Abhängigkeit der von Ihnen eingeführten Variablen für die Anzahl der an der Fahrt teilnehmenden Kinder auf.
- Dabei ergibt sich die Anzahl der Eis essenden Fahrgäste aus der Summe der Eis essenden Kinder und der Eis essenden Erwachsenen.
- Setzen Sie den Term für die Anzahl der Eis essenden Fahrgäste gleich 30 und berechnen Sie den Wert der Variablen für die Anzahl der an der Fahrt teilnehmenden Kinder.

Tipp zu Teilaufgabe d

- Bedenken Sie, dass in der Realität oftmals mehrere Personen zusammen (z. B. befreundete Personen, Familien) eine Reservierung vornehmen.

Tipps zu Teilaufgabe e

- Die Zufallsgröße X: „Anzahl der Personen mit Reservierung, die nicht zur Fahrt erscheinen" ist binomialverteilt mit $p = 0{,}1$ und $n = 62$. Zur Berechnung der gesuchten Wahrscheinlichkeit muss die Bernoulli-Formel angewendet werden.
- Mindestens eine Person mit Reservierung muss abgewiesen werden, wenn entweder keine der Personen mit Reservierung oder nur eine Person mit Reservierung der Fahrt fernbleibt. Die Wahrscheinlichkeit dafür, dass mindestens eine Person abgewiesen werden muss, entspricht $P(X \leq 1)$.

Tipps zu Teilaufgabe f

- Betrachten Sie die Zufallsgröße Y: „Anzahl der Personen mit Reservierung, die abgewiesen werden müssen".
- Aus der Angabe, dass erfahrungsgemäß bei 2 % der Fahrten jemand mit Reservierung abgewiesen werden muss, ergibt sich, dass bei 98 % der Fahrten niemand mit Reservierung abgewiesen werden muss. Bei n Fahrten beträgt die Wahrscheinlichkeit, dass niemand mit Reservierung abgewiesen werden muss, gemäß der Pfadregel: $P(Y=0)=0{,}98^n$
- Damit die Wahrscheinlichkeit $P(Y>0)$, dass jemand abgewiesen werden muss, höchstens 50 % beträgt, muss die Gegenwahrscheinlichkeit $P(Y=0)$, dass niemand abgewiesen wird, mindestens 50 % betragen. Es muss also gelten: $P(Y=0)\geq 0{,}5$

Tipps zu Teilaufgabe g

- Ermitteln Sie mithilfe der in der Anlage beigefügten summierten Binomialverteilung für $n=200$ und $p=0{,}1$, bis zu welcher Personenanzahl k die Wahrscheinlichkeit $P_{200;\,0{,}1}(X\geq k)$ noch kleiner als 0,05 ist.
- Da in der Tabelle nur Wahrscheinlichkeiten $P_{200;\,0{,}1}(X\leq k)$ abgelesen werden können, müssen Sie über das Gegenereignis gehen.

Tipp zu Teilaufgabe h

- Vergleichen Sie in Ihrer Begründung die Wahrscheinlichkeit, die Anzahl der Reservierungen irrtümlich zu erhöhen, mit der Wahrscheinlichkeit, irrtümlich bei der bisherigen Anzahl zu bleiben.

Tipps zu Teilaufgabe i

- Bei einem Hypothesentest liegt ein Fehler zweiter Art vor, wenn die Nullhypothese zu Unrecht beibehalten wird.
- Bei einem Fehler zweiter Art weist der Test die Nullhypothese fälschlicherweise nicht zurück, obwohl die Alternativhypothese korrekt ist.

Lösungen zu Aufgabe 4.2

a) Die Anzahl der Möglichkeiten, aus einer Gruppe von 60 Personen drei auszuwählen, gibt der Binomialkoeffizient $\binom{60}{3} = 34\,220$ an.

Es gibt also 34 220 mögliche Dreiergruppen, die sich bei der Auswahl ergeben können.

b) Anzahl der Fahrgäste, die aus Deutschland kommen:

$$\frac{2}{3} \cdot 60 = 40$$

Die Wahrscheinlichkeit dafür, dass die drei ausgewählten Fahrgäste aus Deutschland kommen, berechnet sich über den Quotienten Anzahl der Fahrgäste zur Gesamtanzahl der Fahrgäste. Da es sich um ein Ziehen ohne Zurücklegen handelt, verringern sich die Anzahlen für die 2. und 3. Person immer jeweils um eins.

$$\frac{40}{60} \cdot \frac{39}{59} \cdot \frac{38}{58} = \frac{59\,280}{205\,320} \approx 0{,}2887$$

Die Wahrscheinlichkeit dafür, dass die drei ausgewählten Fahrgäste aus Deutschland kommen, beträgt ungefähr 28,87 %.

c) Bezeichnet man die Anzahl der an der Fahrt teilnehmenden Kinder mit k, so ist die Anzahl der Kinder, die ein Eis essen, $\frac{3}{4}k$, die Anzahl der Erwachsenen, die ein Eis essen, $\frac{1}{3}(60-k)$. Insgesamt essen $\frac{60}{2} = 30$ der Fahrgäste ein Eis.
Damit gilt:

$$\frac{3}{4}k + \frac{1}{3}(60-k) = 30$$

$$\frac{3}{4}k + 20 - \frac{1}{3}k = 30$$

$$\frac{5}{12}k = 10$$

$$k = 24$$

An der Fahrt nehmen 24 Kinder teil.

d) Bei der Annahme handelt es sich deshalb um eine Vereinfachung, da das Erscheinen bzw. Nichterscheinen in der Regel für einige Personen mit Reservierung (z. B. befreundete Personen, Familien) nicht unabhängig voneinander erfolgt. Wenn z. B. in einer Familie die Eltern die Reservierung nicht wahrnehmen, werden auch die Kinder nicht mitfahren.

e) Mindestens eine Person mit Reservierung muss abgewiesen werden, wenn entweder keine der Personen mit Reservierung oder nur eine Person mit Reservierung der Fahrt fernbleibt.

Die Zufallsgröße X: „Anzahl der Personen mit Reservierung, die nicht zur Fahrt erscheinen“ ist binomialverteilt mit $n = 62$ und $p = 0{,}1$.

Zur Ermittlung der gesuchten Wahrscheinlichkeit muss also $P(X \leq 1)$ berechnet werden:

$$P(X \leq 1) = P(X=0) + P(X=1) = \binom{62}{0} \cdot 0{,}1^0 \cdot 0{,}9^{62} + \binom{62}{1} \cdot 0{,}1^1 \cdot 0{,}9^{61} \approx 0{,}0115$$

Die Wahrscheinlichkeit dafür, dass mindestens eine Person mit Reservierung abgewiesen werden muss, beträgt ungefähr 1,15 %.

f) Für die Zufallsgröße Y: „Anzahl der Personen, die abgewiesen werden müssen" soll die Wahrscheinlichkeit $P(Y>0)$, dass jemand abgewiesen werden muss, bei höchstens n durchgeführten Fahrten höchstens 50 % betragen. Das bedeutet, dass die Gegenwahrscheinlichkeit $P(Y=0)$, dass niemand abgewiesen werden muss, mindestens 50 % betragen muss:

$$P(Y>0) \leq 0{,}5 \quad \Rightarrow \quad 1 - P(Y=0) \leq 0{,}5 \quad \Rightarrow \quad P(Y=0) \geq 0{,}5$$

Bei n Fahrten beträgt die Wahrscheinlichkeit $P(Y=0)$, dass niemand abgewiesen werden muss, gemäß der Pfadregel:

$$P(Y=0) = 0{,}98^n$$

Aus der Angabe, dass bei 2 % der Fahrten jemand abgewiesen werden muss, folgt $p=0{,}98$ dafür, dass niemand abgewiesen wird.

Folglich lässt sich n berechnen:

$$P(Y=0) = 0{,}98^n \geq 0{,}5 \qquad |\ln$$

$$n \cdot \ln 0{,}98 \geq \ln 0{,}5$$

Anwenden der logarithmischen Rechenregeln.

$$n \leq \frac{\ln 0{,}5}{\ln 0{,}98}$$

Da ln 0,98 negativ ist, dreht sich das Relationszeichen um.

$$n \leq 34{,}3$$

Es können höchstens 34 Fahrten durchgeführt werden.

g) Der Fehler erster Art darf selbst bei der größten Wahrscheinlichkeit, die im Rahmen der Nullhypothese liegt, das Signifikanzniveau nicht überschreiten, darf also höchstens 5 % betragen.

Für die Wahrscheinlichkeit $P_{200;\,0,1}(X \geq k)$, dass mindestens k Personen mit Reservierung nicht zur Fahrt erscheinen, muss also gelten:

$$P_{200;\,0,1}(X \geq k) \leq 0{,}05$$

$$1 - P_{200;\,0,1}(X \leq k-1) \leq 0{,}05$$

$$0{,}95 \leq P_{200;\,0,1}(X \leq k-1)$$

Durch Ablesen der Werte aus der in der Anlage beigefügten Tabelle über die summierte Binomialverteilung für $n=200$ und $p=0{,}10$ ergibt sich:

$$P_{200;\,0,1}(X \leq 26) = 0{,}9328; \quad P_{200;\,0,1}(X \leq 27) = 0{,}9565$$

Da $P_{200;\,0,1}(X \leq 27)$ der erste Wert ist, der größer oder gleich 0,95 ist, beträgt $k - 1 = 27$. Daher ist der kritische Wert $k = 28$.

Erscheinen mindestens 28 Personen mit Reservierung nicht zur Fahrt, so wird die Nullhypothese abgelehnt.

h) Bei der Durchführung des Tests beträgt das Risiko, die Anzahl der Reservierungen irrtümlich zu erhöhen, höchstens 5 % und ist damit gering. Die Wahrscheinlichkeit dafür, irrtümlich bei der bisherigen Anzahl zu bleiben, kann dagegen wesentlich größer sein. Damit stand bei der Wahl der Nullhypothese das Interesse im Vordergrund, dass nicht mehr Personen mit Reservierung abgewiesen werden müssen.

i) Der Fehler zweiter Art tritt ein, wenn die Wahrscheinlichkeit dafür, dass eine Person mit Reservierung nicht zur Fahrt erscheint, tatsächlich größer ist als 10 %, das Unternehmen aufgrund des Testergebnisses aber bei der bisherigen Anzahl der Reservierungen bleibt.

Berlin – Mathematik Leistungskurs
2020 – Aufgabe 1: hilfsmittelfreier Teil

Analysis 1 BE

Die Abbildung zeigt den Graphen der Funktion f mit $f(x) = x \cdot e^{-x}$ und $x \in \mathbb{R}$.

Betrachtet werden die Dreiecke mit den Eckpunkten $O(0\,|\,0)$, $P(a\,|\,0)$ und $Q(a\,|\,f(a))$ mit $a \in \mathbb{R}^+$.

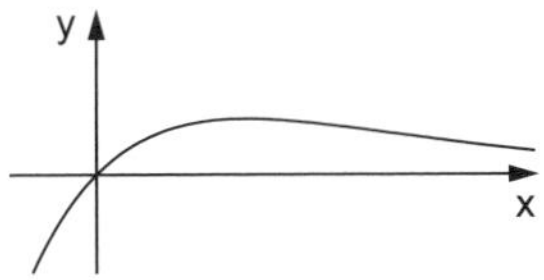

a) Begründen Sie, dass der Flächeninhalt jedes dieser Dreiecke mit dem Term $\frac{1}{2}a^2e^{-a}$ bestimmt werden kann. 2

b) Unter den betrachteten Dreiecken hat eines den größten Flächeninhalt. Bestimmen Sie den zugehörigen Wert von a. 3

Analysis 2

Für jeden Wert von $a \in \mathbb{R} \setminus \{0\}$ ist eine Funktion f_a gegeben mit $f_a(x) = a \cdot (x-2)^3$ und $x \in \mathbb{R}$.

a) Zeigen Sie, dass die in $\mathbb{R}$ definierte Funktion F mit $F(x) = \frac{1}{2} \cdot (x-2)^4 + 3$ eine Stammfunktion von f_2 ist. 1

b) Untersuchen Sie mithilfe von Skizzen, für welche Werte von a sich unter den Stammfunktionen von f_a solche befinden, die nur negative Funktionswerte haben. 4

Analytische Geometrie 1

In einem kartesischen Koordinatensystem sind der Punkt $C(2\,|\,3\,|\,3)$ und die Gerade g mit

$$g\colon \vec{x} = \begin{pmatrix} 6 \\ 3 \\ -1 \end{pmatrix} + \mu \cdot \begin{pmatrix} 1 \\ 1 \\ 0 \end{pmatrix};\ \mu \in \mathbb{R}$$

gegeben. Die Gerade g verläuft durch die Punkte $A(6\,|\,3\,|\,-1)$ und B.

a) Zeigen Sie, dass der Punkt C nicht auf g liegt. 2

b) Bestimmen Sie die Koordinaten des Punktes B, der auf g liegt und gleich weit wie der Punkt A von C entfernt ist. 3

Analytische Geometrie 2

In einem Koordinatensystem ist ein gerader Zylinder mit dem Radius 5 und der Höhe 10 gegeben, dessen Grundfläche in der xy-Ebene liegt. $M(8\,|\,5\,|\,10)$ ist der Mittelpunkt der Deckfläche.

a) Weisen Sie nach, dass der Punkt $P(5\,|\,1\,|\,0)$ auf dem Rand der Grundfläche des Zylinders liegt. 2

b) Unter allen Punkten auf dem Rand der Deckfläche hat der Punkt S den kleinsten Abstand von P, der Punkt T den größten.
Geben Sie die Koordinaten von S an und bestimmen Sie die Koordinaten von T. 3

Stochastik 1

Für ein Spiel werden ein Tetraeder und ein Würfel verwendet. Die Seiten des Tetraeders sind mit den Zahlen 1 bis 4 durchnummeriert, die des Würfels mit den Zahlen 1 bis 6.
Ebenso wie beim Werfen des Würfels werden beim Werfen des Tetraeders alle Zahlen mit gleicher Wahrscheinlichkeit erzielt.
Vor Beginn des Spiels wird ein Einsatz von 5 Euro geleistet. Anschließend wird das Tetraeder einmal geworfen. Wird dabei die Zahl 3 erzielt, wird das Tetraeder ein weiteres Mal geworfen, andernfalls einmal der Würfel. Nur dann, wenn bei genau einem der beiden Würfe die Zahl 3 erzielt wird, erfolgt eine Auszahlung.

a) Zeigen Sie, dass die Wahrscheinlichkeit dafür, bei einmaliger Durchführung des Spiels mindestens einmal die Zahl 3 zu erzielen, $\frac{3}{8}$ beträgt. 2

b) Bei vielfacher Durchführung des Spiels ist zu erwarten, dass sich Einsätze und Auszahlungen mit der Zeit ausgleichen.
Ermitteln Sie die Höhe der Auszahlung. 3

Stochastik 2

Eine Gärtnerei, die Tulpen in den Farben Gelb, Orange und Rot züchtet, stellt Sträuße mit jeweils 15 Tulpen zusammen.

a) Einer der Sträuße soll Tulpen in zwei verschiedenen Farben enthalten. Die Anzahl der Möglichkeiten, diesen Strauß zusammenzustellen, kann mit dem Term $\binom{3}{2} \cdot 14$ berechnet werden.
Beschreiben Sie für jeden der beiden Faktoren die Bedeutung im Sachzusammenhang. 2

b) In einem der Sträuße sollen zu jeder der drei Farben mindestens vier und höchstens sechs Tulpen enthalten sein.
Bestimmen Sie die Anzahl der Möglichkeiten, diesen Strauß zusammenzustellen. 3

30

Tipps und Hinweise zur Lösung von Aufgabe 1

Tipps zu Analysis 1

a) Skizzieren Sie den Sachverhalt vollständig und tragen Sie alle gegebenen Punkte ein.

Welche Eigenschaft haben die zu untersuchenden Dreiecke? Wie berechnet man allgemein den Flächeninhalt eines solchen Dreiecks?

Wie kann man die Grundseite und die zugehörige Höhe mithilfe der Koordinaten der Eckpunkte dieser Dreiecke ausdrücken?

b) Diskutieren Sie zunächst die notwendige Bedingung für die Existenz von lokalen Extremstellen für die in Teilaufgabe a gegebene Flächeninhaltsfunktion.

Wie löst man Gleichungen vom Typ $u(a) \cdot v(a) = 0$?

Entscheiden Sie mit den bis hierhin ermittelten Ergebnissen, ob Sie die hinreichenden Bedingung für die Existenz von lokalen Extremstellen untersuchen müssen.

Tipps zu Analysis 2

a) Welcher Zusammenhang besteht zwischen einer Funktion und ihren Stammfunktionen?

Bilden Sie die Ableitung von F und vergleichen Sie Ihr Ergebnis mit f_2.

b) Wodurch unterscheiden sich die Stammfunktionen F_i von f?

Da sich alle Stammfunktionen F_i von f nur durch eine additive Konstante unterscheiden, bestimmt diese Konstante die Lage der jeweiligen Stammfunktion im Koordinatensystem.

Ermitteln Sie, wie diese additive Konstante die Lage der Graphen der Stammfunktion beeinflusst.

Skizzieren Sie für $a > 0$ und $a < 0$ jeweils verschiedene Lagen der Graphen der Stammfunktionen. Beobachten Sie, für welches a alle Graphen vollständig unterhalb der x-Achse verlaufen.

Tipps zu Analytische Geometrie 1

a) Führen Sie eine Punktprobe für den Punkt C durch.

Setzen Sie die Koordinaten des Punktes C in die Gleichung der Geraden g ein und stellen Sie ein lineares Gleichungssystem (LGS) auf. Zeigen Sie, dass das LGS keine Lösung hat.

Beachten Sie insbesondere die z-Koordinate des Punktes C.

b) Stellen Sie die Gleichung einer Hilfsebene H auf, die den Punkt C enthält und von der Geraden g senkrecht geschnitten wird. Ein Normalenvektor der Hilfsebene H ist der Richtungsvektor der Geradengleichung: $\vec{n} = \begin{pmatrix} 1 \\ 1 \\ 0 \end{pmatrix}$

Außerdem muss die Gleichung der Hilfsebene die Koordinaten des Punktes C erfüllen.

Ermitteln Sie den Schnittpunkt M der Geraden g und der Hilfsebene H.
Der Schnittpunkt M ist der Mittelpunkt der auf der Geraden g liegenden Strecke $\overline{AB}$.

Ermitteln Sie die Koordinaten des gesuchten Punktes B. Für den Ortsvektor $\overrightarrow{OB}$ gilt: $\overrightarrow{OB} = \overrightarrow{OA} + 2 \cdot \overrightarrow{AM}$

Tipps zu Analytische Geometrie 2

a) Zeigen Sie, dass der Punkt P in der xy-Ebene liegt.

Der Mittelpunkt N der Grundfläche des Zylinders liegt 10 LE senkrecht unter dem Mittelpunkt M der Deckfläche.

Zeigen Sie, dass der Abstand des Punktes P vom Mittelpunkt N der Grundfläche 5 LE beträgt, indem Sie die Länge des Vektors $\overrightarrow{NP}$ bestimmen.

b) Der Punkt S, der den kürzesten Abstand zum Punkt P hat, liegt 10 LE senkrecht über dem Punkt P.

Bei dem Punkt T, der den größten Abstand zum Punkt P hat, handelt es sich um den auf dem Rand der Deckfläche des Zylinders dem Punkt S genau gegenüberliegenden Punkt.

Stellen Sie für den zum Punkt T gehörigen Ortsvektor $\overrightarrow{OT}$ unter Verwendung der Punkte S und M und unter Ausnutzung der Kreiseigenschaften der Deckfläche eine Gleichung auf und berechnen Sie die Koordinaten des Punktes T.

Tipps zu Stochastik 1

a) Berechnen Sie die Wahrscheinlichkeit P(E) für das Ereignis E: „Es wird mindestens einmal die Zahl 3 gewürfelt“ mithilfe der Wahrscheinlichkeit $P(\overline{E})$ für das Gegenereignis $\overline{E}$: „Es wird bei keinem der beiden Würfe eine 3 gewürfelt“. Es gilt: $P(E) = 1 - P(\overline{E})$

Wenden Sie zur Berechnung der Wahrscheinlichkeit $P(\overline{E})$ die Pfadregel (Multiplikationsregel) an. Die Wahrscheinlichkeit $P(\overline{E})$ ergibt sich aus dem Produkt der Teilwahrscheinlichkeiten, zunächst mit dem Tetraeder und dann mit dem Würfel keine 3 zu würfeln.

b) Berechnen Sie die Gewinnwahrscheinlichkeit P(Gewinn). Beachten Sie dabei, dass der Gewinn nur dann ausgezahlt wird, wenn bei genau einem der beiden Würfe eine 3 gewürfelt wird. Wenn man zweimal mit dem Tetraeder eine 3 würfelt, erhält man keinen Gewinn.

Die Gewinnwahrscheinlichkeit P(Gewinn) erhält man, indem man von der in Teilaufgabe a berechneten Wahrscheinlichkeit P(E) die Wahrscheinlichkeit für das Ereignis, zweimal hintereinander mit dem Tetraeder eine 3 zu würfeln, subtrahiert.

Damit sich bei vielfacher Durchführung des Spiels Einsätze und Auszahlungen ausgleichen, muss für den Auszahlungsbetrag x gelten: $P(\text{Gewinn}) \cdot x = 5\,€$

Tipps zu Stochastik 2

a) Bei dem ersten Faktor $\binom{3}{2}$ handelt es sich um einen Binomialkoeffizienten. Der Binomialkoeffizient $\binom{n}{k}$ gibt die Anzahl der Möglichkeiten an, aus einer Menge mit n Elementen k Elemente auszuwählen.

Bei dem zweiten Faktor, der Zahl 14, müssen Sie beachten, dass ein Blumenstrauß maximal 14 Blumen einer der beiden gewählten Farben haben kann. Außerdem müssen Sie berücksichtigen, dass mit der Wahl der Anzahl der Blumen der einen Farbe auch die Anzahl der Blumen der anderen Farbe festgelegt ist.

b) Sträuße der beschriebenen Art kann man grundsätzlich auf zwei verschiedene Arten zusammenstellen: Entweder nimmt man jeweils fünf Tulpen von jeder der drei Farben oder man stellt Sträuße aus vier Tulpen einer ersten Farbe, fünf Tulpen einer zweiten Farbe und sechs Tulpen der dritten Farbe zusammen.

Bei den Sträußen, die vier Tulpen einer ersten Farbe, fünf Tulpen einer zweiten Farbe und sechs Tulpen der dritten Farbe enthalten, hat man 3 Möglichkeiten, die erste Farbe zu wählen, und 2 Möglichkeiten, die zweite Farbe zu wählen. Die dritte Farbe ist dann nicht mehr frei wählbar.

Lösungen zu Aufgabe 1

Analysis 1

a) Die Dreiecke OPQ sind rechtwinklig.

Für ihren Flächeninhalt gilt:

$$A = \frac{1}{2} g \cdot h_g$$

$$= \frac{1}{2} a \cdot f(a) = \frac{1}{2} a \cdot a \cdot e^{-a}$$

$$A = \frac{1}{2} a^2 e^{-a}$$

Skizze des Sachverhalts:

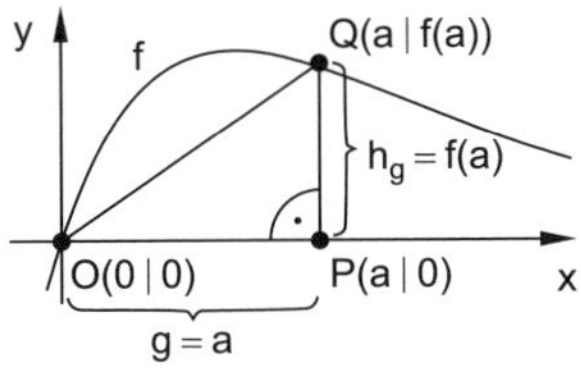

b) Zu bestimmen ist das lokale Maximum der Funktion $A(a) = \frac{1}{2} a^2 e^{-a}$.
Für die 1. Ableitung gilt:

$$A'(a) = u'(a) \cdot v(a) + v'(a) \cdot u(a) \text{ mit } u(a) = \frac{1}{2} a^2 \text{ und } v(a) = e^{-a}$$

$$A'(a) = a \cdot e^{-a} + (-e^{-a}) \cdot \frac{1}{2} a^2$$

$$A'(a) = \left(a - \frac{1}{2} a^2 \right) e^{-a}$$

Notwendige Bedingung für eine Extremstelle:

$$A'(a) = 0$$

$$\left(a - \frac{1}{2} a^2 \right) e^{-a} = 0$$

Ein Produkt wird null, wenn ein Faktor null wird.

Da $e^{-a} > 0$ für alle $a \in \mathbb{R}^+$, gilt:

$$a - \frac{1}{2} a^2 = 0 \quad \Leftrightarrow \quad a \cdot \left(1 - \frac{1}{2} a \right) = 0$$

$$a_{E_1} = 0 \quad \Rightarrow \quad A(0) = 0 = A_{min}$$

$$1 - \frac{1}{2} a_{E_2} = 0$$

$$-\frac{1}{2} a_{E_2} = -1$$

$$a_{E_2} = 2 \quad \Rightarrow \quad A(2) = 2e^{-2} = \frac{2}{e^2}$$

Da es nur zwei mögliche Extremstellen gibt, muss $\underline{\underline{a_{E_2} = 2}}$ die lokale Maximumstelle gemäß der Aufgabenstellung sein.

Analysis 2

a) Gegeben ist die Funktionenschar $f_a(x) = a \cdot (x-2)^3$ mit $a \neq 0$.
Es gilt für f_2:

$$f_2(x) = 2 \cdot (x-2)^3$$

F ist eine Stammfunktion von f_2, wenn gilt: $F'(x) = f_2(x)$

$$F(x) = \frac{1}{2} \cdot (x-2)^4 + 3$$

$$F'(x) = \frac{1}{2} \cdot 4 \cdot (x-2)^3 = 2 \cdot (x-2)^3 = f_2(x)$$

b) Aus Teilaufgabe a ist bekannt, dass F mit

$$F(x) = \frac{1}{2} \cdot (x-2)^4 + 3$$

eine Stammfunktion von f_2 ist.
Vermutung:
F_a mit

$$F_a(x) = \frac{a}{4} \cdot (x-2)^4 + b \quad \text{mit } b \in \mathbb{R}$$

sind Stammfunktionen von f_a.
Nachweis:

$$F_a'(x) = \frac{a}{4} \cdot 4 \cdot (x-2)^3 = a \cdot (x-2)^3 = f_a(x)$$

Der Parameter b ist nicht eindeutig bestimmt.
Aber es gilt: Besitzt eine Funktion f eine Stammfunktion F, dann besitzt f unendlich viele Stammfunktionen, die sich nur durch eine additive Konstante b von F unterscheiden.

Die Graphen der Stammfunktionen F_a können folgendermaßen skizziert werden, wobei zwischen zwei Fällen unterschieden werden kann:

Wenn $a > 0$:

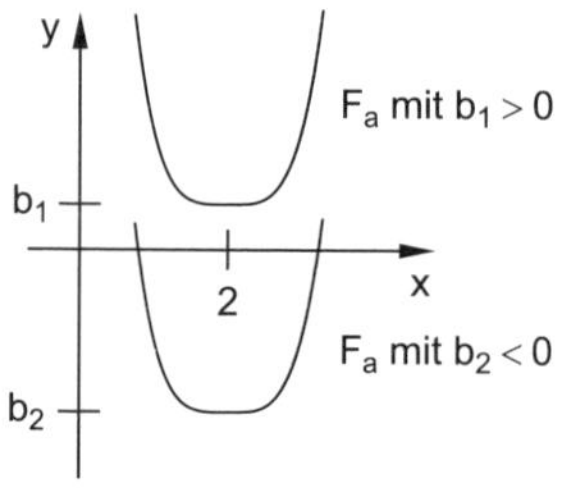

Wenn $a < 0$:

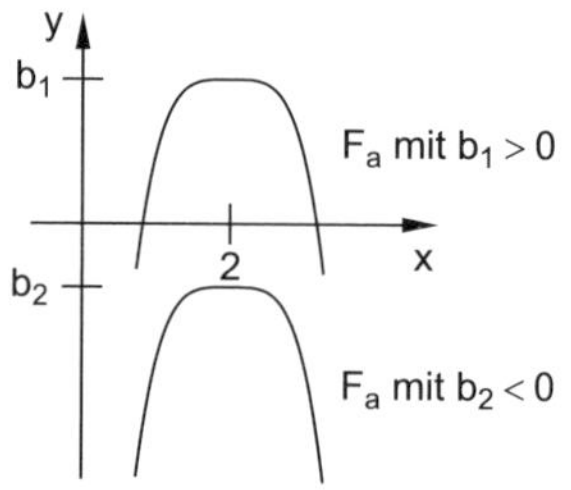

Für jedes $a < 0$ gibt es Werte für b, nämlich alle negativen Werte, für die der Graph von F_a vollständig unterhalb der x-Achse verläuft.

Für jedes $a > 0$ gibt es unabhängig von b stets positive Funktionswerte, weil in diesen Fällen der Graph von F_a nach oben geöffnet ist.

Nur für $\underline{\underline{a < 0}}$ besitzt f_a Stammfunktionen, die nur negative Funktionswerte haben.

Analytische Geometrie 1

a) Punktprobe:

$$\begin{pmatrix}2\\3\\3\end{pmatrix}=\begin{pmatrix}6\\3\\-1\end{pmatrix}+\mu\cdot\begin{pmatrix}1\\1\\0\end{pmatrix}$$

Es ergibt sich das lineare Gleichungssystem:

$$\begin{array}{lll} \text{I} & 2=6+1\cdot\mu & \Rightarrow\ \mu=-4 \\ \text{II} & 3=3+1\cdot\mu & \Rightarrow\ \mu=0 \\ \text{III} & 3=-1+0\cdot\mu & \Rightarrow\ \text{keine Lösung} \end{array}$$

Wegen des Widerspruchs liegt der Punkt C nicht auf der Geraden g: $C \notin g$

Alternativ zur Punktprobe kann auch mit der z-Koordinate des Punktes C argumentiert werden. Alle auf der Geraden g liegenden Punkte haben die z-Koordinate –1. Denn für alle $\mu \in \mathbb{R}$ ergibt die Gleichung der Geraden g die z-Koordinate –1.

b) *Erster Lösungsweg mithilfe einer Hilfsebene:*
Zunächst wird eine Gleichung der Hilfsebene H aufgestellt, die den Punkt C enthält und von der Geraden g senkrecht geschnitten wird. Ein Normalenvektor der Hilfsebene H ist der Richtungsvektor der Geraden g:

$$\vec{n}=\begin{pmatrix}1\\1\\0\end{pmatrix} \quad\Rightarrow\quad H\colon\ x+y=d$$

Da eine Gleichung der Hilfsebene H von den Koordinaten des Punktes C erfüllt sein muss, ergibt sich $d=5$ und somit:

$$H\colon\ x+y=5$$

Der Schnittpunkt M der Geraden g und der Hilfsebene H halbiert die auf der Geraden g liegende Strecke $\overline{AB}$.

Den Schnittpunkt M der Geraden g und der Hilfsebene H ermittelt man durch Einsetzen von $x=6+\mu$ und $y=3+\mu$ in die Gleichung der Hilfsebene H.

$$6+\mu+3+\mu=5 \quad\Leftrightarrow\quad 9+2\mu=5 \quad\Leftrightarrow\quad \mu=-2$$

Für $\mu=-2$ liefert die Gleichung der Geraden g die Koordinaten des Schnittpunktes M:

$$\begin{pmatrix}x_M\\y_M\\z_M\end{pmatrix}=\begin{pmatrix}6\\3\\-1\end{pmatrix}-2\cdot\begin{pmatrix}1\\1\\0\end{pmatrix}=\begin{pmatrix}4\\1\\-1\end{pmatrix}$$

Der Schnittpunkt der Geraden g und der Hilfsebene H hat die Koordinaten $M(4\,|\,1\,|-1)$. Da der Punkt M der Mittelpunkt der Strecke $\overline{AB}$ ist, gilt für den zum gesuchten Punkt B gehörigen Ortsvektor $\overrightarrow{OB}$:

$$\overrightarrow{OB}=\overrightarrow{OA}+2\cdot\overrightarrow{AM}=\begin{pmatrix}6\\3\\-1\end{pmatrix}+2\cdot\begin{pmatrix}4-6\\1-3\\-1-(-1)\end{pmatrix}=\begin{pmatrix}6\\3\\-1\end{pmatrix}+2\cdot\begin{pmatrix}-2\\-2\\0\end{pmatrix}=\begin{pmatrix}2\\-1\\-1\end{pmatrix}.$$

Der gesuchte Punkt B hat die Koordinaten $\underline{\underline{B(2\,|-1\,|-1)}}$.

Zweiter Lösungsweg mithilfe einer quadratischen Gleichung:
Zu jedem Punkt B auf der Geraden g lässt sich mithilfe der Geradengleichung der Ortsvektor angeben:

$$\overrightarrow{OB} = \begin{pmatrix} 6+\mu \\ 3+\mu \\ -1 \end{pmatrix}$$

Mithilfe der Koordinaten wird der Abstand zwischen den beiden Punkten A(6 | 3 | –1) und C(2 | 3 | 3) berechnet:

$$|\overrightarrow{AC}| = \left|\begin{pmatrix} 2-6 \\ 3-3 \\ 3-(-1) \end{pmatrix}\right| = \left|\begin{pmatrix} -4 \\ 0 \\ 4 \end{pmatrix}\right| = \sqrt{(-4)^2+0^2+4^2} = \sqrt{2\cdot 4^2} = 4\sqrt{2}$$

Der Abstand zwischen den beiden Punkten B und C kann folgendermaßen angegeben werden:

$$|\overrightarrow{BC}| = \left|\begin{pmatrix} 2-(6+\mu) \\ 3-(3+\mu) \\ 3-(-1) \end{pmatrix}\right| = \left|\begin{pmatrix} -4-\mu \\ \mu \\ 4 \end{pmatrix}\right| = \sqrt{(-4-\mu)^2+\mu^2+4^2}$$

$$= \sqrt{4^2+8\mu+\mu^2+\mu^2+4^2}$$

$$= \sqrt{2\mu^2+8\mu+32}$$

Da die Abstände gleich sein müssen, also $|\overrightarrow{AC}| = |\overrightarrow{BC}|$ gelten muss, ergibt sich:

$$\sqrt{2\mu^2+8\mu+32} = 4\sqrt{2}$$

$$2\mu^2+8\mu+32 = 32$$

$$2\mu^2+8\mu = 0$$

$$2\mu(\mu+4) = 0 \quad\Rightarrow\quad \mu = 0 \text{ oder } \mu = -4$$

Für $\mu = 0$ ergibt sich der Punkt A, $\mu = -4$ führt zu B(2 | –1 | –1).

Analytische Geometrie 2

a) Der Punkt P liegt genau dann auf dem Rand der Grundfläche des Zylinders, wenn er (I) wie die Grundfläche in der xy-Achse liegt und (II) sein Abstand zum Mittelpunkt N der Grundfläche 5 LE beträgt.

(I) Da die z-Koordinate des Punktes P null ist, liegt der Punkt P in der xy-Ebene.

(II) Der Mittelpunkt N der Grundfläche des Zylinders liegt 10 LE senkrecht unter dem Mittelpunkt der Deckfläche und hat daher die Koordinaten N(8 | 5 | 0).

Für den Abstand der Punkte P und N gilt:

$$d(P;\, N) = |\overrightarrow{PN}| = \left|\begin{pmatrix} 8-5 \\ 5-1 \\ 0-0 \end{pmatrix}\right| = \left|\begin{pmatrix} 3 \\ 4 \\ 0 \end{pmatrix}\right| = \sqrt{3^2+4^2+0^2} = \sqrt{25} = 5$$

Da die Bedingungen (I) und (II) erfüllt sind, liegt der Punkt P auf dem Rand der Grundfläche des Zylinders.

b) Der Punkt S liegt, da er den kleinsten Abstand zum Punkt P haben soll, 10 LE senkrecht über dem Punkt P. Die Koordinaten des Punktes S betragen also S(5 | 1 | 10).

Bei dem Punkt T handelt es sich, da er den größten Abstand zum Punkt P haben soll, um den auf dem Rand der Deckfläche dem Punkt S genau gegenüberliegenden Punkt. Für den zum Punkt T gehörigen Ortsvektor $\overrightarrow{OT}$ gilt also:

$$\overrightarrow{OT} = \overrightarrow{OM} + \overrightarrow{SM} = \begin{pmatrix} 8 \\ 5 \\ 10 \end{pmatrix} + \begin{pmatrix} 8-5 \\ 5-1 \\ 10-10 \end{pmatrix} = \begin{pmatrix} 8 \\ 5 \\ 10 \end{pmatrix} + \begin{pmatrix} 3 \\ 4 \\ 0 \end{pmatrix} = \begin{pmatrix} 11 \\ 9 \\ 10 \end{pmatrix}$$

Der Ortsvektor $\overrightarrow{OT}$ lässt sich alternativ auch folgendermaßen darstellen:

$$\overrightarrow{OT} = \overrightarrow{OS} + 2 \cdot \overrightarrow{SM} = \begin{pmatrix} 5 \\ 1 \\ 10 \end{pmatrix} + 2 \cdot \begin{pmatrix} 8-5 \\ 5-1 \\ 10-10 \end{pmatrix} = \begin{pmatrix} 5 \\ 1 \\ 10 \end{pmatrix} + 2 \cdot \begin{pmatrix} 3 \\ 4 \\ 0 \end{pmatrix} = \begin{pmatrix} 11 \\ 9 \\ 10 \end{pmatrix}$$

Der Punkt T hat die Koordinaten $\underline{\underline{T(11|9|10)}}$.

Stochastik 1

a) Die Wahrscheinlichkeit P(E) für das Ereignis E: „Es wird mindestens einmal die Zahl 3 gewürfelt“ lässt sich mithilfe der Wahrscheinlichkeit $P(\overline{E})$ für das Gegenereignis $\overline{E}$: „Es wird bei keinem der beiden Würfe eine 3 gewürfelt“ berechnen. Die Wahrscheinlichkeit $P(\overline{E})$ ergibt sich nach der Pfadregel (Multiplikationsregel) aus dem Produkt der Teilwahrscheinlichkeiten, zunächst mit dem Tetraeder und dann mit dem Würfel keine 3 zu würfeln:

$$P(E) = 1 - P(\overline{E}) = 1 - \frac{3}{4} \cdot \frac{5}{6} = 1 - \frac{5}{8} = \frac{3}{8}$$

b) Die Gewinnwahrscheinlichkeit P(Gewinn) erhält man, indem man von der in Teilaufgabe a berechneten Wahrscheinlichkeit P(E) die Wahrscheinlichkeit für das Ereignis, zweimal hintereinander mit dem Tetraeder eine 3 zu würfeln, subtrahiert. Denn der Gewinn wird nur dann ausgezahlt, wenn bei genau einem der beiden Würfe eine 3 gewürfelt wird. Wenn man zweimal mit dem Tetraeder eine 3 würfelt, erhält man keinen Gewinn.

$$P(\text{Gewinn}) = P(E) - \frac{1}{4} \cdot \frac{1}{4} = \frac{3}{8} - \frac{1}{16} = \frac{6}{16} - \frac{1}{16} = \frac{5}{16}$$

Damit sich bei vielfacher Durchführung des Spiels Einsätze und Auszahlungen ausgleichen, muss für den Auszahlungsbetrag x gelten:

$$P(\text{Gewinn}) \cdot x = 5\,€ \quad \Leftrightarrow \quad \frac{5}{16} \cdot x = 5\,€ \quad \Leftrightarrow \quad x = 16\,€$$

Die Höhe der Auszahlung beträgt $\underline{\underline{16\,€}}$.

Stochastik 2

a) Der erste Faktor, der Binomialkoeffizient $\binom{3}{2}$, gibt die Anzahl der Möglichkeiten an, zwei der drei Farben Gelb, Orange und Rot auszuwählen. Der zweite Faktor, die Zahl 14, gibt an, wie viele Möglichkeiten es für die Anzahl der Tulpen einer der beiden Farben gibt. Denn von einer der beiden Farben kann man eine Anzahl von 1 bis 14 Blumen wählen. Hat man die Anzahl der Blumen einer Farbe gewählt, ist die Anzahl der Blumen der anderen Farbe ebenfalls festgelegt.

b) Sträuße der beschriebenen Art enthalten entweder jeweils fünf Tulpen von jeder der drei Farben oder vier Tulpen einer ersten Farbe, fünf Tulpen einer zweiten Farbe und sechs Tulpen der dann nicht mehr frei wählbaren dritten Farbe. Neben der einen Möglichkeit, für den Strauß jeweils fünf Tulpen jeder der drei Farben zu nehmen, gibt es $3! = 3 \cdot 2 \cdot 1 = 6$ Möglichkeiten, Sträuße aus vier Tulpen einer ersten Farbe, fünf Tulpen einer zweiten Farbe und sechs Tulpen der dritten Farbe zu bilden.
Insgesamt gibt es 7 Möglichkeiten, Sträuße der beschriebenen Art zusammenzustellen.

Alternativ können die verschiedenen Möglichkeiten in einer Tabelle dargestellt werden:

Gelb	5	4	4	5	5	6	6
Orange	5	5	6	4	6	4	5
Rot	5	6	5	6	4	5	4

Berlin – Mathematik Leistungskurs
2020 – Aufgabe 2.1: Analysis

Eingangstor BE

Gegeben ist die Funktionenschar f_a mit der Gleichung $f_a(x) = -ax^4 + x^2 + \frac{a}{2}$; $x \in \mathbb{R}$, $a \in \mathbb{R}$. Die zugehörigen Graphen sind G_a.

a) Zeigen Sie, dass alle Graphen G_a achsensymmetrisch zur y-Achse verlaufen. 1

b) Geben Sie das Verhalten von f_a für $x \to \pm\infty$ in Abhängigkeit von a an. 4

c) Bestimmen Sie rechnerisch für den Graphen der Funktion $f_{0,5}$ die Koordinaten und die Art der lokalen Extrempunkte. 9

d) Geben Sie den Schnittpunkt S_y aller Graphen G_a mit der y-Achse an.
Weisen Sie nach, dass dieser stets lokaler Tiefpunkt ist.
[Kontrollergebnis: $f_a'(x) = -2(2ax^3 - x)$] 5

e) Geben Sie die Anzahl der Nullstellen von f_a in Abhängigkeit von a an und begründen Sie diese anhand der in Teilaufgabe a bis d ermittelten Eigenschaften. 5

In der Abbildung 1 ist der Graph $G_{0,5}$ dargestellt.

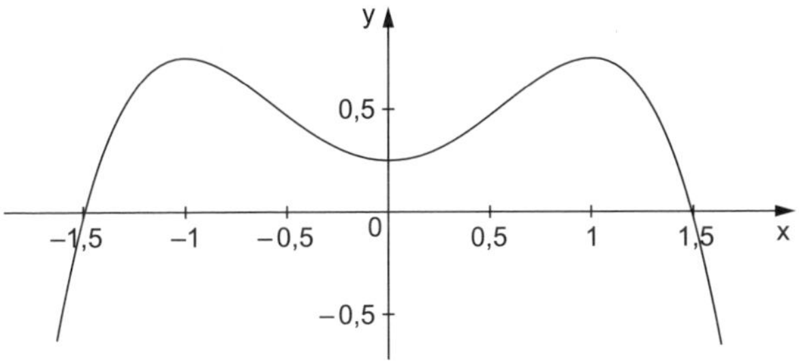

Abb. 1

f) Begründen Sie unter Zuhilfenahme der Abbildung 1, dass es ein zur y-Achse symmetrisches Quadrat geben muss, von dem zwei Eckpunkte auf der x-Achse und zwei Eckpunkte auf $G_{0,5}$ liegen. 3

g) Ein Punkt auf dem Graphen $G_{0,5}$ im ersten Quadranten und der Koordinatenursprung sind die diagonal gegenüberliegenden Eckpunkte eines achsenparallelen Rechtecks.
Die waagerechte Rechteckseite ist 0,8 LE lang. Der Graph $G_{0,5}$ teilt dieses Rechteck in zwei Teilflächen.
Ermitteln Sie das Verhältnis der Flächeninhalte dieser Teilflächen.
Hinweis: Runden Sie die Ergebnisse auf 2 Dezimalstellen. 5

h) Die Tangente t im Punkt $U(1 \mid f_a(1))$ an den Graphen G_a und die Senkrechte zur Tangente t im Punkt U schließen mit der x-Achse ein Dreieck ein.
Ermitteln Sie einen Parameterwert a so, dass das Dreieck gleichschenklig ist und die Basis auf der x-Achse liegt. 4

Für die folgende Teilaufgabe wird die Funktion f_2 mit
$f_2(x) = -2x^4 + x^2 + 1;\ x \in \mathbb{R}$
betrachtet. Der Graph G_2 beschreibt im Intervall [–1; 1] die Profillinie für das Eingangstor eines Vergnügungsparks (siehe Abbildung 2).

Die x-Achse stellt im Profil die untere Begrenzung dar.
Es gilt: 1 LE = 3 m

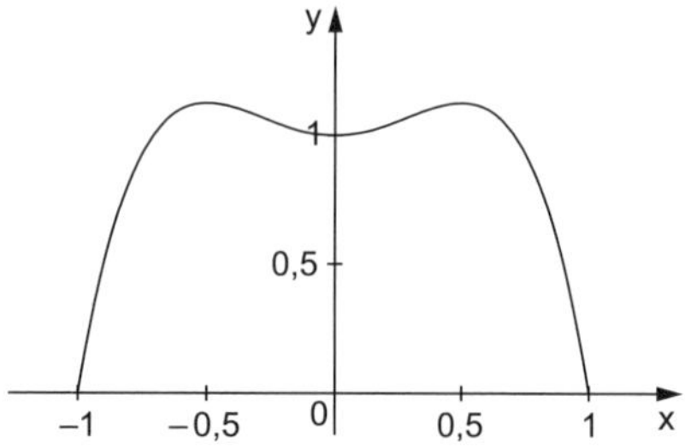

Abb. 2

i) Ermitteln Sie, welche Breite ein Fahrzeug mit einem quaderförmigen Aufbau unterschreiten muss, damit es bei Ausnutzung der maximalen Durchfahrtshöhe gerade noch mittig das Eingangstor passieren kann. 4

40

Tipps und Hinweise zur Lösung von Aufgabe 2.1

Tipp zu Teilaufgabe a

- Prüfen Sie die allgemeine Bedingung dafür, dass ein Graph einer Funktion achsensymmetrisch zur y-Achse verläuft. Es muss für alle $x \in D_{f_a}$ gelten: $f_a(-x) = f_a(x)$

Tipps zu Teilaufgabe b

- Führen Sie eine Fallunterscheidung für $x \to \pm\infty$ und $a > 0$ bzw. $a < 0$ bzw. $a = 0$ durch.
- Verwenden Sie die richtige Schreibweise, also z. B.:
  $\lim\limits_{\substack{x \to \infty \\ a > 0}} f_a(x) = \ldots$
- Setzen Sie gedanklich große und kleine Werte für x ein und schätzen Sie die zugehörigen Funktionswerte $f_a(x)$ ab unter Berücksichtigung des Vorzeichens von a.

Tipps zu Teilaufgabe c

- Stellen Sie die Funktionsgleichung $f_{0,5}(x)$ auf, indem Sie für a den Wert 0,5 einsetzen.
- Prüfen Sie die notwendige Bedingung $f'_{0,5}(x_E) = 0$ für die Existenz von lokalen Extremstellen. Prüfen Sie als hinreichende Bedingung, ob zusätzlich $f''_{0,5}(x_E) \neq 0$ gilt.
- Für jede lokale Extremstelle müssen Sie deren Art feststellen:
  $f''_{0,5}(x_E) > 0 \quad \Rightarrow$ lokales Minimum
  $f''_{0,5}(x_E) < 0 \quad \Rightarrow$ lokales Maximum
- Für jede lokale Extremstelle müssen Sie weiterhin deren Funktionswert $f_{0,5}(x_E)$ bestimmen und Sie erhalten $P_E(x_E \mid f_{0,5}(x_E))$.

Tipps zu Teilaufgabe d

- Der Schnittpunkt S_y der Funktionsgraphen von f_a mit der y-Achse hat stets die Koordinaten $S_y(0 \mid f_a(0))$. Bestimmen Sie also $f_a(0)$.
- Prüfen Sie weiterhin, ob $x = 0$ die notwendige Bedingung $f'_a(0) = 0$ und die hinreichende Bedingung $f''_a(0) > 0$ für die Existenz von lokalen Extremstellen erfüllt.

Tipps zu Teilaufgabe e

- Führen Sie eine Fallunterscheidung für a durch.
- Tragen Sie die bisherigen Eigenschaften von f_a für jeden Fall von a zusammen und versuchen Sie daraus Schlüsse für die Anzahl der Nullstellen in Abhängigkeit von a zu ziehen.

Tipps zu Teilaufgabe f

- Stellen Sie den Sachverhalt in einer übersichtlichen Skizze dar.
- Versuchen Sie, aus der symmetrischen Lage des Quadrates und des Graphen $G_{0,5}$ sowie aus der Lage von S_y geeignete Schlüsse zu ziehen.

Tipps zu Teilaufgabe g

- Stellen Sie den Sachverhalt in einer übersichtlichen Skizze dar. Tragen Sie alle Werte ein und machen Sie die unterschiedlichen Teilflächen kenntlich.

- Beide Teilflächen zusammen genommen ergeben ein Rechteck OABC mit den Eckpunkten $O(0\,|\,0)$ und $B(0{,}8\,|\,f_{0,5}(0{,}8))$.
- Überlegen Sie, wie Sie die unterschiedlichen Flächeninhalte berechnen können.
- Bilden Sie das Verhältnis der beiden Teilflächen.

Tipps zu Teilaufgabe h

- Stellen Sie den Sachverhalt in einer übersichtlichen Skizze dar. Tragen Sie die Werte und Eigenschaften ein.
- Die x-Achse, die Tangente t und die Normale n bilden ein Dreieck UVW. Dieses Dreieck ist rechtwinklig und soll außerdem gleichschenklig sein.
- Schließen Sie auf die Größe der Basiswinkel in diesem Dreieck.
- Schließen Sie aus den Basiswinkeln auf den Anstieg der Tangente und daraus auf den Parameter a.
- Nutzen Sie dabei, dass gilt: $\tan\alpha = m_t = f_a'(1)$

Tipps zu Teilaufgabe i

- Stellen Sie den Sachverhalt in einer übersichtlichen Skizze dar. Tragen Sie alle Werte ein.
- Nutzen Sie die Symmetrielage von G_2 sowie des Querschnitts des Fahrzeuges.
- Überlegen Sie, wodurch die Höhe des Fahrzeuges begrenzt wird, und schließen Sie daraus auf die Breite des Fahrzeuges.
- Prüfen Sie für alle theoretischen Überlegungen des Problems die Sinnhaftigkeit im Sachzusammenhang.

Lösungen zu Aufgabe 2.1

a) Es muss gelten: $f_a(-x) = f_a(x)$

$$f_a(x) = -ax^4 + x^2 + \frac{a}{2}$$

$$f_a(-x) = -a(-x)^4 + (-x)^2 + \frac{a}{2} = -ax^4 + x^2 + \frac{a}{2}$$

Es gilt also für alle $x \in DB_{f_a}$:

$$f_a(-x) = f_a(x)$$

Somit verlaufen alle Graphen G_a achsensymmetrisch zur y-Achse.

b) Verhalten im Unendlichen:

$$\lim_{\substack{x \to \infty \\ a>0}} f_a(x) = -\infty^4 + \infty^2 = -\infty$$

$$\lim_{\substack{x \to -\infty \\ a>0}} f_a(x) = -(-\infty)^4 + (-\infty)^2 = -\infty$$

$$\lim_{\substack{x \to \infty \\ a<0}} f_a(x) = \infty^4 + \infty^2 = \infty$$

$$\lim_{\substack{x \to -\infty \\ a<0}} f_a(x) = (-\infty)^4 + (-\infty)^2 = \infty$$

$$\lim_{\substack{x \to \infty \\ a=0}} f_a(x) = \lim_{x \to \infty} \left(x^2\right) = \infty^2 = \infty$$

$$\lim_{\substack{x \to -\infty \\ a=0}} f_a(x) = \lim_{x \to -\infty} \left(x^2\right) = (-\infty)^2 = \infty$$

Zusammenfassung:
Für $a > 0$ gilt:

$$\lim_{x \to \pm\infty} f_a(x) = \underline{\underline{-\infty}}$$

Für $a \leq 0$ gilt:

$$\lim_{x \to \pm\infty} f_a(x) = \underline{\underline{\infty}}$$

c) Für f_a mit $a = 0{,}5$ gilt:

$$f_{0,5}(x) = -0{,}5x^4 + x^2 + 0{,}25$$

Die entsprechenden Ableitungsfunktionen haben folgende Funktionsgleichungen:

$$f'_{0,5}(x) = -2x^3 + 2x$$

$$f''_{0,5}(x) = -6x^2 + 2$$

Notwendige Bedingung für die Existenz von lokalen Extremstellen x_E:

$$f'_{0,5}(x_E) = 0$$
$$-2x_E{}^3 + 2x_E = 0$$
$$x_E(-2x_E{}^2 + 2) = 0$$
$$\Rightarrow \quad x_{E_1} = 0$$
$$-2x_E{}^2 + 2 = 0$$
$$-2x_E{}^2 = -2$$
$$x_E{}^2 = 1$$
$$\Rightarrow \quad x_{E_2} = 1, \; x_{E_3} = -1$$

Als hinreichende Bedingung wird zusätzlich die 2. Ableitung geprüft:

$$f''_{0,5}(0) = -6 \cdot 0^2 + 2 = 2 > 0 \quad \Rightarrow \quad \text{lokaler Tiefpunkt } P_{min}(0 \mid f_{0,5}(0))$$

$$f_{0,5}(0) = -0,5 \cdot 0^4 + 0^2 + 0,25 = 0,25 \quad \Rightarrow \quad \underline{\underline{P_{min}(0 \mid 0,25)}}$$

$$f''_{0,5}(1) = -6 \cdot 1^2 + 2 = -4 < 0 \quad \Rightarrow \quad \text{lokaler Hochpunkt } P_{max_1}(1 \mid f_{0,5}(1))$$

$$f_{0,5}(1) = -0,5 \cdot 1^4 + 1^2 + 0,25 = 0,75 \quad \Rightarrow \quad \underline{\underline{P_{max_1}(1 \mid 0,75)}}$$

$$f''_{0,5}(-1) = -6 \cdot (-1)^2 + 2 = -4 < 0 \quad \Rightarrow \quad \text{lokaler Hochpunkt } P_{max_2}(-1 \mid f_{0,5}(-1))$$

$$f_{0,5}(-1) = -0,5 \cdot (-1)^4 + (-1)^2 + 0,25 = 0,75 \quad \Rightarrow \quad \underline{\underline{P_{max_2}(-1 \mid 0,75)}}$$

d) Der Schnittpunkt S_y der Funktionsgraphen von f_a mit der y-Achse hat stets die Koordinaten $S_y(0 \mid f_a(0))$:

$$f_a(0) = -a \cdot 0^4 + 0^2 + \frac{a}{2} = \frac{a}{2} \quad \Rightarrow \quad \underline{\underline{S_y\left(0 \;\middle|\; \frac{a}{2}\right)}}$$

Die Ableitungsfunktionen von f_a haben folgende Funktionsgleichungen:

$$f'_a(x) = -4ax^3 + 2x$$
$$f''_a(x) = -12ax^2 + 2$$

Der Schnittpunkt $S_y\left(0 \;\middle|\; \frac{a}{2}\right)$ mit der y-Achse ist genau dann ein lokaler Tiefpunkt von f_a, wenn $f'_a(0) = 0$ und $f''_a(0) > 0$.

$$f'_a(0) = -4a \cdot 0^3 + 2 \cdot 0 = 0$$
$$f''_a(0) = -12a \cdot 0^2 + 2 = 2 > 0$$

Damit ist gezeigt, dass der Schnittpunkt S_y stets lokaler Tiefpunkt ist.

e) Insbesondere die Ergebnisse aus den Teilaufgaben b und d sind relevant bei den Begründungen.

1. Fall: $a = 0$
$S_y(0\,|\,0)$ ist der lokale Tiefpunkt von G_0, außerdem strebt G_0 für $x \to \pm\infty$ gegen ∞.
$\Rightarrow$ G_0 berührt die x-Achse im Tiefpunkt S_y, f_0 besitzt genau 1 Nullstelle.

Die Funktion f_0 hat die Funktionsgleichung $f_0(x) = x^2$, der Graph G_0 ist somit eine Normalparabel.

2. Fall: $a < 0$
Der lokale Tiefpunkt $S_y\left(0 \,\middle|\, \frac{a}{2}\right)$ liegt unterhalb der x-Achse, der Graph G_0 strebt für $x \to \pm\infty$ gegen ∞.
$\Rightarrow$ Die Funktionen f_a besitzen genau 2 Nullstellen.

3. Fall: $a > 0$
Der lokale Tiefpunkt $S_y\left(0 \,\middle|\, \frac{a}{2}\right)$ liegt oberhalb der x-Achse und damit auch die beiden lokalen Hochpunkte. Außerdem strebt der Graph G_0 für $x \to \pm\infty$ gegen $-\infty$.
$\Rightarrow$ Die Funktionen f_a besitzen genau 2 Nullstellen.

f) Für alle Quadrate ABCD, die achsensymmetrisch zur y-Achse sind und von denen zwei Punkte A und B auf der x-Achse liegen, muss gelten:
Ein Eckpunkt C liegt auf der Geraden g mit $g(x) = 2x$, denn ein Quadrat hat vier gleich lange Seiten. Der andere Eckpunkt D liegt auf der Geraden h mit $h(x) = -2x$.
$S_{y_{0,5}}(0\,|\,0{,}25)$ liegt oberhalb der Geraden g und $P_{max_1}(1\,|\,0{,}75)$ liegt unterhalb dieser Geraden. Deshalb muss die Gerade g den Graphen von $G_{0,5}$ im Intervall [0; 1] schneiden. Analog gilt dies auch für die Gerade h.

Darstellung des Sachverhalts:

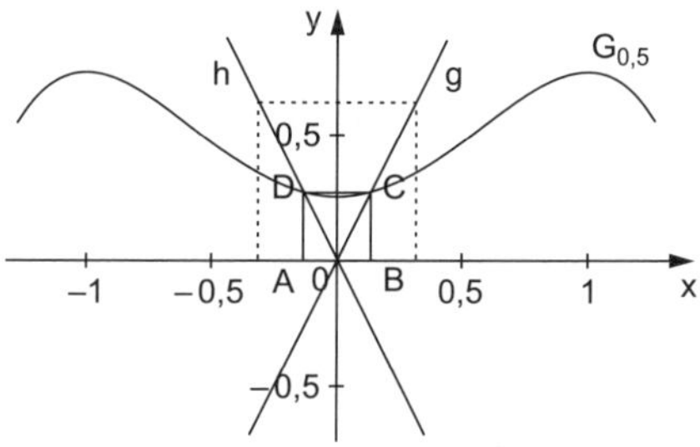

Anmerkung:
Tatsächlich gibt es sogar zwei Quadrate, die die genannten Bedingungen erfüllen:
Das Quadrat mit den Eckpunkten $C_1(0{,}13\,|\,f_{0,5}(0{,}13))$ und $D_1(-0{,}13\,|\,f_{0,5}(-0{,}13))$ liegt oberhalb der x-Achse, dass Quadrat mit den Eckpunkten $C_2(-2{,}02\,|\,f_{0,5}(-2{,}02))$ und $D_2(2{,}02\,|\,f_{0,5}(2{,}02))$ liegt unterhalb der x-Achse.

g) Die Fläche des Rechtecks mit der Länge 0,8 und der Breite $f_{0,5}(0{,}8)$ berechnet sich durch:

$$A_R = 0{,}8 \cdot f_{0,5}(0{,}8)$$
$$= 0{,}8 \cdot (-0{,}5 \cdot 0{,}8^4 + 0{,}8^2 + 0{,}25)$$
$$A_R \approx 0{,}55\,[\text{FE}]$$

Darstellung des Sachverhalts:

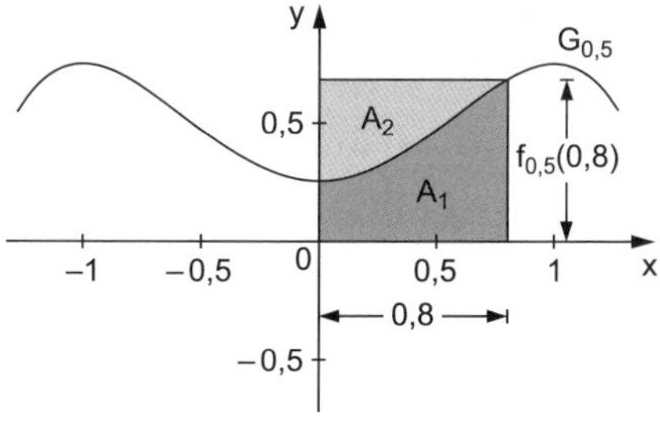

Die (dunkelgraue) Fläche A_1 berechnet sich durch:

$$A_1 = \int_0^{0,8} f_{0,5}(x)\,dx = \int_0^{0,8} (-0,5x^4 + x^2 + 0,25)\,dx$$

$$= \left[-0,1x^5 + \frac{1}{3}x^3 + 0,25x\right]_0^{0,8} \approx 0,34\,[\text{FE}]$$

Die (hellgraue) Fläche A_2 ergibt sich aus der Differenz:

$$A_2 = A_R - A_1 \approx 0,55 - 0,34 = 0,21\,[\text{FE}]$$

$$\frac{A_1}{A_2} \approx \frac{0,34}{0,21} \approx 1,62$$

Das Verhältnis der beiden Teilflächen beträgt etwa $\underline{\underline{1,62}}$.

h) Das Dreieck UVW soll gleichschenklig sein mit der Basis auf der x-Achse, d. h., es muss gelten:

$$\overline{UV} = \overline{UW}$$

Somit muss $\sphericalangle WVU = \sphericalangle UWV = 45°$ gelten, weil das Dreieck zusätzlich rechtwinklig ist. (Die Tangente t in U und die Normale n stehen senkrecht aufeinander.)

Für den Anstieg der Tangente gilt dann:

$$m_t = \tan 45° = 1$$

Und außerdem:

$$m_t = f_a'(1)$$

Mit $f_a'(x) = -4ax^3 + 2x$ ergibt sich:

$$f_a'(1) = -4a + 2$$

Also gilt:

$$f_a'(1) = 1$$
$$-4a + 2 = 1$$
$$a = \frac{1}{4}$$

Für $\underline{\underline{a = \frac{1}{4}}}$ ist das Dreieck UVW gleichschenklig.

Alternativ kann für die Tangente auch angesetzt werden:

$$m_t = \tan(-45°) = -1$$

$$f_a'(1) = -1$$
$$-4a + 2 = -1$$
$$\underline{\underline{a = \frac{3}{4}}}$$

Allgemeine Darstellung des Sachverhalts:

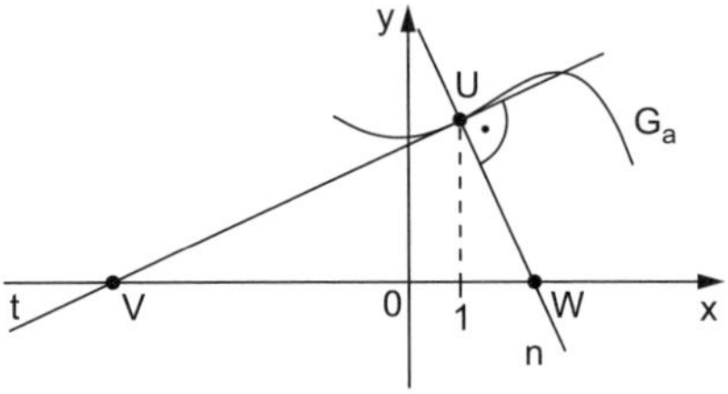

Darstellung für $a = \frac{1}{4}$:

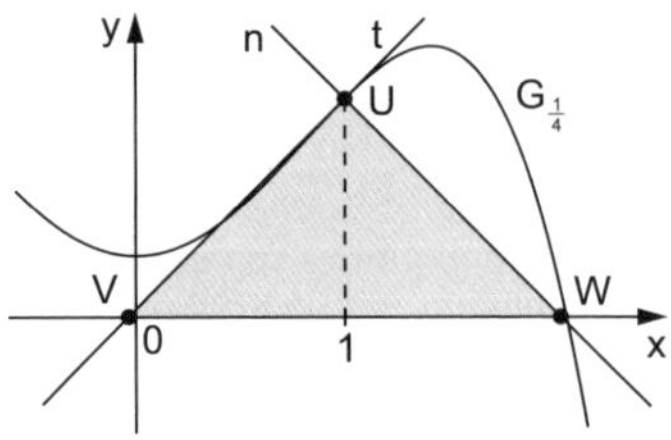

Darstellung für $a = \frac{3}{4}$:

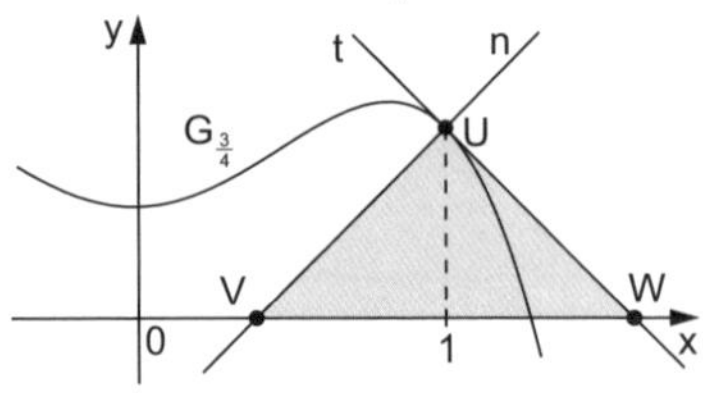

i) Gesucht ist die x-Koordinate des Punktes A. Die Breite b, die ein Fahrzeug unterschreiten muss, ergibt sich dann wegen 1 LE = 3 m durch:

$$b = 2 \cdot x_A \cdot 3\text{ m}$$

Die maximale Durchfahrtshöhe ist durch den Schnittpunkt S_y festgelegt, der (wie aus Teilaufgabe d bekannt) auch lokaler Tiefpunkt von G_2 ist. Dieser Schnittpunkt hat für G_2 die Koordinaten $S_y(0\,|\,1)$.

Die y-Koordinate von A muss gleich der y-Koordinate von S_y sein, also $y_A = 1$.

Da der Punkt A auf G_2 liegt, gilt:

Darstellung des Sachverhalts:

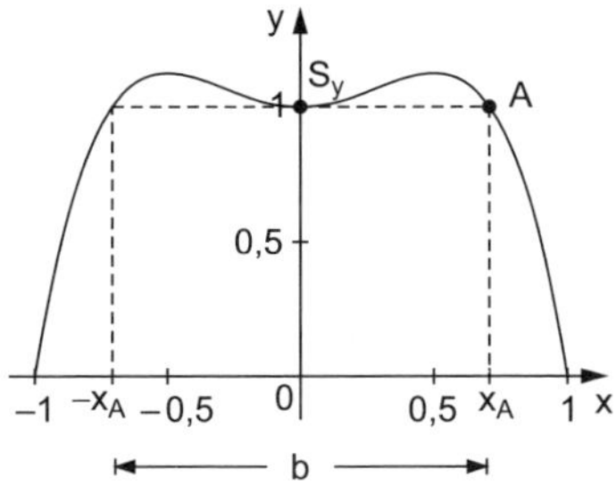

$$y_A = -2x_A^{\,4} + x_A^{\,2} + 1$$
$$1 = -2x_A^{\,4} + x_A^{\,2} + 1$$
$$0 = -2x_A^{\,4} + x_A^{\,2}$$
$$0 = x_A^{\,2}(-2x_A^{\,2} + 1)$$

Die Lösung $x_A = 0$ ergibt im Sachzusammenhang keinen Sinn. Es bleibt:

$$-2x_A^{\,2} + 1 = 0$$
$$-2x_A^{\,2} = -1$$
$$x_A^{\,2} = \frac{1}{2}$$
$$x_A = \pm\sqrt{\frac{1}{2}}$$

Da der Punkt A im ersten Quadranten gewählt wurde, ergibt sich $x_A = \sqrt{\frac{1}{2}}$ und für die Breite des Fahrzeuges:

$$b = 2 \cdot \sqrt{\frac{1}{2}} \cdot 3\text{ m} \approx \underline{\underline{4{,}24\text{ m}}}$$

Funktionenschar BE

Aufgabenteil 1

Gegeben ist die gebrochen-rationale Funktion f mit der Gleichung

$$f(x)=\frac{x}{2}+2+\frac{2}{x-2}=\frac{x^2+2x-4}{2(x-2)}.$$

a) Geben Sie den maximalen Definitionsbereich der Funktion f an.
Geben Sie die Gleichung der Asymptote des Graphen von f an. 2

b) Begründen Sie, dass der Graph von f eine Polstelle hat.
Geben Sie die Art der Polstelle an. 3

c) Ermitteln Sie die Schnittpunkte des Graphen von f mit den Koordinatenachsen. 3

d) In dem Koordinatensystem in der Anlage ist der Graph von f nur teilweise skizziert. Zeichnen Sie die Asymptote des Graphen von f ein.
Vervollständigen Sie die Skizze des Graphen von f für den Bereich $-5 \le x \le 8$. 3

e) In dem Koordinatensystem in der Anlage ist die Gerade g mit $g(x) = -x + 6$ eingezeichnet. Die Gerade g, die senkrechten Geraden $x = 4$ und $x = 6$ sowie der Graph von f schließen eine Fläche ein.
Bestimmen Sie den Inhalt dieser Fläche. 5

f) Es gibt genau einen Punkt P auf dem Graphen von f, der einen minimalen Abstand zu der Geraden g aus Teilaufgabe e hat.
Ermitteln Sie die x-Koordinate des Punktes P. 4

Aufgabenteil 2

Für reelle Zahlen $a > 0$ sind die Funktionen der Schar f_a durch die Gleichung

$$f_a(x)=\frac{x}{a}+a+\frac{a}{x-a}$$

gegeben. Die Graphen der Schar f_a werden mit G_a bezeichnet.
Die Funktion f ist eine Funktion der Schar f_a, nämlich die Funktion zu dem Wert $a = 2$.

a) Berechnen Sie die möglichen Extremstellen der Funktionen f_a.
Ohne Nachweis dürfen Sie verwenden: $f_a'(x)=\frac{1}{a}-\frac{a}{(x-a)^2}$ 3

b) Ermitteln Sie die Koordinaten und die Art der relativen Extrempunkte.
[Kontrollergebnis: $H_a(0\,|\,a-1)$, $T_a(2a\,|\,3+a)$] 4

c) Untersuchen Sie, ob für eine Funktion der Schar f_a gilt, dass der Abstand zwischen Hoch- und Tiefpunkt des Graphen dieser Funktion genau 5 LE beträgt. 4

d) Durch die beiden Extrempunkte des Graphen G_a verläuft für jedes $a > 0$ eine Gerade h_a.
Ermitteln Sie, für welchen Wert des Parameters a die Gerade h_a in einem Winkel von 30° zur x-Achse ansteigt. 4

e) Für $a > 1$ hat jeder Graph G_a zwei Schnittpunkte mit der Winkelhalbierenden w, d. h. der Geraden mit $w(x) = x$. Für den Graphen G_3 gilt zusätzlich, dass sich dieser Graph und die Winkelhalbierende in einem der Schnittpunkte im Winkel von 90° schneiden.
Ermitteln Sie die Koordinaten des anderen Schnittpunkts. 5

40

Anlage zur Aufgabe 2.2: Funktionenschar

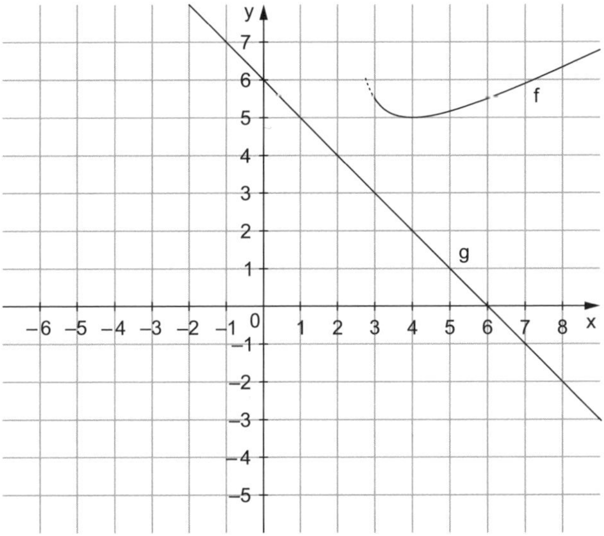

Tipps und Hinweise zur Lösung von Aufgabe 2.2

Aufgabenteil 1

Tipps zu Teilaufgabe a

- Der maximale Definitionsbereich DB_f von gebrochen-rationalen Funktionen mit $f(x) = \frac{z(x)}{n(x)}$ wird nach folgender Regel bestimmt:

  $n(x_{0_i}) = 0 \quad \Rightarrow \quad DB_f = \{x \in \mathbb{R} \mid x \neq x_{0_i}\}$ bzw. $DB_f = \mathbb{R} \setminus \{x_{0_i}\}$

- Die Gleichung für die Asymptote ergibt sich direkt aus dem Term für f(x) in der Summendarstellung.

Tipps zu Teilaufgabe b

- Das Polstellenkriterium lautet:
  x_P ist Polstelle von f mit $f(x) = \frac{z(x)}{n(x)}$, wenn gilt: $n(x_P) = 0$ und $z(x_P) \neq 0$
- Man unterscheidet Polstellen mit und ohne Vorzeichenwechsel.
- Dazu betrachtet man zwei Funktionswerte für x-Werte in naher Umgebung der Polstelle; für einen x-Wert links und einen x-Wert rechts von der Polstelle.
- Haben beide Funktionswerte dasselbe Vorzeichen, dann liegt eine Polstelle ohne Vorzeichenwechsel vor.

Tipp zu Teilaufgabe c

- Für die Schnittpunkte mit den Koordinatenachsen gilt: $S_x(x_0 \mid 0)$ und $S_y(0 \mid f(0))$

Tipps zu Teilaufgabe d

- Beachten Sie das angegebene Intervall für die Darstellung des Graphen von f.
- Zeichnen Sie die Asymptoten des Graphen von f ein, nämlich $x = 2$ und $y = \frac{x}{2} + 2$.

Tipp zu Teilaufgabe e

- Die zu berechnende Fläche ist die Differenz der Fläche unter G_f und der Fläche unter G_g im Intervall [4; 6].

Tipps zu Teilaufgabe f

- Die gesuchte Stelle x ist der x-Wert des Berührungspunktes $P(x_P \mid f(x_P))$ der Tangente t an G_f, die parallel zu g verläuft. Dabei gilt: $m_t = m_g = -1 = f'(x_P)$
- Aus diesem Ansatz ergeben sich zwei Lösungen. Diskutieren Sie diese hinsichtlich des Sachverhalts.

Aufgabenteil 2

Tipp zu Teilaufgabe a

- Prüfen Sie die notwendige Bedingung $f_a'(x_E) = 0$ für die Existenz von lokalen Extremstellen.

Tipps zu Teilaufgabe b

- Für jede lokale Extremstelle müssen Sie deren Art feststellen:
  $f_a''(x_E) > 0 \quad \Rightarrow$ lokales Minimum
  $f_a''(x_E) < 0 \quad \Rightarrow$ lokales Maximum
- Für jede lokale Extremstelle müssen Sie außerdem deren Funktionswert $f_a(x_E)$ bestimmen und erhalten $P_E(x_E \mid f_a(x_E))$.

Tipps zu Teilaufgabe c

- Stellen Sie den Sachverhalt in einer übersichtlichen Skizze dar und tragen Sie die gegebenen Werte ein.
- Ergänzen Sie geeignete Hilfslinien für ein rechtwinkliges Dreieck. Nutzen Sie Gesetzmäßigkeiten im rechtwinkligen Dreieck zur Ermittlung des Parameters a.

Tipps zu Teilaufgabe d

- Durch die beiden Extrempunkte P_{max} und P_{min} verläuft eine Gerade h_a, deren Anstieg vom Parameterwert der jeweiligen Funktion der Funktionenschar f_a abhängt.
- Ermitteln Sie über ein Steigungsdreieck von h_a einen Zusammenhang zwischen dem Anstiegswinkel $\alpha = 30°$ von h_a und dem Parameter a.

Tipps zu Teilaufgabe e

- Bestimmen Sie die Funktionsgleichung von f_3.
- Berechnen Sie die Schnittstellen von f_3 und w. Dabei muss gelten:
  $$\frac{x}{3} + 3 + \frac{3}{x-3} = x$$
- Bestimmen Sie an den Schnittstellen den Anstieg von f_3. Vergleichen Sie den Anstieg von f_3 mit dem von w.
- Für sich senkrecht schneidende Graphen muss gelten:
  $$m_1(x) = -\frac{1}{m_2(x)}$$
- Ermitteln Sie die y-Koordinate für die infrage kommende Stelle x und Sie erhalten $S(x \mid y)$.

Lösungen zu Aufgabe 2.2

Aufgabenteil 1

a) Maximaler Definitionsbereich DB_f der Funktion f:

f(x) ist für folgende x nicht definiert:

$$2(x-2)=0$$
$$x-2=0$$
$$x=2$$

Für DB_f muss also $x \neq 2$ gelten, der maximale Definitionsbereich ist demnach:

$\underline{\underline{DB_f = \{x \in \mathbb{R} \mid x \neq 2\}}}$ bzw. $\underline{\underline{DB_f = \mathbb{R} \setminus \{2\}}}$

Gleichung a(x) der Asymptote:

$$\underline{\underline{a(x) = \frac{x}{2} + 2}}$$

Die Gleichung lässt sich direkt aus dem Term $\frac{x}{2} + 2 + \frac{2}{x-2}$ ablesen, da der letzte Teilterm der Summe $\frac{2}{x-2}$ für $x \to \pm\infty$ gegen 0 strebt.

b) Kriterium für eine Polstelle x_P:

$$f(x) = \frac{z(x)}{n(x)} \text{ mit } n(x_P) = 0 \text{ und } z(x_P) \neq 0$$

Für f(x) ergibt sich $z(x) = x^2 + 2x - 4$ und $n(x) = 2(x-2)$. Es muss also gelten:

$$n(x) = 0$$
$$2(x-2) = 0$$
$$x-2 = 0$$
$$x = 2$$

Außerdem muss dann $z(2) \neq 0$ gelten. Dies ist erfüllt, denn:

$$2^2 + 2 \cdot 2 - 4 = 4 \neq 0$$

Der Graph von f besitzt somit die Polstelle $x_P = 2$.

Man unterscheidet Polstellen mit und ohne Vorzeichenwechsel.

Zur Untersuchung der Art der Polstelle werden zwei x-Werte in f(x) eingesetzt, von denen der eine etwas kleiner und der andere etwas größer als $x_P = 2$ ist:

$$f(x_P - 0{,}01) = f(1{,}99) = -197{,}005$$
$$f(x_P + 0{,}01) = f(2{,}01) = 203{,}005$$

Es liegt eine Polstelle $\underline{\underline{\text{mit Vorzeichenwechsel}}}$ von – nach + vor.

c) Schnittpunkt mit der y-Achse $S_y(0 \mid f(0))$:

$$f(0) = \frac{0^2 + 2 \cdot 0 - 4}{2(0-2)} = \frac{-4}{-4} = 1 \quad \Rightarrow \quad \underline{\underline{S_y(0 \mid 1)}}$$

Schnittpunkte mit der x-Achse $S_x(x\,|\,0)$:

$$f(x) = 0$$

$$\frac{x^2 + 2x - 4}{2(x-2)} = 0$$

$$x^2 + 2x - 4 = 0$$

$$x_{1/2} = -1 \pm \sqrt{1+4}$$

$$x_1 = -1 + \sqrt{5} \approx 1{,}24 \quad \Rightarrow \quad \underline{\underline{S_{x_1}(1{,}24\,|\,0)}}$$

$$x_2 = -1 - \sqrt{5} \approx -3{,}24 \quad \Rightarrow \quad \underline{\underline{S_{x_2}(-3{,}24\,|\,0)}}$$

d) Tipps für das Zeichnen des Graphen von f:
- Intervallgrenzen: –5 und 8
- Funktionswerte an den Intervallgrenzen: $f(-5) = -\frac{11}{14} \approx -0{,}79$, $f(8) = \frac{19}{3} \approx 6{,}33$
- Funktionsgleichung der schrägen Asymptote: $a(x) = \frac{x}{2} + 2$
- Polstelle des Graphen von f: $x_P = 2$ mit Vorzeichenwechsel von – nach +
- Schnittpunkte mit den Koordinatenachsen: $S_y(0\,|\,1)$, $S_{x_1}(1{,}24\,|\,0)$, $S_{x_2}(-3{,}24\,|\,0)$

Vervollständigte Skizze des Graphen mit Asymptote:

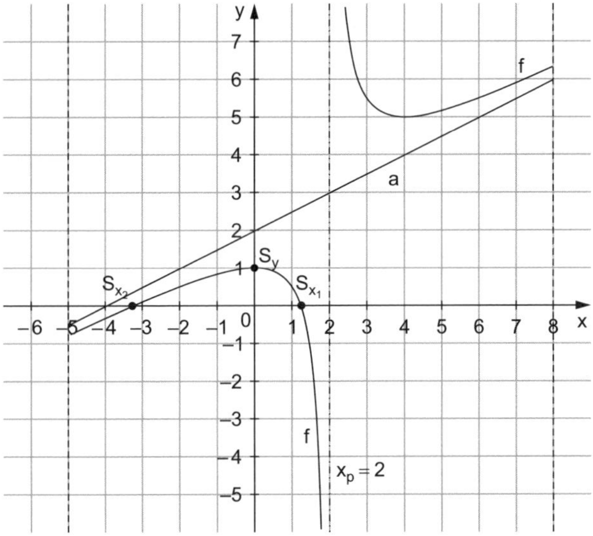

e) Zu berechnen ist der Inhalt der Fläche A, die in der Skizze hellgrau hinterlegt ist:

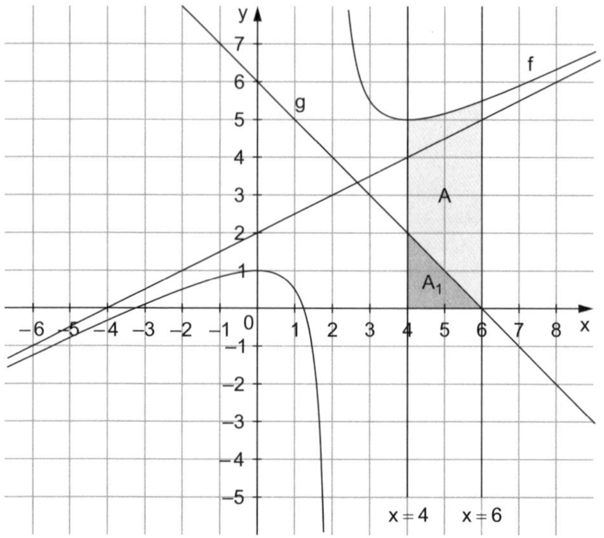

Zunächst wird der Inhalt der Fläche A_2 berechnet, die von dem Graphen von f, der x-Achse und den beiden Geraden x = 4 und x = 6 eingeschlossen wird:

$$A_2 = \int_4^6 f(x)\,dx = \int_4^6 \left(\frac{x}{2} + 2 + \frac{2}{x-2}\right) dx$$

$$= \left[\frac{1}{4}x^2 + 2x + 2\ln|x-2|\right]_4^6$$

$$= \frac{1}{4}\cdot 6^2 + 2\cdot 6 + 2\ln|6-2| - \left(\frac{1}{4}\cdot 4^2 + 2\cdot 4 + 2\ln|4-2|\right)$$

$$\approx 23{,}77 - 13{,}39 = 10{,}38$$

Die Fläche A_1 ist die Fläche eines rechtwinkligen Dreiecks mit der Grundseite g = 2 und der Höhe $h_g = 2$:

$$A_1 = A_\Delta = \frac{1}{2}\cdot g \cdot h_g = \frac{1}{2}\cdot 2\cdot 2 = 2$$

Für die Fläche A gilt folglich:

$$A = A_2 - A_1 \approx 10{,}38 - 2 = 8{,}38$$

Der Inhalt der gesuchten Fläche beträgt etwa 8,38 FE.

f) Für den Punkt $P(x_P \mid y_P)$ auf dem Graphen von f, der einen minimalen Abstand zu der Geraden g hat, muss Folgendes gelten:

$$f'(x_P) = m_g$$

Dabei ist $m_g = -1$ die Steigung der Geraden g.

Erklärung (nicht verlangt):
Den Zusammenhang kann man sich folgendermaßen veranschaulichen:
Alle Punkte, die einen bestimmten Abstand zur Geraden g haben, liegen auf zwei Geraden, die jeweils parallel zu g sind. Im Falle des gesuchten minimalen Abstandes d_{min} von g zu f berührt eine dieser Geraden den Graphen von f im Punkt P. Diese Gerade ist damit die Tangente an den Graphen von f im Punkt P.

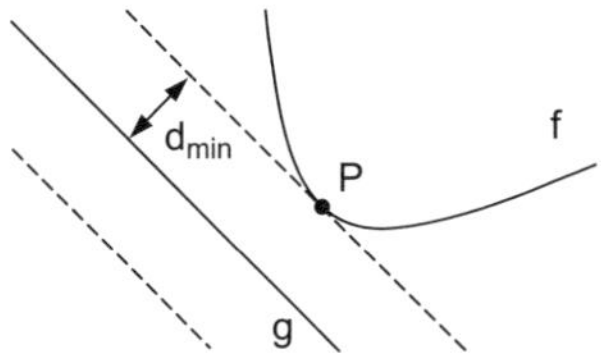

Mit der Ableitungsfunktion f', die durch

$$f'(x) = \frac{1}{2} - \frac{2}{(x-2)^2}$$

beschrieben wird, ergibt sich:

$$\frac{1}{2} - \frac{2}{(x-2)^2} = -1$$

$$\frac{3}{2} = \frac{2}{(x-2)^2}$$

$$(x-2)^2 = \frac{4}{3}$$

$$x^2 - 4x + 4 = \frac{4}{3}$$

$$x^2 - 4x + \frac{8}{3} = 0$$

$$x_{1/2} = 2 \pm \sqrt{4 - \frac{8}{3}} = 2 \pm \sqrt{\frac{4}{3}}$$

$$x_1 \approx 3{,}15$$

$$x_2 \approx 0{,}85$$

Mit Blick auf die Skizze in der Anlage ist klar, dass x_1 der gesuchte x-Wert sein muss, es gilt also $\underline{\underline{x_P \approx 3{,}15}}$.

Aufgabenteil 2

a) Notwendige Bedingung für die Existenz von lokalen Extrema x_E:

$$f_a'(x_E) = 0$$

$$\frac{1}{a} - \frac{a}{(x_E - a)^2} = 0$$

$$\frac{(x_E - a)^2 - a^2}{a(x_E - a)^2} = 0$$

Damit ein Bruch gleich null ist, muss der Zähler null und der Nenner ungleich null sein.

$$(x_E - a)^2 - a^2 = 0$$

$$x_E{}^2 - 2ax_E + a^2 - a^2 = 0$$

$$x_E(x_E - 2a) = 0$$

$$x_{E_1} = 0$$

$$x_{E_2} = 2a$$

Es existieren zwei mögliche Extremstellen $\underline{\underline{x_{E_1} = 0}}$ und $\underline{\underline{x_{E_2} = 2a}}$.

b) Aus $f_a'(x) = \frac{1}{a} - \frac{a}{(x-a)^2}$ folgt für die 2. Ableitungsfunktion:

$$f_a''(x) = \frac{2a}{(x-a)^3}$$

Die beiden möglichen Extremstellen werden eingesetzt:

Zunächst $x_{E_1} = 0$:

$$f_a''(0) = \frac{2a}{(0-a)^3} = \frac{2a}{-a^3} = \frac{2}{-a^2} = -\frac{2}{a^2} < 0 \quad (\text{da } a > 0)$$

$\Rightarrow$ Es handelt sich um einen lokalen (relativen) Hochpunkt $P_{max}(0 \mid f_a(0))$.
Die y-Koordinate ist:

$$f_a(0) = \frac{0}{a} + a + \frac{a}{0-a} = a - 1 \quad \Rightarrow \quad \underline{\underline{P_{max}(0 \mid a-1)}}$$

Dann $x_{E_2} = 2a$:

$$f_a''(2a) = \frac{2a}{a^3} = \frac{2}{a^2} > 0 \quad (\text{da } a > 0)$$

$\Rightarrow$ Es handelt sich um einen lokalen (relativen) Tiefpunkt $P_{min}(2a \mid f_a(2a))$.
Die y-Koordinate ist:

$$f_a(2a) = \frac{2a}{a} + a + \frac{a}{a} = 2 + a + 1 = a + 3 \quad \Rightarrow \quad \underline{\underline{P_{min}(2a \mid a+3)}}$$

c) Gemäß der Skizze ergibt sich mit dem Satz von Pythagoras für den Abstand d zwischen Hoch- und Tiefpunkt:

$$d = \sqrt{u^2 + v^2}$$
$$= \sqrt{(x_{min} - x_{max})^2 + (y_{min} - y_{max})^2}$$
$$= \sqrt{(2a - 0)^2 + (a + 3 - (a - 1))^2}$$
$$= \sqrt{4a^2 + 4^2} = \sqrt{4a^2 + 16}$$

Darstellung des Sachverhalts:

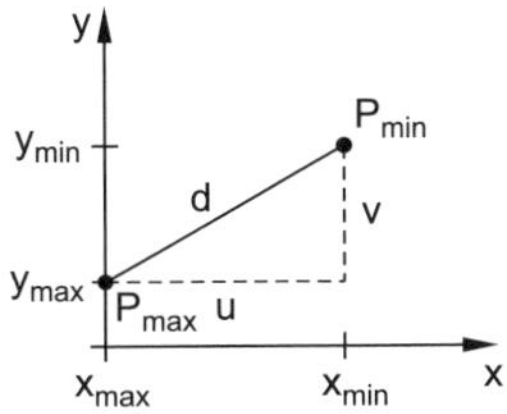

Da dieser Abstand 5 LE betragen soll, muss gelten:

$$\sqrt{4a^2 + 16} = 5$$
$$4a^2 + 16 = 25$$
$$4a^2 = 9$$
$$a^2 = \frac{9}{4}$$
$$a_{1/2} = \pm\sqrt{\frac{9}{4}} = \pm\frac{3}{2}$$

Die Lösung $a_1 = -\frac{3}{2}$ entfällt, da $a > 0$. Für die Funktion $f_{\frac{3}{2}}$ beträgt der Abstand zwischen Hoch- und Tiefpunkt 5 LE.

d) Gemäß der Skizze gilt folgender Zusammenhang:

$$\tan 30° = \frac{\Delta y}{\Delta x}$$
$$\tan 30° = \frac{a + 3 - (a - 1)}{2a - 0} = \frac{4}{2a}$$

Mit $\tan 30° \approx 0{,}577$ folgt:

$$0{,}577 \approx \frac{4}{2a}$$
$$a \approx \frac{4}{2 \cdot 0{,}577}$$
$$\underline{\underline{a \approx 3{,}5}}$$

Darstellung des Sachverhalts:

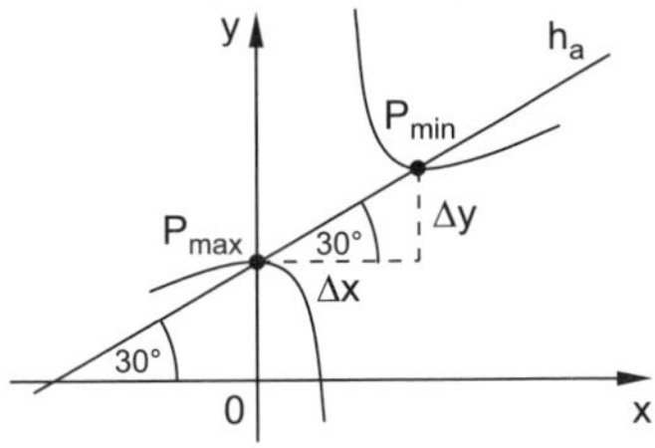

e) Für die Funktion f_3 gilt:

$$f_3(x) = \frac{x}{3} + 3 + \frac{3}{x - 3}$$

Schnittstellen von f_3 und w:

$$\frac{x}{3}+3+\frac{3}{x-3}=x$$

$$-\frac{2}{3}x+3+\frac{3}{x-3}=0$$

$$-\frac{2}{3}x(x-3)+3(x-3)+3=0$$

$$-\frac{2}{3}x^2+2x+3x-9+3=0$$

$$-\frac{2}{3}x^2+5x-6=0$$

$$x^2-\frac{15}{2}x+9=0$$

$$x_{S_{1/2}}=\frac{15}{4}\pm\sqrt{\frac{225}{16}-9}$$

$$x_{S_{1/2}}=\frac{15}{4}\pm\frac{9}{4}$$

$$x_{S_1}=6$$

$$x_{S_2}=\frac{3}{2}=1,5$$

Um zu prüfen, in welchem der beiden Schnittpunkte sich G_3 und w im Winkel von 90° schneiden, muss die Ableitungsfunktion f_3' an den beiden Schnittstellen betrachtet werden. Aus dem Hinweis aus Teilaufgabe 2a folgt:

$$f_3'(x)=\frac{1}{3}-\frac{3}{(x-3)^2}$$

Und damit:

$$f_3'(1,5)=\frac{1}{3}-\frac{3}{(-1,5)^2}=-1$$

$$f_3'(6)=\frac{1}{3}-\frac{3}{3^2}=\frac{1}{3}-\frac{1}{3}=0$$

Da $m_w=1$, gilt:

$$f_3'(1,5)=-\frac{1}{m_w}$$

Folglich schneiden sich die beiden Graphen an dieser Stelle unter einem Winkel von 90°. Der andere (und damit gesuchte) Schnittpunkt lautet: $S_2(6\,|\,f_3(6))$

$$f_3(6)=\frac{6}{3}+3+\frac{3}{6-3}=2+3+1=6$$

Die Koordinaten des gesuchten Schnittpunkts lauten also $\underline{\underline{S_2(6\,|\,6)}}$.

Podest BE

In einem Koordinatensystem wird der abgebildete Körper ABCDEF mit $A(0|10|1)$, $B(10|20|1)$, $C(0|20|1)$, $D(0|7|0)$ und $F(0|20|0)$ betrachtet. Die beiden Seitenflächen ACFD und BEFC stehen senkrecht zur xy-Ebene.

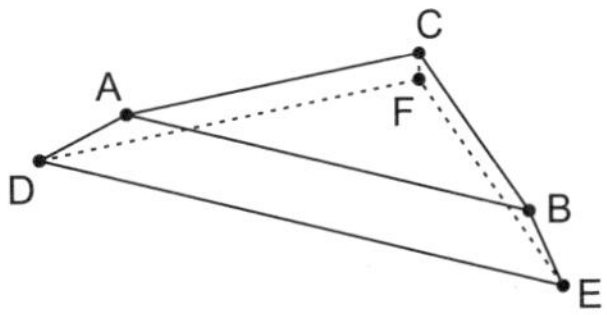

Aufgabenteil 1

a) A, B und D liegen in der Ebene H.
Bestimmen Sie eine Gleichung von H in Koordinatenform.
[Kontrollergebnis: $x - y + 3z + 7 = 0$] 4

b) Begründen Sie, dass die Gerade

$$i:\ \vec{x} = \begin{pmatrix} 0 \\ 7 \\ 0 \end{pmatrix} + \lambda \cdot \begin{pmatrix} 1 \\ 1 \\ 0 \end{pmatrix}$$

mit $\lambda \in \mathbb{R}$ sowohl in der xy-Ebene als auch in der Ebene H liegt. 2

Der Punkt E liegt auf der Geraden i, wobei der Abstand von E zu F ebenso groß ist wie der Abstand von D zu F.

c) Ermitteln Sie die Koordinaten von E. 5

d) Begründen Sie, ohne zu rechnen, dass die Vierecke ACFD und BEFC den gleichen Flächeninhalt haben. 3

Aufgabenteil 2

Der Körper ABCDEF stellt modellhaft ein Podest dar, das auf der Bühne eines Theaters steht, das Viereck ADEB die Vorderseite des Podests und der Punkt D deren untere linke Ecke. Die xy-Ebene beschreibt den horizontalen Boden der Bühne. Eine Längeneinheit im Koordinatensystem entspricht einem Meter in der Wirklichkeit.

a) Zeigen Sie, dass die Deckfläche des Podests rechtwinklig ist, und berechnen Sie deren Flächeninhalt. 3

b) Die Position eines Scheinwerfers kann im Modell durch den Punkt $(5|-3|z)$ dargestellt werden. Vom Scheinwerfer ausgehendes Licht trifft an der unteren linken Ecke der Vorderseite des Podests unter einem Winkel der Größe 47° auf den Boden auf.
Ermitteln Sie die Höhe des Scheinwerfers über dem Boden der Bühne. 4

c) Die Position eines zweiten Scheinwerfers lässt sich im Modell durch den Punkt $P(2\,|\,4\,|\,8)$ beschreiben. Die Gerade mit der Gleichung

$$\vec{x} = \begin{pmatrix} 0 \\ 10 \\ 1 \end{pmatrix} + \mu \cdot \begin{pmatrix} 1 \\ 1 \\ 0 \end{pmatrix}$$

und $\mu \in \mathbb{R}$ schneidet die Ebene mit der Gleichung

$$\left(\vec{x} - \begin{pmatrix} 2 \\ 4 \\ 8 \end{pmatrix}\right) \circ \begin{pmatrix} 1 \\ 1 \\ 0 \end{pmatrix} = 0$$

im Punkt $Q(-2\,|\,8\,|\,1)$. Es gilt $|\overline{PQ}| = 9$.
Ermitteln Sie den Parameter μ, für den der Punkt A auf den Punkt Q abgebildet wird. Treffen Sie auf der Grundlage des Parameters μ und der in Teilaufgabe 2c genannten Informationen eine Aussage über den Abstand des zweiten Scheinwerfers von der Vorderkante der Deckfläche des Podests.
Begründen Sie Ihre Aussage ohne zu rechnen. $\frac{4}{25}$

Tipps und Hinweise zur Lösung von Aufgabe 3.1

Aufgabenteil 1

Tipps zu Teilaufgabe a

- Stellen Sie zunächst eine Ebenengleichung in Parameterform auf, z. B.:
  H: $\vec{x} = \overrightarrow{OA} + m \cdot \overrightarrow{AB} + n \cdot \overrightarrow{AD}$ mit $m, n \in \mathbb{R}$
- Für die Überführung einer Ebenengleichung von der Parameterform in die Koordinatenform gibt es grundsätzlich zwei Lösungswege.
- *Erster Lösungsweg mithilfe eines lineares Gleichungssystem (LGS):*
  Auf Grundlage einer Ebenengleichung in Parameterform lässt sich ein LGS aufstellen. Eliminieren Sie die aus der Parameterform stammenden Kollinearitätsfaktoren mithilfe eines Verfahrens zur Lösung linearer Gleichungssysteme.
- *Zweiter Lösungsweg über die Normalenform:*
  Bestimmen Sie durch Bildung des Kreuz- bzw. Vektorprodukts der beiden Spannvektoren, z. B. $\overrightarrow{AB}$ und $\overrightarrow{AD}$, einen Normalenvektor $\vec{n}$ zur Ebene H. Mithilfe eines Normalenvektors $\vec{n}$ und eines Ortsvektors $\vec{p}$ zu einem in der Ebene liegenden Punkt (z. B. A) lässt sich eine Ebenengleichung in Normalenform aufstellen:
  $E_P\colon \vec{n} \circ \left[\begin{pmatrix} x \\ y \\ z \end{pmatrix} - \vec{p}\right] = 0$. Durch Ausmultiplizieren erhalten Sie die Koordinatenform.

Tipps zu Teilaufgabe b

- Eine Gerade liegt in der xy-Ebene, wenn die z-Koordinate aller ihrer Punkte null beträgt.
- Eine Gerade liegt in einer Ebene, wenn alle ihre Punkte die Ebenengleichung erfüllen.

Tipps zu Teilaufgabe c

- Berechnen Sie den Abstand der Punkte D und F, indem Sie den Betrag des Verbindungsvektors $\overrightarrow{DF}$ bestimmen: $d(D; F) = |\overrightarrow{DF}|$
- Da die Strecken $\overline{DF}$ und $\overline{EF}$ gleich lang sind, gilt: $|\overrightarrow{EF}| = |\overrightarrow{DF}|$
- Der Vektor $\overrightarrow{EF}$ lässt sich mit den Koordinaten des Punktes E folgendermaßen darstellen:
  $$\overrightarrow{EF} = \begin{pmatrix} 0 - x_E \\ 20 - y_E \\ 0 - z_E \end{pmatrix}$$
- Stellen Sie nun den Vektor $\overrightarrow{EF}$ mit dem Kollinearitätsfaktor λ dar, indem Sie für x_E, y_E und z_E gemäß der Gleichung der Geraden i einsetzen: $x_E = \lambda$, $y_E = 7 + \lambda$ und $z_E = 0$
- Lösen Sie eine quadratische Gleichung für λ. Dabei erhalten Sie zwei Lösungen λ_1 und λ_2. Bei der einen Lösung handelt es sich um den zum Punkt D gehörigen Kollinearitätsfaktor, bei der anderen Lösung handelt es sich um den zum Punkt E gehörigen Kollinearitätsfaktor.
- Durch Einsetzen des zum Punkt E gehörigen Kollinearitätsfaktors in die Geradengleichung i erhalten Sie die Koordinaten des Punktes E.

Tipps zu Teilaufgabe d

- Begründen Sie, dass es sich bei den zu untersuchenden Vierecken ACFD und BEFC um zwei kongruente Trapeze mit dem gleichen Flächeninhalt handelt.

- Im Einzelnen müssen Sie begründen, dass
  - die Strecken $\overline{AC}$ und $\overline{DF}$ bzw. $\overline{BC}$ und $\overline{EF}$ parallel verlaufen,
  - der Abstand der parallelen Strecken $\overline{AC}$ und $\overline{DF}$ bzw. $\overline{BC}$ und $\overline{EF}$ gleich groß ist und
  - die Strecken $\overline{AC}$ und $\overline{BC}$ sowie die Strecken $\overline{DF}$ und $\overline{EF}$ gleich lang sind.
- Nutzen Sie in Ihrer Argumentation die Lage der Flächen ABC und DEF zur xy-Ebene, die Lage der Punkte C und F sowie die Tatsache, dass die Punkte A, B, D und E in der Ebene H liegen.

Aufgabenteil 2

Tipps zu Teilaufgabe a

- Das Skalarprodukt zweier senkrecht aufeinander stehender Vektoren beträgt null.
- Der Flächeninhalt A eines Dreiecks mit zwei senkrecht aufeinander stehenden Seiten a und b lässt sich mit der Formel $A = \frac{1}{2} \cdot a \cdot b$ berechnen.
- Denken Sie an die Verwendung der richtigen Maßeinheiten.

Tipps zu Teilaufgabe b

- Bei der unteren linken Ecke der Vorderseite des Podests handelt es sich um den Punkt D.
- Empfehlenswert ist es, den Punkt der Scheinwerferposition z. B. mit $S(5\,|\,-3\,|\,z)$ zu benennen. Die Koordinate z gibt die Höhe des Scheinwerfers über dem Boden an.
- Benötigt wird außerdem der im Abstand von z senkrecht unter dem Punkt S auf der Bodenfläche liegende Punkt $S'(5\,|\,-3\,|\,0)$.
- Betrachten Sie das Dreieck SDS', das bei S' einen rechten Winkel bildet.
- Es gilt: $\tan 47° = \frac{z}{|\overline{DS'}|} \quad \Leftrightarrow \quad z = \tan 47° \cdot |\overrightarrow{DS'}|$

Tipps zu Teilaufgabe c

- Begründen Sie, dass die in Parameterform angegebene Geradengleichung die Gerade durch die Punkte A und B beschreibt. Argumentieren Sie mit dem Stützvektor und dem Richtungsvektor. Alternativ können Sie zeigen, dass die Geradengleichung von den Koordinaten der Punkte A und B mit $\mu = 0$ bzw. $\mu = 10$ erfüllt wird.
- Bei der Vorderkante der Deckplatte des Podests handelt es sich um die Strecke $\overline{AB}$. Für die Punkte der Strecke $\overline{AB}$ liegt der Parameter μ im Intervall $0 \leq \mu \leq 10$.
- Bestimmen Sie den gesuchten Parameter μ, für den der Punkt A auf den Punkt Q abgebildet wird, indem Sie die Koordinaten des Punktes Q in die Geradengleichung einsetzen.
- An dem Ergebnis für μ können Sie erkennen, dass der Punkt Q nicht auf der Strecke $\overline{AB}$ liegt.
- Aus der angegebenen Ebenengleichung in Normalenform lässt sich ablesen, dass die zugehörige Ebene den Punkt $P(2\,|\,4\,|\,8)$ enthält. Begründen Sie mit dem Normalenvektor der Ebene und dem Richtungsvektor der Geraden durch A und B, dass die Gerade die Ebene im rechten Winkel schneidet.
- Mithilfe der Tatsachen, dass die Punkte P und Q in einer Ebene liegen, der Punkt Q aber nicht auf der Strecke $\overline{AB}$ liegt und die Gerade die Ebene senkrecht im Punkt Q schneidet, können Sie eine Aussage über den Abstand des Punktes P zur Strecke $\overline{AB}$ im Vergleich zur angegebenen Länge der Strecke $\overline{PQ}$ von 9 m treffen.

Lösungen zu Aufgabe 3.1

Aufgabenteil 1

a) In Parameterform kann die Ebene H, in der die Punkte A, B und D liegen, durch folgende Gleichung beschrieben werden:

$$H:\ \vec{x} = \overrightarrow{OA} + m \cdot \overrightarrow{AB} + n \cdot \overrightarrow{AD} = \begin{pmatrix} 0 \\ 10 \\ 1 \end{pmatrix} + m \cdot \begin{pmatrix} 10 \\ 10 \\ 0 \end{pmatrix} + n \cdot \begin{pmatrix} 0 \\ -3 \\ -1 \end{pmatrix} \text{ mit } m, n \in \mathbb{R}$$

Für die Überführung einer Ebenengleichung von der Parameterform in die Koordinatenform gibt es grundsätzlich zwei Lösungswege.

Erster Lösungsweg mithilfe eines linearen Gleichungssystems:

$$\text{I} \quad x = 0 + 10 \cdot m + 0 \cdot n = 10m$$
$$\text{II} \quad y = 10 + 10 \cdot m - 3 \cdot n = 10 + 10m - 3n$$
$$\text{III} \quad z = 1 + 0 \cdot m - 1 \cdot n = 1 - n$$

Aus (III) folgt:

$$n = 1 - z$$

Durch Einsetzen von (I) in (II) ergibt sich:

$$\text{IV} \quad y = 10 + x - 3n$$

Durch Einsetzen von (III) in (IV) ergibt sich:

$$\text{V} \quad y = 10 + x - 3 + 3z \quad \Leftrightarrow \quad y = x + 3z + 7 \quad \Leftrightarrow \quad x - y + 3z + 7 = 0$$

Eine Gleichung der Ebene H in Koordinatenform lautet:

$$\underline{\underline{H:\ x - y + 3z + 7 = 0}}$$

Zweiter Lösungsweg mithilfe der Normalenform:

Durch Bildung des Kreuz- bzw. Vektorprodukts der beiden Spannvektoren $\overrightarrow{AB}$ und $\overrightarrow{AD}$ lässt sich ein Normalenvektor $\vec{n}$ zur Ebene H bestimmen.

$$\begin{pmatrix} 10 \\ 10 \\ 0 \end{pmatrix} \times \begin{pmatrix} 0 \\ -3 \\ -1 \end{pmatrix} = \begin{pmatrix} -10 - 0 \\ 0 - (-10) \\ -30 - 0 \end{pmatrix} = \begin{pmatrix} -10 \\ 10 \\ -30 \end{pmatrix} = -10 \cdot \begin{pmatrix} 1 \\ -1 \\ 3 \end{pmatrix} \quad \Rightarrow \quad \vec{n} = \begin{pmatrix} 1 \\ -1 \\ 3 \end{pmatrix}$$

Mithilfe des Normalenvektors $\vec{n}$ und des Ortsvektors $\overrightarrow{OA}$ lässt sich eine Ebenengleichung in Normalenform aufstellen:

$$H:\ \vec{n} \circ \left[\begin{pmatrix} x \\ y \\ z \end{pmatrix} - \overrightarrow{OA} \right] = 0$$

$$H:\ \begin{pmatrix} 1 \\ -1 \\ 3 \end{pmatrix} \circ \left[\begin{pmatrix} x \\ y \\ z \end{pmatrix} - \begin{pmatrix} 0 \\ 10 \\ 1 \end{pmatrix} \right] = 0$$

$$x - 0 - y + 10 + 3z - 3 = 0$$
$$x - y + 3z + 7 = 0$$

Eine Gleichung der Ebene H in Koordinatenform lautet:

$$\underline{\underline{H:\ x - y + 3z + 7 = 0}}$$

b) Für alle $\lambda \in \mathbb{R}$ gilt in der Gleichung der Geraden i:

$$z = 0 + 0 \cdot \lambda = 0$$

Da die z-Koordinate aller Punkte der Geraden i null beträgt, liegt die Gerade i in der xy-Ebene.

Durch Einsetzen von $x = \lambda$ und $y = 7 + \lambda$ und $z = 0$ in die in Teilaufgabe 1 a bestimmte Ebenengleichung H: $x - y + 3z + 7 = 0$ lässt sich zeigen, dass für alle $\lambda \in \mathbb{R}$ auch die Ebenengleichung erfüllt ist:

$$\lambda - (7 + \lambda) + 3 \cdot 0 + 7 = \lambda - 7 - \lambda + 7 = 0$$

Die Gerade i liegt folglich auch in der Ebene H.

c) Für den Abstand der Punkte D und F gilt:

$$d(D; F) = |\overrightarrow{DF}| = \left| \begin{pmatrix} 0-0 \\ 20-7 \\ 0-0 \end{pmatrix} \right| = \left| \begin{pmatrix} 0 \\ 13 \\ 0 \end{pmatrix} \right| = \sqrt{0^2 + 13^2 + 0^2} = 13$$

Da die Strecken $\overline{DF}$ und $\overline{EF}$ gleich lang sind, gilt:

$$|\overrightarrow{EF}| = |\overrightarrow{DF}| = 13$$

Da der Punkt E auf der Geraden i liegt, lassen sich dessen Koordinaten folgendermaßen darstellen:

$$\begin{pmatrix} x_E \\ y_E \\ z_E \end{pmatrix} = \begin{pmatrix} \lambda \\ 7+\lambda \\ 0 \end{pmatrix}$$

Der Vektor $\overrightarrow{EF}$ lässt sich demnach folgendermaßen darstellen:

$$\overrightarrow{EF} = \begin{pmatrix} 0 - x_E \\ 20 - y_E \\ 0 - z_E \end{pmatrix} = \begin{pmatrix} 0 - \lambda \\ 20 - (7 + \lambda) \\ 0 - 0 \end{pmatrix} = \begin{pmatrix} -\lambda \\ 13 - \lambda \\ 0 \end{pmatrix}$$

Wegen $|\overrightarrow{EF}| = 13$ gilt:

$$\left| \begin{pmatrix} -\lambda \\ 13 - \lambda \\ 0 \end{pmatrix} \right| = 13$$

$$\sqrt{(-\lambda)^2 + (13 - \lambda)^2 + 0^2} = 13$$

$$\sqrt{\lambda^2 + 13^2 - 26\lambda + \lambda^2} = 13$$

$$\sqrt{2\lambda^2 - 26\lambda + 13^2} = 13$$

$$2\lambda^2 - 26\lambda + 13^2 = 13^2$$

$$2\lambda^2 - 26\lambda = 0$$

$$2\lambda \cdot (\lambda - 13) = 0$$

Die Gleichung hat die Lösungen $\lambda_1 = 0$ und $\lambda_2 = 13$.

λ_1 ist der zum Punkt D gehörige Kollinearitätsfaktor. λ_2 ist folglich der zum Punkt E gehörige Kollinearitätsfaktor. Man erhält die Koordinaten des Punktes E:

$$\begin{pmatrix} x_E \\ y_E \\ z_E \end{pmatrix} = \begin{pmatrix} 0 \\ 7 \\ 0 \end{pmatrix} + 13 \cdot \begin{pmatrix} 1 \\ 1 \\ 0 \end{pmatrix} = \begin{pmatrix} 13 \\ 20 \\ 0 \end{pmatrix}$$

Der Punkt E hat die Koordinaten $\underline{\underline{E(13\,|\,20\,|\,0)}}$.

d) Die Grundfläche DEF und die Deckfläche ABC des Körpers sind parallel zur xy-Ebene, da sowohl die Punkte D, E und F mit $z = 0$ als auch die Punkte A, B und C mit $z = 1$ jeweils die gleiche z-Koordinate haben. Folglich sind die Grundfläche DEF und die Deckfläche ABC auch zueinander parallel. Die beiden Punkte C und F stehen senkrecht übereinander, da sie sich nur in der z-Koordinate unterscheiden.
Bei den zu untersuchenden Vierecken ACFD und BEFC handelt es sich also um Trapeze mit den parallelen Seiten $\overline{AC}$ und $\overline{DF}$ bzw. $\overline{BC}$ und $\overline{EF}$ sowie mit der gleichen Höhe $h = |\overline{CF}|$. Die Seiten $\overline{DF}$ und $\overline{EF}$ sind gemäß Aufgabenstellung gleich lang. Dass auch die Strecken $\overline{AC}$ und $\overline{BC}$ gleich lang sind, ergibt sich aus der Tatsache, dass die Punkte A, B, D und E in einer Ebene liegen. Für die Punkte A, B und D ist dies aus der Aufgabenstellung zu Teilaufgabe 1 a bekannt. Für den auf der Geraden i liegenden Punkt E ist dies in Teilaufgabe 1 b gezeigt worden. Weil die Strecken $\overline{AC}$ und $\overline{DF}$ bzw. $\overline{BC}$ und $\overline{EF}$ im gleichen Abstand $h = |\overline{CF}|$ parallel verlaufen und die Strecken $\overline{AC}$ und $\overline{BC}$ sowie die Strecken $\overline{DF}$ und $\overline{EF}$ gleich lang sind, handelt es sich bei den zu untersuchenden Vierecken ACFD und BEFC um zwei kongruente Trapeze mit dem gleichen Flächeninhalt.

Aufgabenteil 2

a) Da das Skalarprodukt der Vektoren $\overrightarrow{AC}$ und $\overrightarrow{BC}$ null beträgt, bilden die Seiten $\overline{AC}$ und $\overline{BC}$ einen rechten Winkel:

$$\overrightarrow{AC} \circ \overrightarrow{BC} = \begin{pmatrix} 0 \\ 10 \\ 0 \end{pmatrix} \circ \begin{pmatrix} -10 \\ 0 \\ 0 \end{pmatrix} = 0 \quad \Rightarrow \quad \overline{AC} \perp \overline{BC}$$

Ein Dreieck mit zwei senkrecht aufeinander stehenden Seiten a und b hat den Flächeninhalt $A = \frac{1}{2} \cdot a \cdot b$.

Für den Flächeninhalt der Deckfläche ABC gilt:

$$A = \frac{1}{2} \cdot |\overrightarrow{AC}| \cdot |\overrightarrow{BC}|$$

Mit $|\overrightarrow{AC}| = |\overrightarrow{BC}| = \sqrt{10^2} = 10$ ergibt sich:

$$A = \frac{1}{2} \cdot 10 \cdot 10 = 50\ [\text{m}^2]$$

Der Flächeninhalt der Deckfläche ABC beträgt $\underline{\underline{50\ \text{m}^2}}$.

b) Bei der unteren linken Ecke der Vorderseite des Podests handelt es sich um den Punkt D. Der Punkt der Scheinwerferposition heiße $S(5\,|\,-3\,|\,z)$. z ist dabei die Höhe des Scheinwerfers über dem Boden der Bühne. Der im Abstand von z senkrecht unter dem Punkt S auf der Bodenfläche liegende Punkt heiße S'(5 | –3 | 0). Die Punkte S, D und S' bilden das Dreieck SDS' mit einem rechten Winkel bei S'. Der Winkel bei D beträgt gemäß Aufgabenstellung 47°.

Folglich gilt:

$$\tan 47° = \frac{z}{|\overrightarrow{DS'}|}$$

$$z = \tan 47° \cdot |\overrightarrow{DS'}| = \tan 47° \cdot \left| \begin{pmatrix} 5 \\ -3 \\ 0 \end{pmatrix} - \begin{pmatrix} 0 \\ 7 \\ 0 \end{pmatrix} \right| = \tan 47° \cdot \left| \begin{pmatrix} 5 \\ -10 \\ 0 \end{pmatrix} \right|$$

$$= \tan 47° \cdot \sqrt{5^2 + (-10)^2 + 0^2} = \tan 47° \cdot \sqrt{125} \approx 11{,}99 \text{ [m]}$$

Die Höhe des Scheinwerfers über dem Boden der Bühne beträgt etwa 12 m.

c) Die in Parameterform angegebene Geradengleichung beschreibt die Gerade durch die Punkte A und B.
Denn der Stützvektor $\begin{pmatrix} 0 \\ 10 \\ 1 \end{pmatrix}$ ist der Ortsvektor des Punktes A und der Richtungsvektor $\begin{pmatrix} 1 \\ 1 \\ 0 \end{pmatrix}$ entspricht dem Richtungsvektor der zu $\overline{AB}$ parallelen Geraden i durch die Punkte D und E (Teilaufgaben 1 b und c). Die Strecke $\overline{AB}$ ist die Vorderkante der Deckplatte des Podests. Die Koordinaten für die Punkte A und B erfüllen für $\mu = 0$ bzw. $\mu = 10$ die Geradengleichung.

Für die Punkte der Strecke $\overline{AB}$ liegt der Parameter μ im Intervall $0 \leq \mu \leq 10$. Aus der angegebenen Ebenengleichung in Normalenform lässt sich ablesen, dass die zugehörige Ebene den Punkt P(2 | 4 | 8) enthält. Da der in der Ebenengleichung verwendete Normalenvektor dem Richtungsvektor der Geraden durch A und B entspricht, schneidet die Gerade die Ebene im rechten Winkel.

Weil der zum Punkt A gehörige Ortsvektor $\overrightarrow{OA}$ in der Geradengleichung als Stützvektor dient, lässt sich der gesuchte Parameter μ, für den der Punkt A auf den Punkt Q abgebildet wird, durch Einsetzen der Koordinaten des Punktes Q in die Geradengleichung bestimmen:

$$\begin{pmatrix} -2 \\ 8 \\ 1 \end{pmatrix} = \begin{pmatrix} 0 \\ 10 \\ 1 \end{pmatrix} + \mu \cdot \begin{pmatrix} 1 \\ 1 \\ 0 \end{pmatrix} \quad \Leftrightarrow \quad \mu = -2$$

Für den Parameter $\mu = -2$ wird der Punkt A auf den Punkt Q abgebildet. Der Punkt Q liegt also nicht auf der Strecke $\overline{AB}$.

Weil sich die Gerade und die Ebene im Punkt Q rechtwinklig schneiden, handelt es sich bei Q um den Fußpunkt des von dem in der Ebene liegenden Punkt P auf die Gerade durch A und B gefällten Lots. Da der Punkt Q nicht auf der Strecke $\overline{AB}$ liegt, ist der Abstand des Punktes P zur Strecke $\overline{AB}$ größer als $|\overrightarrow{PQ}|$.

Aussage:
Der Abstand des zweiten Scheinwerfers von der Vorderkante der Deckfläche des Podests ist größer als 9 m.

Würfel BE

Betrachtet wird der abgebildete Würfel mit $A(0\,|\,0\,|\,0)$, $B(3\,|\,-3\,|\,3)$, $G(0\,|\,0\,|\,9)$ und $H(-3\,|\,3\,|\,6)$.

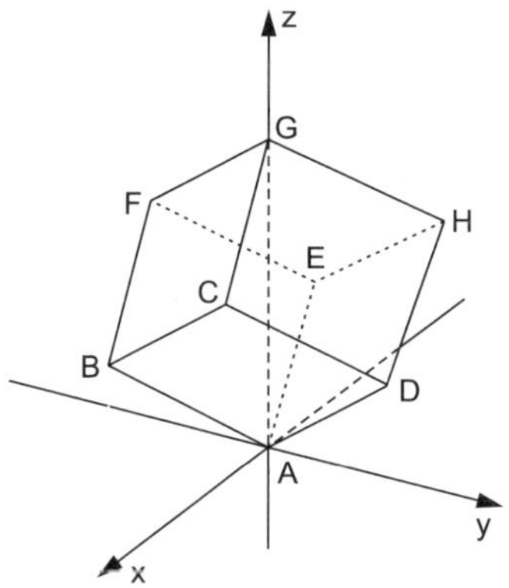

a) Berechnen Sie das Volumen des Würfels. 2

b) Begründen Sie, dass das Viereck ABGH ein Rechteck ist, und zeichnen Sie dieses in die Abbildung ein. 3

c) Das Viereck ABGH liegt in der Ebene L. Bestimmen Sie eine Gleichung von L in Parameterform und Koordinatenform. [Kontrollergebnis: $x + y = 0$] 5

d) Bestimmen Sie die Größe des Winkels, den die Ebene L mit der xz-Ebene einschließt. 2

e) Ermitteln Sie die Koordinaten von F. 5

f) Die Ebene, die durch die Mittelpunkte der Kanten $\overline{BC}$, $\overline{CG}$, $\overline{AD}$ und $\overline{DH}$ verläuft, teilt den Würfel in zwei Teilkörper.
Begründen Sie mithilfe einer Skizze, dass das Volumen des kleineren Teilkörpers ein Achtel des Volumens des Würfels ist. 5

g) Gegeben ist die Schar der Ebenen $z = k$ mit $k \in \mathbb{R}$.
Geben Sie in Abhängigkeit von k die unterschiedlichen Arten der Figuren an, in denen die Ebenen für $0 < k < 9$ den Würfel schneiden. 3

25

Tipps und Hinweise zur Lösung von Aufgabe 3.2

Tipps zu Teilaufgabe a

- Für das Volumen V eines Würfels mit der Kantenlänge a gilt: $V = a^3$
- Berechnen Sie die Kantenlänge, indem Sie den Betrag eines Verbindungsvektors zweier benachbarter Eckpunkte des Würfels, z. B. $\overrightarrow{AB}$, bestimmen.

Tipps zu Teilaufgabe b

- Ein Rechteck ist ein Viereck, in dem alle Innenwinkel 90° groß sind. Aus dieser Eigenschaft folgt, dass die beiden gegenüberliegenden Seiten eines Rechtecks jeweils gleich groß sind.
- Für den Nachweis, dass das Viereck ABGH ein Rechteck ist, gibt es zwei Möglichkeiten.
- Geben Sie mithilfe der Würfeleigenschaften eine Begründung, warum alle Innenwinkel des Vierecks 90° groß sind.
- *Oder:*
  Geben Sie mindestens für einen Innenwinkel eine Begründung, warum er 90° groß ist, und zeigen Sie dann ebenfalls mithilfe der Würfeleigenschaften, dass die jeweils gegenüberliegenden Seiten $\overline{AB}$ und $\overline{GH}$ sowie $\overline{BG}$ und $\overline{AH}$ gleich lang sind.

Tipps zu Teilaufgabe c

- Stellen Sie eine Ebenengleichung in Parameterform auf. Wählen Sie am geschicktesten A als Stützpunkt aus, da A im Ursprung liegt und ein Stützvektor deshalb nicht erforderlich ist. Als Spannvektoren eignen sich $\overrightarrow{AB}$, $\overrightarrow{AG}$ und $\overrightarrow{AH}$.
- Bestimmen Sie einen Normalenvektor zur Ebene L, z. B. indem Sie das Kreuz- bzw. Vektorprodukt der Spannvektoren bilden.
- Stellen Sie eine Gleichung in Normalenform L: $\vec{n} \circ \left[\begin{pmatrix} x \\ y \\ z \end{pmatrix} - \vec{p}\right] = 0$ auf, wobei $\vec{n}$ ein Normalenvektor der Ebene und $\vec{p}$ der Ortsvektor eines Punktes der Ebene ist.
- Da der Ursprung in der Ebene liegt, kann die Normalenform vereinfacht werden zu:
  $$L:\ \vec{n} \circ \begin{pmatrix} x \\ y \\ z \end{pmatrix} = 0$$
- Formen Sie die Gleichung in Normalenform durch Ausmultiplizieren in eine Gleichung in Koordinatenform um.

Tipps zu Teilaufgabe d

- Aus zwei Beobachtungen können Sie die Größe des von der Ebene L und der xz-Ebene eingeschlossenen Winkels, ohne zu rechnen, erschließen: Die Ebene enthält die z-Achse und die senkrecht zur z-Achse verlaufende Gerade, die den von der positiven x- und der negativen y-Achse eingeschlossenen Winkel halbiert.
- Alternativ kann der Winkel α zwischen Ebenen mit den Normalenvektoren $\vec{n}_1$ und $\vec{n}_2$ berechnet werden durch:
  $$\cos\alpha = \frac{|\vec{n}_1 \circ \vec{n}_2|}{|\vec{n}_1| \cdot |\vec{n}_2|}$$

Tipps zu Teilaufgabe e

- Bestimmen Sie mithilfe der Punkte B und G den Mittelpunkt M der Strecke $\overline{BG}$.
- Der Ortsvektor $\overrightarrow{OF}$ zum Punkt F lässt sich mit der Gleichung $\overrightarrow{OF} = \overrightarrow{OM} - \overrightarrow{FM}$ beschreiben.
- Da sich die Diagonalen einer Würfelseite halbieren, ist die Strecke $\overline{FM}$ halb so groß wie die Strecke $\overline{BG}$. Es gilt also $|\overrightarrow{FM}| = \frac{1}{2}|\overrightarrow{BG}|$.
- Da sich die Diagonalen einer Würfelseite senkrecht schneiden, verläuft der Vektor $\overrightarrow{FM}$ senkrecht zur Ebene L und ist kollinear zu deren Normalenvektor $\vec{n} = \begin{pmatrix} 1 \\ 1 \\ 0 \end{pmatrix}$.
- Bestimmen Sie den Einheitsvektor $\vec{n}_0$ zum Normalenvektor $\vec{n}$.
- Der Vektor $\overrightarrow{FM}$ lässt sich mit der Gleichung $\overrightarrow{FM} = \frac{1}{2} \cdot |\overrightarrow{BG}| \cdot \vec{n}_0$ beschreiben.

Tipps zu Teilaufgabe f

- Skizzieren Sie die quadratische Seitenfläche BCGF (oder ADHE) und tragen Sie die Schnittkante ein.
- Hilfreich ist es, von den Mittelpunkten der Seiten $\overline{BC}$ und $\overline{CG}$ (oder $\overline{AD}$ und $\overline{DH}$) eine senkrechte Hilfslinie zur gegenüberliegenden Seite zu ziehen.
- Interpretieren Sie die in der Skizze sichtbare Fläche des Teilkörpers als dessen Grundfläche. Vergleichen Sie den Flächeninhalt der Grundfläche des Teilkörpers mit dem Flächeninhalt der Seitenfläche des Würfels. Argumentieren Sie außerdem mit der Höhe des Teilkörpers.

Tipp zu Teilaufgabe g

- Überlegen Sie, für welche Werte von k sich die Anzahl der Eckpunkte der Schnittfigur ändert.

Lösungen zu Aufgabe 3.2

a) Das Volumen V eines Würfels mit der Kantenlänge a berechnet man mit der Formel:

$$V = a^3$$

Für das Volumen des zu betrachtenden Würfels gilt:

$$V = |\overrightarrow{AB}|^3 = \left|\begin{pmatrix} 3 \\ -3 \\ 3 \end{pmatrix}\right|^3 = (\sqrt{3^2 + (-3)^2 + 3^2})^3 = (\sqrt{3 \cdot 3^2})^3 = (3 \cdot \sqrt{3})^3 = 81 \cdot \sqrt{3}\ [\text{VE}]$$

Das Volumen des Würfels beträgt $\underline{\underline{81 \cdot \sqrt{3}\ \text{VE}}}$.

b) Die Seite $\overline{BG}$ liegt in der Seitenfläche BCGF und steht folglich senkrecht auf den Seiten $\overline{AB}$ und $\overline{GH}$. Ebenso liegt die Seite $\overline{AH}$ in der Seitenfläche ADHE und steht folglich senkrecht auf den Seiten $\overline{AB}$ und $\overline{GH}$.
Alle Innenwinkel des Vierecks ABGH sind demnach rechtwinklig.

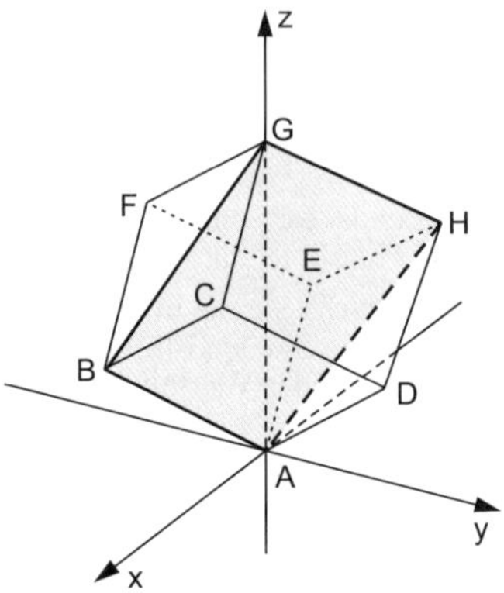

Alternativ kann gezeigt werden, dass die im Viereck ABGH jeweils gegenüberliegenden Seiten gleich lang sind. Die Seiten $\overline{AB}$ und $\overline{GH}$ sind gleich lang, da es sich um Kanten des Würfels handelt. Die Seiten $\overline{BG}$ und $\overline{AH}$ sind gleich lang, da es sich um Seitendiagonalen des Würfels handelt.

Die volle Punktzahl wird erreicht, wenn man für alle vier Innenwinkel zeigt, dass sie 90° groß sind, oder wenn man dies für mindestens einen Innenwinkel zeigt und dann eine Begründung dafür gibt, dass die jeweils gegenüberliegenden Seiten gleich lang sind.

c) Eine Gleichung der Ebene L in Parameterform mit dem Stützvektor $\overrightarrow{OA}$ und den Spannvektoren $\overrightarrow{AB}$ und $\overrightarrow{AG}$ lautet:

$$L\colon\ \vec{x} = \overrightarrow{OA} + s \cdot \overrightarrow{AB} + t \cdot \overrightarrow{AG} = \begin{pmatrix} 0 \\ 0 \\ 0 \end{pmatrix} + s \cdot \begin{pmatrix} 3 \\ -3 \\ 3 \end{pmatrix} + t \cdot \begin{pmatrix} 0 \\ 0 \\ 9 \end{pmatrix} \text{ mit } s, t \in \mathbb{R}$$

Da der Punkt A im Ursprung liegt, kann der Stützvektor entfallen.

Als weiterer Spannvektor kann auch der Verbindungsvektor $\overrightarrow{AH} = \begin{pmatrix} -3 \\ 3 \\ 6 \end{pmatrix}$ oder der dazu kollineare Vektor $\begin{pmatrix} -1 \\ 1 \\ 2 \end{pmatrix}$ benutzt werden.

Die obige Gleichung der Ebene L in Parameterform kann vereinfacht werden, indem man die Spannvektoren $\overrightarrow{AB}$ und $\overrightarrow{AG}$ durch kollineare Vektoren ersetzt:

$$\underline{\underline{L\colon\ \vec{x} = s' \cdot \begin{pmatrix} 1 \\ -1 \\ 1 \end{pmatrix} + t' \cdot \begin{pmatrix} 0 \\ 0 \\ 1 \end{pmatrix} \text{ mit } s', t' \in \mathbb{R}}}$$

Durch die Bildung des Kreuz- bzw. Vektorprodukts der beiden Spannvektoren erhält man einen Normalenvektor $\vec{n}$ zur Ebene L:

$$\begin{pmatrix}1\\-1\\1\end{pmatrix}\times\begin{pmatrix}0\\0\\1\end{pmatrix}=\begin{pmatrix}-1\\-1\\0\end{pmatrix}=(-1)\cdot\begin{pmatrix}1\\1\\0\end{pmatrix} \quad\Rightarrow\quad \vec{n}=\begin{pmatrix}1\\1\\0\end{pmatrix}$$

Aus einer Ebenengleichung in Normalenform erhält man durch Ausmultiplizieren eine Ebenengleichung in Koordinatenform:

$$L:\ \vec{n}\circ\left[\begin{pmatrix}x\\y\\z\end{pmatrix}-\overrightarrow{OA}\right]=0$$

$$L:\ \vec{n}\circ\left[\begin{pmatrix}x\\y\\z\end{pmatrix}-\begin{pmatrix}0\\0\\0\end{pmatrix}\right]=0$$

$$\underline{\underline{L:\ x+y=0}}$$

d) Da die Punkte A und G auf der z-Achse liegen, enthält die Ebene L die z-Achse. Wie man den Ebenengleichungen in Parameter-, Normalen- und Koordinatenform entnehmen kann, enthält die Ebene zudem die senkrecht zur z-Achse verlaufende Gerade, die den von der positiven x-Achse und der negativen y-Achse eingeschlossenen Winkel halbiert.

Die Ebene L schließt folglich mit der xz-Ebene einen Winkel von $\underline{\underline{45^\circ}}$ ein.

Alternativ lässt sich folgendermaßen rechnen:
Da der Winkel α zwischen der Ebene L und der xz-Ebene gleich dem Winkel zwischen den Normalenvektoren $\vec{n}=\begin{pmatrix}1\\1\\0\end{pmatrix}$ und $\vec{n}_{xz}=\begin{pmatrix}0\\1\\0\end{pmatrix}$ der beiden Ebenen ist, gilt:

$$\cos\alpha=\frac{\left|\begin{pmatrix}1\\1\\0\end{pmatrix}\circ\begin{pmatrix}0\\1\\0\end{pmatrix}\right|}{\left|\begin{pmatrix}1\\1\\0\end{pmatrix}\right|\cdot\left|\begin{pmatrix}0\\1\\0\end{pmatrix}\right|}=\frac{1}{\sqrt{2}\cdot\sqrt{1}} \quad\Rightarrow\quad \alpha=\underline{\underline{45^\circ}}$$

e) Mithilfe der Koordinaten der Punkte B und G lässt sich der Mittelpunkt M der Strecke $\overline{BG}$ bestimmen:

$$M\left(\frac{x_B+x_G}{2}\,\middle|\,\frac{y_B+y_G}{2}\,\middle|\,\frac{z_B+z_G}{2}\right)=M\left(\frac{3+0}{2}\,\middle|\,\frac{-3+0}{2}\,\middle|\,\frac{3+9}{2}\right)=M(1{,}5\,|\,-1{,}5\,|\,6)$$

Da sich die Diagonalen einer Würfelseitenfläche senkrecht schneiden, steht die Strecke $\overline{CF}$ senkrecht zur Strecke $\overline{BG}$ und folglich auch zur Ebene L. Ein zur Ebene L senkrechter Vektor ist der in Teilaufgabe c bestimmte Normalenvektor:

$$\vec{n}=\begin{pmatrix}1\\1\\0\end{pmatrix}$$

Der Einheitsvektor zum Normalenvektor $\vec{n}$ ist:

$$\vec{n}_0=\frac{1}{\sqrt{2}}\begin{pmatrix}1\\1\\0\end{pmatrix}$$

Da sich die Diagonalen einer Würfelseitenfläche halbieren, ist der Abstand der Punkte F und M halb so groß wie die Länge der Strecke $\overline{BG}$.

Für den Ortsvektor $\overrightarrow{OF}$ zum Punkt F gilt folglich:

$$\begin{aligned}\overrightarrow{OF} &= \overrightarrow{OM} - \overrightarrow{FM}\\ &= \overrightarrow{OM} - \frac{1}{2}\cdot|\overrightarrow{BG}|\cdot\vec{n}_0\\ &= \overrightarrow{OM} - \frac{1}{2}\cdot|\overrightarrow{BG}|\cdot\frac{1}{\sqrt{2}}\cdot\begin{pmatrix}1\\1\\0\end{pmatrix}\\ &= \begin{pmatrix}1{,}5\\-1{,}5\\6\end{pmatrix} - \frac{1}{2}\cdot\sqrt{(-3)^2+3^2+6^2}\cdot\frac{1}{\sqrt{2}}\cdot\begin{pmatrix}1\\1\\0\end{pmatrix}\\ &= \begin{pmatrix}1{,}5\\-1{,}5\\6\end{pmatrix} - \frac{3}{2}\sqrt{3}\cdot\begin{pmatrix}1\\1\\0\end{pmatrix} = \begin{pmatrix}1{,}5-\frac{3}{2}\sqrt{3}\\-1{,}5-\frac{3}{2}\sqrt{3}\\6\end{pmatrix}\end{aligned}$$

Die Koordinaten des Punktes F lauten $\underline{\underline{F\left(1{,}5-\frac{3}{2}\sqrt{3}\;\middle|\;-1{,}5-\frac{3}{2}\sqrt{3}\;\middle|\;6\right)}}$.

f) Die Skizze zeigt die quadratische Seitenfläche BCGF des Würfels. Entsprechend könnte auch die Seitenfläche ADHE skizziert werden. Bei dem kleineren Teilkörper handelt es sich um ein gerades Prisma mit dreieckiger Grundfläche. Diese Grundfläche ist eine Teilfläche der Seitenfläche BCGF (siehe grau markierte Fläche in der Skizze). Der Inhalt dieser Teilfläche ist ein Achtel des Inhalts der Seitenfläche BCGF. Denn durch vergleichbare Schnitte ließe sich die Seitenfläche BCGF in acht kongruente Dreiecke teilen.
Die Höhe des Teilkörpers stimmt mit der Kantenlänge des Würfels überein. Da sich das Volumen sowohl des Würfels als auch des Teilkörpers aus dem Produkt von Grundfläche und Höhe ergibt, ist bei einem Achtel der Grundfläche und gleicher Höhe auch das Volumen des Teilkörpers ein Achtel des Volumens des Würfels.

Skizze:

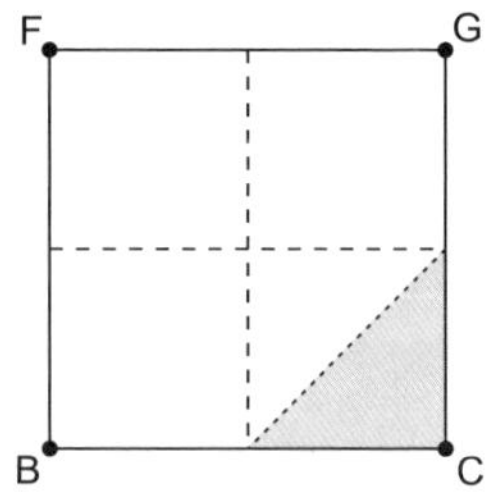

g) Für $0 < k \leq 3$ und $6 \leq k < 9$ ist die jeweilige Schnittfigur ein Dreieck, für $3 < k < 6$ ein Sechseck.

Anmerkung:
Um sich den Sachverhalt vor Augen führen zu können, ist ein gutes räumliches Vorstellungsvermögen nötig. Entscheidend für die Angabe der richtigen Lösung ist, zu erkennen, dass es jeweils drei Eckpunkte mit der z-Koordinate 3 (nämlich B, D und E) und mit der z-Koordinate 6 (nämlich C, F und H) gibt.

Blumensamen BE

Ein Pflanzenhändler erhält in einem Behälter eine große Lieferung von Blumensamen, in der zwei Sorten vermischt sind. Diese besteht aus den Samen einer rot blühenden Blume (kurz: Rotblüher) und den Samen einer blau blühenden Blume (kurz: Blaublüher). Einige Samen keimen nicht, d. h., aus ihnen wächst keine Blume.

Die Samen sind äußerlich nicht voneinander zu unterscheiden.
Der Anteil der Rotblüher an der Samenmischung beträgt 80 %.
Die Wahrscheinlichkeit, dass ein Samen der Rotblüher keimt, ist 95 %.

a) Ein Samen wird zufällig aus der Lieferung entnommen.
Weisen Sie nach, dass die Wahrscheinlichkeit, dass der entnommene Samen ein Rotblüher ist und keimen wird, 0,76 beträgt. 1

b) Berechnen Sie die Wahrscheinlichkeit folgender Ereignisse:
A: „Unter 10 zufällig ausgewählten Samen sind genau 7 Samen, die Rotblüher sind und keimen werden."
B: „Unter 10 zufällig ausgewählten Samen sind mindestens 9 Samen, die Rotblüher sind und keimen werden." 4

c) Bestimmen Sie, wie viele Samen höchstens aus dem Behälter entnommen werden müssen, damit mit einer Wahrscheinlichkeit von höchstens 99 % mindestens ein keimender Rotblüher dabei ist. 3

d) Es wird angenommen, dass die Wahrscheinlichkeit dafür, dass ein Samen der Samenmischung keimt, 0,9 beträgt.
Die Blaublüher sind eine neu gezüchtete Sorte, von der man bisher noch keine genauen Kenntnisse bez. ihrer Keimung hatte.
Bestimmen Sie die Wahrscheinlichkeit dafür, dass ein Blaublüher keimt. 3

Für den Verkauf verpackt der Händler jeweils 5 Samen der Mischung in eine Tüte.
Betrachtet wird im Folgenden die Zufallsgröße:

R: „Anzahl der Rotblühersamen in einer Tüte"

e) Ergänzen Sie in der Tabelle die fehlende Wahrscheinlichkeit der Zufallsgröße R für den Wert $r = 3$.
Erläutern Sie zwei Möglichkeiten für die Berechnung dieser Wahrscheinlichkeit. 4

r	0	1	2	3	4	5
$P(R = r)$	0,0003	0,0064	0,0512		0,4096	0,3277

f) Zeigen Sie, dass für den Erwartungswert der Zufallsgröße R gilt: $E(R) = 4$ 1

g) Entscheiden Sie durch Ankreuzen, welche der Aussagen aufgrund des gezeigten Erwartungswertes sachbezogen entweder richtig oder falsch sind.
Begründen Sie Ihre Entscheidung für die Aussage mit der Nummer 1. 5

Nummer	Aussage	richtig	falsch
1	Kauft man eine Tüte, sind in dieser mindestens 4 Samen der Rotblüher.		
2	Wenn man 100 Tüten kauft, sind unter diesen mit Sicherheit mindestens 4 Tüten, in denen mindestens ein Samen der Rotblüher ist und der Rest sind Blaublüher.		
3	Die Wahrscheinlichkeit, dass in einer Tüte höchstens 4 Samen von Rotblühern sind, beträgt mehr als 50 %.		

h) Ein Kunde will von 10 gekeimten Samen 4 für seinen Balkon auswählen.
Er möchte, dass darunter mit einer Wahrscheinlichkeit von mehr als 70 % mindestens 3 Rotblüher sind.
Ermitteln Sie, wie groß hierfür der Anteil der Rotblüher unter den 10 Samen mindestens sein muss. 4

25

Tipps und Hinweise zur Lösung von Aufgabe 4.1

Tipp zu Teilaufgabe a

- Führen Sie den Nachweis, indem Sie mithilfe der Pfadregel (Multiplikationsregel) die Wahrscheinlichkeit $P(Ro \cap K)$ dafür berechnen, dass der entnommene Samen ein Rotblüher (Ro) ist und keimen (K) wird.

Tipps zu Teilaufgabe b

- Die Zufallsgröße X: „Anzahl der keimfähigen Rotblüher" ist binomialverteilt mit $n = 10$ und $p = 0{,}76$.
- Berechnen Sie mithilfe der Bernoulli-Formel $P(A) = P(X = 7)$.
- Das Ereignis B tritt ein, wenn unter den ausgewählten Samen 9 oder 10 Samen sind, die Rotblüher sind und keimen werden.
- Berechnen Sie mithilfe der Bernoulli-Formel $P(B) = P(X = 9) + P(X = 10)$.

Tipps zu Teilaufgabe c

- Gesucht ist die höchstmögliche Anzahl n der Samen, die entnommen werden dürfen, damit die Wahrscheinlichkeit, dass mindestens ein keimender Rotblüher dabei ist, kleiner oder gleich 99 % ist. Es muss also gelten $P(X \geq 1) \leq 0{,}99$.
- Die Gegenwahrscheinlichkeit zu $P(X \geq 1)$ ist die Wahrscheinlichkeit $P(X = 0)$.
- Da die Wahrscheinlichkeit, dass ein einzelner Samen kein Rotblüher ist, $p = 0{,}24$ beträgt, ist die Wahrscheinlichkeit, dass unter den n entnommenen Samen kein Rotblüher ist, $P(X = 0) = 0{,}24^n$.
- Lösen Sie unter Anwendung der logarithmischen Rechenregeln die Ungleichung $1 - 0{,}24^n \leq 0{,}99$ nach n auf.
- Beachten Sie die Rechenregeln für Ungleichungen. Insbesondere dreht sich bei Multiplikation oder Division beider Seiten mit einem negativen Wert das Relationszeichen um.

Tipps zu Teilaufgabe d

- Gesucht ist die bedingte Wahrscheinlichkeit $P_B(K)$.
- Für die Wahrscheinlichkeit, dass ein entnommener Samen Blaublüher (B) ist und keimt (K), gilt: $P(B \cap K) = P(B) \cdot P_B(K)$
- Da der Anteil der Blaublüher an der Samenmischung 20 % beträgt, ist die Wahrscheinlichkeit, dass der entnommene Samen ein Blaublüher ist $P(B) = 0{,}2$.
- Die Wahrscheinlichkeit, dass ein Samen der Samenmischung keimt, ist $P(K) = 0{,}9$.
- Die Wahrscheinlichkeit $P(Ro \cap K) = 0{,}76$ ist aus Teilaufgabe a bekannt.
- Stellen Sie eine geeignete Gleichung auf und berechnen Sie die gesuchte Wahrscheinlichkeit $P_B(K)$.

Tipps zu Teilaufgabe e

- Die Zufallsgröße R ist binomialverteilt mit $n=5$ und $p=0{,}8$. Berechnen Sie mithilfe der Bernoulli-Formel $P(R=3)$.
- Alternativ können Sie auch ausnutzen, dass die Summe der Teilwahrscheinlichkeiten $P(R=0)$, $P(R=1)$, $P(R=2)$, $P(R=3)$, $P(R=4)$ und $P(R=5)$ gleich 1 ist.
- Für $P(R=3)$ gilt also: $P(R=3)=1-P(R=0)-P(R=1)-P(R=2)-P(R=4)-P(R=5)$

Tipps zu Teilaufgabe f

- Für die binomialverteilte Zufallsgröße R mit den Parametern n und p ist der Erwartungswert $\mu=E(R)$ das Produkt aus n und p.
- Im zu untersuchenden Fall ist $n=5$ die Anzahl der Samen in einer Tüte und $p=0{,}8$ die Wahrscheinlichkeit dafür, dass ein entnommener Samen ein Rotblüher ist.

Tipp zu Teilaufgabe g

- Bedenken Sie, dass die Samen von außen nicht unterscheidbar sind und die Auswahl somit zufällig erfolgt.

Tipps zu Teilaufgabe h

- Schätzen Sie zunächst grob ab, wie viele Rotblüher unter den 10 Samen sein müssen, damit die Wahrscheinlichkeit, dass von den 4 ausgewählten Samen mindestens 3 Rotblüher sind, größer als 70 % ist.
- Empfohlen wird, sowohl den Fall, dass 7 der 10 Samen Rotblüher sind, als auch den Fall, dass 8 der 10 Samen Rotblüher sind, zu untersuchen und jeweils die Wahrscheinlichkeit dafür zu berechnen, dass unter den 4 ausgewählten Samen 3 oder 4 Samen Rotblüher sind.
- Zur Berechnung der Wahrscheinlichkeit muss das Urnenmodell ohne Zurücklegen (Lottomodell, hypergeometrische Verteilung) angewendet werden.

Lösungen zu Aufgabe 4.1

a) Es werden folgende Abkürzungen eingeführt:
Ro: „Rotblüher"
K: „Samen keimt"

Da der Anteil der Rotblüher an der Samenmischung 80 % beträgt, ist die Wahrscheinlichkeit, dass der entnommene Samen ein Rotblüher ist: $P(Ro) = 0{,}8$

Die Wahrscheinlichkeit, dass ein Rotblüher keimt, beträgt $P_{Ro}(K) = 0{,}95$.

Mithilfe der Pfadregel (Multiplikationsregel) lässt sich die Wahrscheinlichkeit, dass der entnommene Samen ein Rotblüher ist und keimen wird, berechnen:

$$P(Ro \cap K) = P(Ro) \cdot P_{Ro}(K) = 0{,}8 \cdot 0{,}95 = 0{,}76 = 76\,\%$$

Die Wahrscheinlichkeit, dass der entnommene Samen ein Rotblüher ist und keimen wird, beträgt $\underline{\underline{0{,}76}}$ bzw. $\underline{\underline{76\,\%}}$.

b) Die Zufallsgröße X: „Anzahl der keimfähigen Rotblüher" ist binomialverteilt mit $n = 10$ und $p = 0{,}76$. Mithilfe der Bernoulli-Formel lassen sich die Wahrscheinlichkeiten P(A) und P(B) berechnen.
Wahrscheinlichkeit für das Ereignis A:

$$P(A) = P(X = 7) = \binom{10}{7} \cdot 0{,}76^7 \cdot 0{,}24^3 \approx 0{,}2429 = 24{,}29\,\%$$

Die Wahrscheinlichkeit für das Ereignis A, dass unter 10 zufällig ausgewählten Samen genau 7 Samen sind, die Rotblüher sind und keimen werden, beträgt ungefähr $\underline{\underline{0{,}2429}}$ bzw. $\underline{\underline{24{,}29\,\%}}$.

Wahrscheinlichkeit für das Ereignis B:

$$P(B) = P(X = 9) + P(X = 10) = \binom{10}{9} \cdot 0{,}76^3 \cdot 0{,}24 + 0{,}76^{10} \approx 0{,}2673 = 26{,}73\,\%$$

Die Wahrscheinlichkeit für das Ereignis B, dass unter 10 zufällig ausgewählten mindestens 9 Samen sind, die Rotblüher sind und keimen werden, beträgt ungefähr $\underline{\underline{0{,}2673}}$ bzw. $\underline{\underline{26{,}73\,\%}}$.

c) Gesucht ist die höchstmögliche Anzahl n der Samen, die entnommen werden müssen, damit gilt:

$$P(X \geq 1) \leq 0{,}99$$

Mit $P(X \geq 1) = 1 - P(X = 0)$ gilt:

$$1 - P(X = 0) \leq 0{,}99$$
$$1 - 0{,}24^n \leq 0{,}99$$
$$0{,}01 \leq 0{,}24^n$$

Logarithmieren und Anwenden der logarithmischen Rechenregeln:

$$\ln 0{,}01 \leq n \cdot \ln 0{,}24$$
$$\frac{\ln 0{,}01}{\ln 0{,}24} \geq n$$

Das Relationszeichen dreht sich um, da $\ln 0{,}24$ negativ ist.

Es gilt also:

$$n \leq 3{,}2$$

Es sind höchstens $\underline{\underline{3}}$ Samen zu entnehmen, damit mit einer Wahrscheinlichkeit von höchstens 99 % ein keimender Rotblüher dabei ist.

d) Es wird folgende Abkürzung eingeführt:
B: „Blaublüher"

In der Aufgabenstellung ist die Wahrscheinlichkeit gegeben, dass ein Samen der Samenmischung keimt:

$$P(K) = 0{,}9$$

Aus Teilaufgabe a ist die Wahrscheinlichkeit dafür bekannt, dass ein entnommener Samen ein Rotblüher ist und keimt:

$$P(Ro \cap K) = 0{,}76$$

Da der Anteil der Blaublüher an der Samenmischung 20 % beträgt, ist die Wahrscheinlichkeit, dass der entnommene Samen ein Blaublüher ist:

$$P(B) = 0{,}2$$

Gesucht ist die bedingte Wahrscheinlichkeit $P_B(K)$.

Nach den Pfadregeln (Multiplikations- und Summenregel) gilt:

$$P(K) = P(Ro \cap K) + P(B \cap K)$$

$$0{,}9 = 0{,}76 + 0{,}2 \cdot P_B(K) \quad \Leftrightarrow \quad P_B(K) = 0{,}7 = 70\,\%$$

Die Wahrscheinlichkeit, dass ein Blaublüher keimt, beträgt $\underline{\underline{0{,}7}}$ bzw. $\underline{\underline{70\,\%}}$.

e) Die Zufallsgröße R ist binomialverteilt mit $n=5$ und $p=0{,}8$.
Die gesuchte Wahrscheinlichkeit $P(R=3)$ kann auf zwei verschiedene Weisen berechnet werden. Entweder mithilfe der Bernoulli-Formel oder unter Ausnutzung der Tatsache, dass die Teilwahrscheinlichkeiten $P(R=0)$, $P(R=1)$, $P(R=2)$, $P(R=3)$, $P(R=4)$ und $P(R=5)$ in der Summe 1 ergeben.

$$P(R=3) = \binom{5}{3} \cdot 0{,}8^3 \cdot 0{,}2^2 \approx 0{,}2048$$

Oder:

$$\begin{aligned} P(R=3) &= 1 - P(R=0) - P(R=1) - P(R=2) - P(R=4) - P(R=5) \\ &= 1 - 0{,}0003 - 0{,}0064 - 0{,}0512 - 0{,}4096 - 0{,}3277 = 0{,}2048 \end{aligned}$$

Der in der Tabelle zu ergänzende Wert für $P(R=3)$ beträgt $\underline{\underline{0{,}2048}}$.

f) Mit $n=5$ (Anzahl der Samen in einer Tüte) und $p=0{,}8$ (Wahrscheinlichkeit, dass ein entnommener Samen ein Rotblüher ist) gilt:

$$E(R) = \mu = 5 \cdot 0{,}8 = \underline{\underline{4}}$$

g)

Nummer	Aussage	richtig	falsch
1	Kauft man eine Tüte, sind in dieser mindestens 4 Samen der Rotblüher.		✗
2	Wenn man 100 Tüten kauft, sind unter diesen mit Sicherheit mindestens 4 Tüten, in denen mindestens ein Samen der Rotblüher ist und der Rest sind Blaublüher.		✗
3	Die Wahrscheinlichkeit, dass in einer Tüte höchstens 4 Samen von Rotblühern sind, beträgt mehr als 50 %.	✗	

Die Aussage 1 ist falsch, weil die Samen von außen nicht unterscheidbar sind und somit die Auswahl zufällig erfolgt. Daher kann beispielsweise auch kein Rotblüher in der Tüte sein. (Wie die Tabelle aus Teilaufgabe e zeigt, ist dies zwar unwahrscheinlich aber nicht unmöglich.)

h) Durch Probieren wird zunächst der Fall betrachtet, dass unter den 10 Samen 7 Rotblüher sind. Die Wahrscheinlichkeit, dass unter den ausgewählten 4 Samen mindestens 3 Rotblüher, d. h. 3 oder 4 Rotblüher, sind, lässt sich mithilfe des Urnenmodells ohne Zurücklegen (Lottomodell, hypergeometrische Verteilung) berechnen:

$$P(X \geq 3) = P(X = 3) + P(X = 4) = \frac{\binom{7}{3}\binom{3}{1}}{\binom{10}{4}} + \frac{\binom{7}{4}\binom{3}{0}}{\binom{10}{4}} = \frac{35 \cdot 3}{210} + \frac{35 \cdot 1}{210} = \frac{140}{210}$$

$$= \frac{2}{3} = 66,\overline{6}\ \%$$

Da für den Fall, dass unter den 10 Samen 7 Rotblüher sind, die Wahrscheinlichkeit $P(X \geq 3)$ kleiner als 70 % ist, muss nun der Fall untersucht werden, dass unter den 10 Samen 8 Rotblüher sind:

$$P(X \geq 3) = P(X = 3) + P(X = 4) = \frac{\binom{8}{3}\binom{2}{1}}{\binom{10}{4}} + \frac{\binom{8}{4}\binom{2}{0}}{\binom{10}{4}} = \frac{56 \cdot 2}{210} + \frac{70 \cdot 1}{210} = \frac{182}{210}$$

$$\approx 0,87 = 87\ \%$$

Für den Fall, dass unter den 10 Samen 8 Rotblüher sind, ist die Wahrscheinlichkeit $P(X \geq 3)$ größer als 70 %.

Es müssen also mindestens $\underline{\underline{8}}$ Rotblüher unter den 10 Samen sein.

Spam-Mail BE

Ein Nutzer von E-Mail-Kommunikation stellt fest, dass der Anteil von unerwünschten Werbe-E-Mails (Spam-Mails) an seinen Posteingang über einen längeren Zeitraum konstant 30 % beträgt. Angenommen wird dabei, dass die Spam-Mails zufällig und unabhängig voneinander eingehen.

a) Berechnen Sie die Wahrscheinlichkeiten für folgende Ereignisse.
A: „Von fünf eingegangenen E-Mails ist keine eine Spam-Mail."
B: „Von fünf eingegangenen E-Mails ist nur genau die letzte eine Spam-Mail." 3

b) In einer Woche befinden sich 50 Mails im Posteingang.
Ermitteln Sie die Wahrscheinlichkeit dafür, dass die Anzahl der Spam-Mails in dieser Woche um mehr als 20 % über dem Erwartungswert liegt. 3

Die Spam-Mails enthalten Schlüsselwörter, an denen man sie sehr gut erkennt und durch die der Spam-Filter sie aussortiert. In 40 % der Spam-Mails taucht das Schlüsselwort „sale" auf, in den E-Mails, die keine Spam-Mails sind, jedoch nur in 1 % der Fälle.

c) Stellen Sie diesen Sachverhalt in einer Vierfeldertafel dar. 4

d) Ermitteln Sie die Wahrscheinlichkeit dafür, dass eine vom Spam-Filter durch das Wort „sale" aussortierte E-Mail keine Spam-Mail ist. 2

In 15 % der Spam-Mails ist das Schlüsselwort „season" enthalten und wird ebenfalls mit dem Spam-Filter erkannt.

e) Paul behauptet, dass der Anteil der E-Mails, die durch die Worte „sale" oder „season" als Spam erkannt werden, an allen E-Mails 55 % beträgt.
Begründen Sie ohne Rechnung, dass diese Behauptung im Allgemeinen falsch ist. 2

f) Der Anteil der Spam-Mails, die durch die Worte „sale" oder „season" als Spam erkannt werden, beträgt 45 %.
Berechnen Sie den Anteil der Spam-Mails, in denen beide Worte vorkommen. 3

Nach einem Jahr wird in einer Fachzeitschrift behauptet, dass sich der Anteil der Spam-Mails an den eingehenden E-Mails verändert hat. Jemand will das für den Anteil von ursprünglich 30 % Spam-Mails im E-Mail-Eingang mit einem Signifikanztest auf dem Niveau $\alpha = 0,05$ für eine Stichprobe von $n = 50$ zufällig ausgewählten E-Mails untersuchen.

Dafür werden folgende Hypothesen festgelegt.
H_0: Der Anteil der Spam-Mails an den eingegangenen E-Mails beträgt 30 %.
H_1: Der Anteil der Spam-Mails an den eingegangenen E-Mails hat sich verändert.

Die Zufallsgröße X sei die Anzahl der Spam-Mails.

g) Entscheiden Sie, welche Art von Entscheidungsregel geeignet ist, und begründen Sie Ihre Entscheidung:
Entscheidungsregel 1: Wenn $X \geq k$ gilt, dann wird H_0 abgelehnt.
Entscheidungsregel 2: Wenn $k_u < X < k_o$ gilt, dann wird H_0 nicht abgelehnt. 3

Der Nutzer behauptet nun, dass sich der Anteil der E-Mails, die Spam-Mails sind, in seinem E-Mail-Eingang vergrößert hat.

h) Berechnen Sie unter Annahme der Binomialverteilung, in welchem Bereich die Anzahl der Spam-Mails in einer Stichprobe von $n = 50$ E-Mails sein muss, um die Vermutung des Nutzers auf einem Signifikanzniveau von $\alpha = 0,05$ zu stützen. 5

25

Anlage zur Aufgabe 4.2

Summierte Binomialverteilung für n = 50

Dargestellt sind die Werte $P(X \leq k)$.

Gerundet auf vier Nachkommastellen, weggelassen ist „0,“, alle freien Plätze enthalten 0,0000 bzw. 1,0000.

Wird die Tabelle „von unten“ gelesen ($p > 0{,}5$), ist der richtige Wert 1 – (abgelesener Wert).

n	k	p										k	n
		0,05	0,10	$\frac{1}{6}$	0,20	0,25	0,30	$\frac{1}{3}$	0,40	0,45	0,50		
	0	0769	0052	0001								**49**	
	1	2794	0338	0012	0002							**48**	
	2	5405	1117	0066	0013	0001						**47**	
	3	7604	2503	0238	0057	0005						**46**	
	4	8964	4312	0643	0185	0021	0002					**45**	
	5	9622	6161	1388	0480	0070	0007	0001				**44**	
	6	9882	7702	2506	1034	0194	0025	0005				**43**	
	7	9968	8779	3911	1904	0453	0073	0017	0001			**42**	
	8	9992	9421	5421	3073	0916	0183	0050	0002			**41**	
	9	9998	9755	6830	4437	1637	0402	0127	0008	0001		**40**	
	10		9906	7986	5836	2622	0789	0284	0022	0002		**39**	
	11		9968	8827	7107	3816	1390	0570	0057	0006		**38**	
	12		9990	9373	8139	5110	2229	1035	0133	0018	0002	**37**	
	13		9997	9693	8894	6370	3279	1715	0280	0045	0005	**36**	
	14		9999	9862	9393	7481	4468	2612	0540	0104	0013	**35**	
	15			9943	9692	8369	5692	3690	0955	0220	0033	**34**	
	16			9978	9856	9017	6839	4868	1561	0427	0077	**33**	
	17			9992	9937	9449	7822	6046	2369	0765	0164	**32**	
50	**18**			9997	9975	9713	8594	7126	3356	1273	0325	**31**	50
	19			9999	9991	9861	9152	8036	4465	1974	0595	**30**	
	20				9997	9937	9522	8741	5610	2862	1013	**29**	
	21				9999	9974	9749	9244	6701	3900	1611	**28**	
	22					9990	9877	9576	7660	5019	2399	**27**	
	23					9996	9944	9778	8438	6134	3359	**26**	
	24					9999	9976	9892	9022	7160	4439	**25**	
	25						9991	9951	9427	8034	5561	**24**	
	26						9997	9979	9686	8721	6641	**23**	
	27						9999	9992	9840	9220	7601	**22**	
	28							9997	9924	9556	8389	**21**	
	29							9999	9966	9765	8987	**20**	
	30								9986	9884	9405	**19**	
	31								9995	9947	9675	**18**	
	32								9998	9978	9836	**17**	
	33								9999	9991	9923	**16**	
	34									9997	9967	**15**	
	35									9999	9987	**14**	
	36										9995	**13**	
	37										9998	**12**	
n	k	0,95	0,90	$\frac{5}{6}$	0,80	0,75	0,70	$\frac{2}{3}$	0,60	0,55	0,50	k	n
		p											

Tipps und Hinweise zur Lösung von Aufgabe 4.2

Tipps zu Teilaufgabe a

- Wenden Sie zur Berechnung der Wahrscheinlichkeiten P(A) und P(B) die Pfadregel (Multiplikationsregel) an.
- Die Wahrscheinlichkeit dafür, dass eine E-Mail eine Spam-Mail ist, ist im Aufgabentext mit 30 % = 0,3 angegeben. Die Gegenwahrscheinlichkeit, dass eine E-Mail keine Spam-Mail ist, beträgt folglich $1 - 0{,}3 = 0{,}7$.
- Das Ereignis B tritt ein, wenn von den fünf E-Mails die ersten vier keine Spam-Mails sind und die fünfte eine Spam-Mail ist.

Tipps zu Teilaufgabe b

- Die Zufallsgröße X: „Anzahl der Spam-Mails in dieser Woche" ist binomialverteilt mit $n = 50$ und $p = 0{,}3$.
- Berechnen Sie den Erwartungswert $E(X) = n \cdot p$.
- Ermitteln Sie die Anzahl, die 20 % über dem Erwartungswert liegt.
- Lesen Sie aus der in der Anlage beigegebenen summierten Binomialverteilung für $n = 50$ die gesuchte Wahrscheinlichkeit ab. Beachten Sie dabei die Formulierung „um mehr als 20 % über dem Erwartungswert".

Tipps zu Teilaufgabe c

- Stellen Sie eine Vierfeldertafel auf.
- Dabei bezeichnen die Spalten die Ereignisse:
  Spam: Es handelt sich um eine Spam-Mail.
  $\overline{\text{Spam}}$: Es handelt sich nicht um eine Spam-Mail.
- Die Zeilen bezeichnen die Ereignisse:
  „sale": Die E-Mail enthält das Wort „sale".
  $\overline{\text{„sale"}}$: Die E-Mail enthält nicht das Wort „sale".

Tipps zu Teilaufgabe d

- Berechnen Sie die bedingte Wahrscheinlichkeit $P_{\text{„sale"}}(\overline{\text{Spam}}) = \frac{P(\overline{\text{Spam}} \cap \text{„sale"})}{P(\text{„sale"})}$.
- Ziehen Sie zur Berechnung die in Teilaufgabe c erstellte Vierfeldertafel heran.

Tipps zu Teilaufgabe e

- Grundsätzlich ist es empfehlenswert, die vorangegangenen und die noch folgenden Teilaufgaben im Blick zu behalten, da die Aufgaben aufeinander aufbauen bzw. Rückbezüge enthalten.
- Den entscheidenden Hinweis für die Lösung finden Sie in der Aufgabenstellung zu Teilaufgabe f.

Tipps zu Teilaufgabe f

- Der gesuchte Anteil entspricht der Wahrscheinlichkeit $P_{\text{Spam}}(\text{„sale"} \cap \text{„season"})$.
- Berechnen Sie diese mithilfe der im Aufgabentext gegebenen Wahrscheinlichkeiten $P_{\text{Spam}}(\text{„sale"}) = 0{,}4$, $P_{\text{Spam}}(\text{„season"}) = 0{,}15$ und $P_{\text{Spam}}(\text{„sale" oder „season"}) = 0{,}45$.

Tipps zu Teilaufgabe g

- Bei der Entscheidungsregel 1 handelt es sich um einen einseitigen Signifikanztest, bei der Entscheidungsregel 2 handelt es sich um einen beidseitigen Signifikanztest.
- Beachten Sie, dass in der Fachzeitschrift behauptet wird, dass sich der Anteil der Spam-Mails an den eingehenden E-Mails verändert hat. Folglich kann sich der Anteil verkleinert oder vergrößert haben.

Tipps zu Teilaufgabe h

- Die Zufallsgröße X sei die Anzahl der Spam-Mails. Führen Sie zur Überprüfung der Behauptung des Nutzers einen rechtsseitigen Signifikanztest mit der Nullhypothese H_0 durch: H_0: $p = p_0 = 30\,\%$: Der Anteil der Spam-Mails an den eingegangenen E-Mails beträgt 30 %.
- Bestimmen Sie den kleinsten Wert k_o mit: $0{,}05 \geq P(X \geq k_o)$
- Für $P(X \geq k_o)$ gilt: $P(X \geq k_o) = 1 - P(X < k_o)$
- Die Werte für $P(X < k_o)$ können Sie aus der in der Anlage beigegebenen summierten Binomialverteilung für $n = 50$ und $p = 0{,}3$ ablesen. Achten Sie dabei auf den richtigen Gebrauch der Tabelle. Den Wert für $P(X < k_o)$ finden Sie bei $P(X \leq k_o - 1)$.

Lösungen zu Aufgabe 4.2

a) Nach der Pfadregel (Multiplikationsregel) gilt:

$$P(A) = 0{,}7^5 = 0{,}16807 = 16{,}807\ \%$$

Die Wahrscheinlichkeit für das Ereignis A, dass von den fünf eingegangenen E-Mails keine eine Spam-Mail ist, beträgt $\underline{\underline{0{,}16807}}$ bzw. $\underline{\underline{16{,}807\ \%}}$.

$$P(B) = 0{,}7^4 \cdot 0{,}3 = 0{,}07203 = 7{,}203\ \%$$

Die Wahrscheinlichkeit für das Ereignis B, dass nur genau die letzte eine Spam-Mail ist, beträgt $\underline{\underline{0{,}07203}}$ bzw. $\underline{\underline{7{,}203\ \%}}$.

b) Die Zufallsgröße X: „Anzahl der Spam-Mails in dieser Woche" ist binomialverteilt mit $n = 50$ und $p = 0{,}3$.

Für den Erwartungswert gilt:

$$E(X) = 50 \cdot 0{,}3 = 15$$

20 % über dem Erwartungswert liegt die Anzahl der Spam-Mails, wenn 18 Spam-Mails eingehen, denn:

$$15 \cdot 1{,}2 = 18$$

Die Wahrscheinlichkeit dafür, dass die Anzahl der Spam-Mails um mehr als 20 % über dem Erwartungswert liegt, ist:

$$P(X \geq 19) = 1 - P(X \leq 18)$$

Aus der in der Anlage beigegebenen summierten Binomialverteilung für $n = 50$ lässt sich ablesen:

$$P(X \geq 19) = 1 - 0{,}8594 = 0{,}1406 = 14{,}06\ \%$$

Die Wahrscheinlichkeit dafür, dass die Anzahl der eingegangenen Spam-Mails mehr als 20% über dem Erwartungswert liegt, beträgt $\underline{\underline{0{,}1406}}$ bzw. $\underline{\underline{14{,}06\ \%}}$.

c) Für die Ereignisse werden folgende Bezeichnungen gewählt:

Spam: Es handelt sich um eine Spam-Mail.

$\overline{\text{Spam}}$: Es handelt sich nicht um eine Spam-Mail.

„sale": Die E-Mail enthält das Wort „sale".

$\overline{\text{„sale"}}$: Die E-Mail enthält nicht das Wort „sale".

	Spam	$\overline{\text{Spam}}$	Summe
„sale"	$\mathbf{0{,}4} \cdot \mathbf{0{,}3} = 0{,}12$	$\mathbf{0{,}01} \cdot \mathbf{0{,}7} = 0{,}007$	$0{,}12 + 0{,}007 = 0{,}127$
$\overline{\text{„sale"}}$	$\mathbf{0{,}3} - 0{,}12 = 0{,}18$	$\mathbf{0{,}7} - 0{,}007 = 0{,}693$	$0{,}18 + 0{,}693 = 1 - 0{,}127 = 0{,}873$
Summe	**0,3**	**0,7**	1

Die fett gedruckten Zahlenwerte sind der Aufgabenstellung zu entnehmen. Zunächst werden die Werte der ersten Zeile berechnet. Mithilfe der Ergebnisse aus der ersten Zeile können auch die Werte für die zweite Zeile berechnet werden. Die Gesamtsumme beträgt 1 bzw. 100 %.

Es ergibt sich folgende Vierfeldertafel:

	Spam	$\overline{\text{Spam}}$	Summe
„sale“	0,12	0,007	0,127
$\overline{\text{„sale“}}$	0,18	0,693	0,873
Summe	0,30	0,70	1

Alternativ können die Werte auch in Prozent angegeben werden.

d) Die bedingte Wahrscheinlichkeit, dass eine vom Spam-Filter wegen des Wortes „sale“ aussortierte E-Mail keine Spam-Mail ist, beträgt:

$$P_{\text{„sale“}}(\overline{\text{Spam}}) = \frac{P(\overline{\text{Spam}} \cap \text{„sale“})}{P(\text{„sale“})} = \frac{0{,}007}{0{,}127} \approx 0{,}0551 = 5{,}51\,\%$$

Die für die Berechnung benötigten Wahrscheinlichkeiten $P(\overline{\text{Spam}} \cap \text{„sale“}) = 0{,}007$ und $P(\text{„sale“}) = 0{,}127$ können aus der in Teilaufgabe c erstellten Vierfeldertafel übernommen werden.

e) Die Behauptung ist nicht richtig, da es nicht ausgeschlossen ist, dass in einer E-Mail beide Schlüsselwörter gleichzeitig vorkommen. Man kann also lediglich sagen, dass der Anteil der E-Mails, die durch die Worte „sale“ oder „season“ als Spam erkannt werden, an allen E-Mails maximal 55 % beträgt.

f) Der gesuchte Anteil lässt sich folgendermaßen berechnen:

$$\begin{aligned} & P_{\text{Spam}}(\text{„sale“} \cap \text{„season“}) \\ &= P_{\text{Spam}}(\text{„sale“}) + P_{\text{Spam}}(\text{„season“}) - P_{\text{Spam}}(\text{„sale“ oder „season“}) \\ &= 0{,}4 + 0{,}15 - 0{,}45 = 0{,}1 = 10\,\% \end{aligned}$$

Der Anteil der Spam-Mails, in denen beide Worte „sale“ und „season“ vorkommen, beträgt $\underline{\underline{0{,}1}}$ bzw. $\underline{\underline{10\,\%}}$.

g) Die Untersuchung erfordert einen zweiseitigen Signifikanztest, da sich der Anteil der Spam-Mails vergrößert oder verkleinert haben kann.

Für einen zweiseitigen Test ist Entscheidungsregel 2 geeignet:

Wenn $k_u < X < k_o$ gilt, dann wird H_0 nicht abgelehnt.

Die Entscheidungsregel 1 hingegen ermöglicht einen einseitigen (rechtsseitigen) Test. Mit der Entscheidungsregel 1 könnte nur untersucht werden, ob sich der Anteil der Spam-Mails vergrößert hat (vgl. Teilaufgabe h).

h) Die Zufallsgröße X sei die Anzahl der Spam-Mails. Zur Überprüfung der Behauptung des Nutzers muss ein rechtsseitiger Signifikanztest durchgeführt werden.

Die Nullhypothese lautet:

H_0: $p = p_0 = 30\,\%$: Der Anteil der Spam-Mails an den eingegangenen E-Mails beträgt 30 %.

Die Alternative lautet:

H_1: $p > p_0$: Der Anteil der Spam-Mails an den eingegangenen E-Mails hat sich vergrößert.

Bestimmt werden muss der kleinste Wert k_o mit:

$$0{,}05 \geq P(X \geq k_o)$$

Für $k_o = 21$ gilt:

$$P(X \geq k_o) = 1 - P(X < k_o) \approx 1 - 0{,}9522 = 0{,}0478$$

Für $k_o = 21$ liegt $P(X \geq k_o)$ noch innerhalb des Signifikanzniveaus:

$$0{,}0478 \leq 0{,}05$$

Für $k_o = 20$ gilt:

$$P(X \geq k_o) = 1 - P(X < k_o) \approx 1 - 0{,}9152 = 0{,}0848$$

Für $k_o = 20$ überschreitet $P(X \geq k_o)$ das Signifikanzniveau:

$$0{,}0848 \not\leq 0{,}05$$

Die Anzahl der Spam-Mails muss in der Stichprobe <u>größer als 20</u> sein.

Hinweis:
Die Werte für $P(X < k_o)$ können aus der in der Anlage beigegebenen summierten Binomialverteilung für $n = 50$ und $p = 0{,}3$ abgelesen werden. Im Fall von $k_o = 21$ muss der Wert für $P(X \leq 20)$ abgelesen werden, im Fall von $k_o = 20$ muss der Wert für $P(X \leq 19)$ abgelesen werden.

BE

Analysis 1

Die Abbildung zeigt den Graphen einer Funktion f. Die Achseneinteilung der y-Achse ist nicht bekannt.

Gegeben sind die folgenden drei Funktionsgleichungen:

(I) $f_1(x) = x^2 \cdot (x^2 - 4)$

(II) $f_2(x) = x \cdot (x^2 - 2x)$

(III) $f_3(x) = x^3 \cdot (x - 2)$

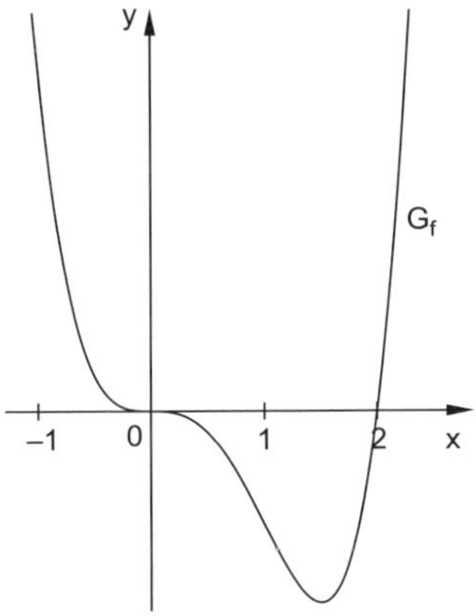

Untersuchen Sie für jede der Funktionsgleichungen (I), (II) und (III), ob sie den abgebildeten Graphen G_f beschreiben kann. Begründen Sie jeweils Ihre Entscheidung. 5

Analysis 2

Gegeben ist eine in ℝ definierte Funktion f mit $f(x) = x^4 - k \cdot x^2$, wobei k eine positive reelle Zahl ist.
Die Abbildung zeigt den Graphen von f.

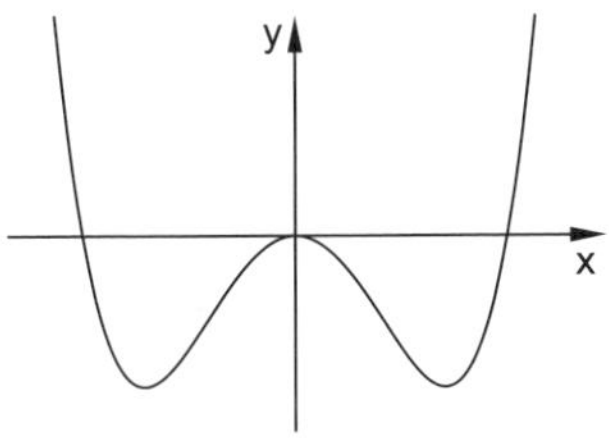

a) Zeigen Sie, dass $f'(x) = 2x \cdot (2x^2 - k)$ eine Gleichung der ersten Ableitungsfunktion von f ist. 1

b) Die beiden Tiefpunkte des Graphen von f haben jeweils die y-Koordinate –1. Ermitteln Sie den Wert von k. 4

Analysis 3

Die Abbildung zeigt den Graphen einer Stammfunktion F von f.

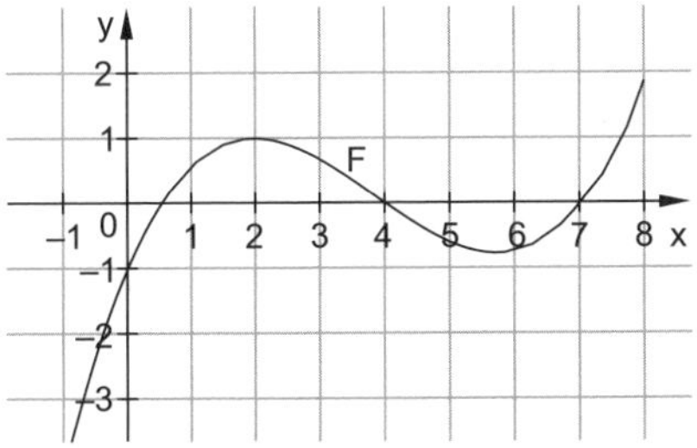

a) Bestimmen Sie mithilfe der Abbildung näherungsweise den Funktionswert von f an der Stelle 0. 1

b) Geben Sie ein Intervall [a; b] mit a, b $\in \mathbb{R}$ an, sodass gilt: $\int_a^b f(x)\,dx = 0$.
Begründen Sie Ihre Aussage. 2

c) Untersuchen Sie, ob es eine Stelle $x_s \in [0; 7]$ gibt, für die gilt:
f ist an der Stelle x_s monoton steigend.
Geben Sie ggf. einen möglichen Wert für x_s an. 2

Analysis 4

Gegeben ist die Funktion f durch $f(x) = \ln(2x-5);\ x \in \mathbb{R},\ x > 2{,}5$.

a) Zeigen Sie, dass $x_0 = 3$ eine Nullstelle von f ist. 1

b) Die Normale h an den Graphen der Funktion f im Punkt $S(3\,|\,0)$ schließt mit den beiden Koordinatenachsen ein Dreieck ein.
Berechnen Sie den Flächeninhalt dieses Dreiecks. 4

Analytische Geometrie 1

Betrachtet werden die Ebene E: $x_1 - x_2 + x_3 - 3 = 0$ und für $a \in \mathbb{R}$ die Geraden

$$g_a\colon \vec{x} = \begin{pmatrix} 1 \\ -2 \\ 0 \end{pmatrix} + \lambda \cdot \begin{pmatrix} 2 \\ 1+a \\ 2 \end{pmatrix}\ \lambda \in \mathbb{R}.$$

a) Bestimmen Sie denjenigen Wert von a, für den die Gerade g_a senkrecht zu E steht. 2

b) Untersuchen Sie, ob es einen Wert von a gibt, für den die Gerade g_a in E liegt. 3

Analytische Geometrie 2

Gegeben ist die Ebenenschar E_a: $a \cdot x + (2+a) \cdot y - 2 \cdot z = 6;\ a \in \mathbb{R},\ a > 0$.

Untersuchen Sie, ob es einen Wert von a gibt, für den die Schnittpunkte der Ebene E_a mit den Koordinatenachsen ein gleichseitiges Dreieck bilden. 5

Stochastik 1

Die Vierfeldertafel gehört zu einem Zufallsexperiment mit Ereignissen A und B. Für die Wahrscheinlichkeit p gilt $p \neq 0$.

	B	$\overline{B}$	
A	p		$3p$
$\overline{A}$			$1-3p$
	$4p$		

a) Vervollständigen Sie die Vierfeldertafel. Zeigen Sie, dass p nicht den Wert $\frac{1}{5}$ haben kann. 3

b) Für einen bestimmten Wert von p sind A und B stochastisch unabhängig. Ermitteln Sie diesen Wert von p. 2

Stochastik 2

a) In einer Urne befinden sich zwei rote und acht schwarze, sonst nicht unterscheidbare Kugeln.
Zwei Kugeln werden nacheinander ohne Zurücklegen gezogen.
Bestimmen Sie die Wahrscheinlichkeit dafür, dass dabei genau eine rote Kugel gezogen wird. 2

b) In einer Urne befinden sich eine rote und n schwarze Kugeln.
Zwei Kugeln werden nacheinander ohne Zurücklegen gezogen.
Bestimmen Sie den kleinsten Wert für n, für den gilt:
Die Wahrscheinlichkeit dafür, dabei keine rote Kugel zu ziehen, beträgt mindestens 90 %. 3

40

Tipps und Hinweise zur Lösung von Aufgabe 1

Tipps zu Analysis 1

- Bestimmen Sie die Nullstellen aller drei Funktionen.
- Vergleichen Sie die berechneten Nullstellen jeweils mit denen des Graphen.
- Wenn der Graph noch nicht eindeutig zugeordnet werden kann, dann untersuchen Sie noch das Grenzwertverhalten im Unendlichen für die drei Funktionen.

Tipps zu Analysis 2

a) Bilden Sie die 1. Ableitung von f(x).

b) Bestimmen Sie die Extremstellen von f(x).
Setzen Sie $f(x_E) = -1$ und bestimmen Sie den entsprechenden Wert für k.

Tipps zu Analysis 3

a) Wert der 1. Ableitung an der Stelle x_0 entspricht der Steigung der Funktion $F(x_0)$.

b) Die Funktionswerte F(a) und F(b) müssen gleich sein.
Diese Bedingung trifft hier z. B. auf die Nullstellen von F(x) zu.

c) Wenn eine Funktion monoton steigend ist, dann gilt: $f'(x) > 0$ bzw. $F''(x) > 0$

Tipps zu Analysis 4

a) Setzen Sie x_0 in f(x) ein.

b) Die Formel zur Berechnung einer Dreiecksfläche lautet: $A = \frac{1}{2} g \cdot h$
Stellen Sie die Normalengleichung zu f(x) auf.
Für die Steigung der Normalen gilt: $m_n = -\frac{1}{f'(x)}$

Tipps zu Analytische Geometrie 1

a) Der Richtungsvektor der Geraden g_a muss parallel zum Normalenvektor der Ebene sein.

b) g_a liegt in der Ebene, wenn der Richtungsvektor von g_a orthogonal zum Normalenvektor der Ebene verläuft und ein Punkt auf g_a auch in E liegt.
Die Orthogonalität lässt sich mithilfe des Skalarprodukts überprüfen.

Tipps zu Analytische Geometrie 2

- Überlegen Sie sich die Koordinaten der Schnittpunkte mit den Koordinatenachsen.
- Berücksichtigen Sie bei den Koordinaten, dass ein gleichseitiges Dreieck entstehen soll.
- Setzen Sie die Schnittpunkte in die Ebenengleichung ein und versuchen Sie, das entstandene Gleichungssystem zu lösen.

Tipps zu Stochastik 1

a) Für alle Wahrscheinlichkeiten P_i in einer Vierfeldertafel gilt: $0 \leq P_i \leq 1$

b) Für stochastische Unabhängigkeit muss gelten: $P(A \cap B) = P(A) \cdot P(B)$

Tipps zu Stochastik 2

a) Das Erstellen eines Baumdiagramms kann hilfreich sein.

Die rote Kugel muss entweder als erste oder als zweite gezogen werden.

b) Das Erstellen eines Baumdiagramms kann hilfreich sein.

Die Wahrscheinlichkeit, beim ersten Zug eine schwarze Kugel zu ziehen, ist $\frac{n}{n+1}$, da es n schwarze und eine rote Kugel gibt.

Berechnen Sie die Wahrscheinlichkeit, bei diesem Zufallsexperiment zwei schwarze Kugeln zu ziehen, mittels entsprechender Pfadregel und modellieren Sie den weiteren Sachverhalt mithilfe einer geeigneten Ungleichung.

Lösungen zu Aufgabe 1

Analysis 1

f_1: Diese Funktion hat die Nullstellen $x_{01}=0$, $x_{02}=-2$ und $x_{03}=2$. Der dargestellte Graph hat aber nicht die Nullstelle –2. f_1 gehört nicht zu dem Graphen G_f.

f_2: Diese Funktion hat die Nullstellen $x_{01}=0$ und $x_{02}=2$. Sie könnte den Graphen G_f haben. Aber das Verhalten im Unendlichen von f_2 steht dem entgegen, weil:

$$\lim_{x\to\infty} x(x^2-2x)=\infty\cdot\infty=\infty \text{ und } \lim_{x\to-\infty} x(x^2-2x)=-\infty\cdot\infty=-\infty$$

f_3: Diese Funktion hat die Nullstellen $x_{01}=0$ und $x_{02}=2$. Sie könnte den Graphen G_f haben. Für das Verhalten im Unendlichen gilt:

$$\lim_{x\to\infty} x^3(x-2)=\infty\cdot\infty=\infty \text{ und } \lim_{x\to-\infty} x^3(x-2)=(-\infty)\cdot(-\infty)=\infty$$

Der Graph G_f kann somit durch f_3 beschrieben werden.

Analysis 2

a) $f(x)=x^4-kx^2$

$f'(x)=4x^3-2kx=\underline{\underline{2x(2x^2-k)}}$

b) Man bestimmt zunächst die Extremstellen von f(x).

$$f'(x_E)=0$$
$$2x_E(2x_E^2-k)=0$$
$$2x_E^2-k=0 \qquad x_{E1}=0$$
$$2x_E^2=k$$
$$x_E^2=\frac{k}{2}$$
$$x_{E2}=\sqrt{\frac{k}{2}};\quad x_{E3}=-\sqrt{\frac{k}{2}}$$

x_{E2} und x_{E3} sind die x-Werte der Tiefpunkte, deren y-Werte den Wert –1 haben sollen.

Da in der Aufgabenstellung bereits die Tiefpunkte definiert sind, kann hier auf einen Nachweis der Art der Extrempunkte verzichtet werden.

$$f\left(\sqrt{\frac{k}{2}}\right)=\sqrt{\frac{k}{2}}^4-k\sqrt{\frac{k}{2}}^2=\left(\frac{k}{2}\right)^2-k\left(\frac{k}{2}\right)=\frac{1}{4}k^2-\frac{1}{2}k^2=-\frac{1}{4}k^2$$

$$-\frac{1}{4}k^2=-1$$
$$k^2=4$$
$$k_1=2 \qquad k_2=-2 \quad \text{(entfällt, da } k>0\text{)}$$

$$f\left(-\sqrt{\frac{k}{2}}\right) = -\frac{1}{4}k^2$$

Da f(x) nur gerade Exponenten enthält, gilt: $f(x) = f(-x)$

Die Bedingung $-\frac{1}{4}k^2 = -1$ liefert die Lösung $k = 2$.
k hat den Wert $\underline{\underline{2}}$.

Analysis 3

a) An der Stelle $x = 0$ hat F(x) den Anstieg 2, was man in der Abbildung durch Einzeichnen der Tangente an F(x) an der Stelle $x = 0$ ablesen kann.

Es gilt also:

$$m_t(0) = F'(0) = f(0) = 2$$

Skizze:

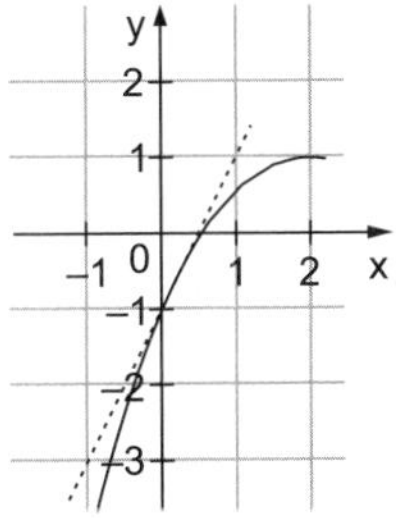

b) Es soll gelten:

$$\int_a^b f(x)\,dx = F(b) - F(a) = 0 \quad \Rightarrow \quad F(b) = F(a)$$

Man muss in der Abbildung zwei Stellen a und b finden, für die der Funktionswert von F gleich ist.

Dies gilt z. B. für die Nullstellen von F(x), also $F(4) = F(7) = 0$.

Oder aber auch für F(1) und F(3), denn $F(1) = F(3) \approx 0{,}6$.

c) f ist an der Stelle x_s monoton steigend, wenn gilt $f'(x_s) > 0$, d. h. $F''(x_s) > 0$.

$F''(x_s) > 0$ ist z. B. an den Minimumstellen von F(x) gegeben, denn für lokale Minima einer Funktion h gilt:

$$h'(x_{min}) = 0 \quad \text{und} \quad h''(x_{min}) > 0$$

Aus der Abbildung kann man ablesen, dass F an der Stelle $x_s \approx 6$ ein lokales Minimum hat.

Analysis 4

a) Es muss gelten:

$$f(3) = 0$$
$$f(3) = \ln(2 \cdot 3 - 5) = \ln 1 = 0$$

b) $A_\Delta = \frac{1}{2} g \cdot h_g$

$A_\Delta = \frac{1}{2} \cdot 3 \cdot h_g$

h_g erhält man über die Normalengleichung.

n: Normalenanstieg wird über den Tangentenanstieg ermittelt: $m_t(3) = f'(3)$

Skizze:

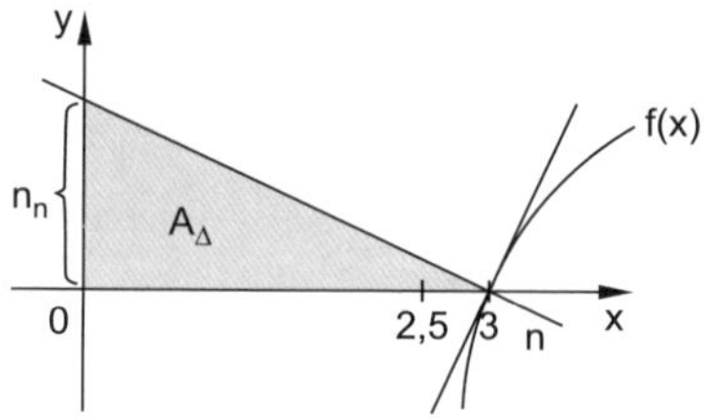

$$f(x) = \ln(2x-5)$$

$$f'(x) = \frac{1}{2x-5} \cdot 2 = \frac{2}{2x-5}$$

Es wird mithilfe der Kettenregel abgeleitet.

$$f'(3) = \frac{2}{2 \cdot 3 - 5} = 2 \quad \Rightarrow \quad m_t(3) = 2$$

$$m_n(3) = -\frac{1}{2}$$

$$n:\ y = m_n x + n_n$$

$$y = -\frac{1}{2} x + n_n$$

$P(3 \mid 0) \in n$:

$$-\frac{1}{2} \cdot 3 + n_n = 0$$

$$n_n = \frac{3}{2}$$

$$A_\Delta = \frac{1}{2} \cdot 3 \cdot \frac{3}{2} = \underline{\underline{\frac{9}{4}}}$$

Analytische Geometrie 1

a) $g_a \perp E \quad \Leftrightarrow \quad \begin{pmatrix} 2 \\ 1+a \\ 2 \end{pmatrix} = k \begin{pmatrix} 1 \\ -1 \\ 1 \end{pmatrix}$

g_a steht senkrecht auf E, wenn der Richtungsvektor von g_a parallel zum Normalenvektor der Ebene E verläuft.

$$\begin{aligned} 2 &= k \cdot 1 & \Rightarrow \quad & k = 2 \\ 1+a &= k \cdot (-1) & \Rightarrow \quad & 1+a = -k \\ 2 &= k \cdot 1 & \Rightarrow \quad & k = 2 \end{aligned}$$

Mit $k = 2$ ergibt sich:

$$1 + a = -2$$

$$\underline{\underline{a = -3}}$$

b) g_a liegt in E, wenn der Richtungsvektor von g_a orthogonal zum Normalenvektor von E verläuft und ein Punkt auf g_a auch in E liegt.

$P(1|-2|0) \in E$ prüfen:

$$1-(-2)+0-3=0$$

Punkt P liegt in der Ebene E.

Auf Orthogonalität prüfen:

$$\begin{pmatrix} 2 \\ 1+a \\ 2 \end{pmatrix} \perp \begin{pmatrix} 1 \\ -1 \\ 1 \end{pmatrix} \Rightarrow \begin{pmatrix} 2 \\ 1+a \\ 2 \end{pmatrix} \circ \begin{pmatrix} 1 \\ -1 \\ 1 \end{pmatrix} = 0$$

$$2-1-a+2=0$$

$$-a+3=0$$

$$a=3$$

Es gibt einen Wert für a, sodass g_a in E liegt.

Analytische Geometrie 2

Schnittpunkte mit den Koordinatenachsen:

$S_x(b|0|0)$

$S_y(0|b|0)$

$S_z(0|0|b)$

Skizze:

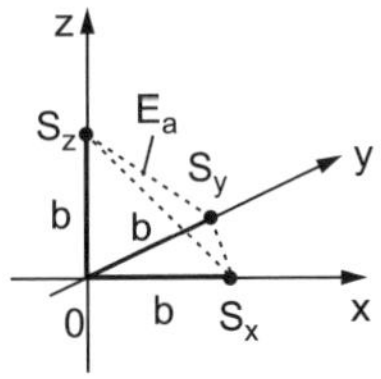

Aufgrund der geforderten Gleichseitigkeit des Dreiecks müssen alle drei Schnittpunkte den gleichen Parameter b haben.

Alle drei Schnittpunkte mit den Koordinatenachsen S_x, S_y und S_z liegen in der Ebene E_a. Sie müssen daher die Ebenengleichung erfüllen.

S_x: $a \cdot b + (2+a) \cdot 0 - 2 \cdot 0 = 6$

S_y: $a \cdot 0 + (2+a) \cdot b - 2 \cdot 0 = 6$

S_z: $a \cdot 0 + (2+a) \cdot 0 - 2b = 6$

I $a \cdot b = 6$

II $(2+a) \cdot b = 6$

III $-2b = 6$

III $b = -3$

II $(2+a) \cdot (-3) = 6$

$2+a = -2$

$a = -4$

I $-4 \cdot (-3) \neq 6$

$\Rightarrow$ Es gibt kein a mit den geforderten Bedingungen.

Stochastik 1

a) Vierfeldertafel: $p \neq 0$

	B	$\overline{B}$	
A	p	**2p**	3p
$\overline{A}$	**3p**	**+1 – 6p**	1 – 3p
	4p	**+1 – 4p**	**1**

$$1-6\cdot\frac{1}{5}=1-1{,}2=-0{,}2<0$$

Für alle Wahrscheinlichkeiten P_i in einer Vierfeldertafel gilt: $0 \leq P_i \leq 1$
Daher kann p nicht den Wert $\frac{1}{5}$ haben.

b) Die Ereignisse A und B sind stochastisch unabhängig, wenn gilt:

$$P(A\cap B)=P(A)\cdot P(B)$$

Aus der Vierfeldertafel entnimmt man die entsprechenden Werte:

$$p=3p\cdot 4p$$
$$p=12p^2 \quad |:p \quad (p\neq 0)$$
$$1=12p$$
$$\underline{\underline{p=\frac{1}{12}}}$$

Stochastik 2

a) Wenn zwei Kugeln nacheinander ohne Zurücklegen gezogen werden und dabei genau eine rote Kugel gezogen wird, dann wird diese entweder als erste oder als zweite Kugel gezogen.

$$P(RS)=\frac{2}{10}\cdot\frac{8}{9}=\frac{16}{90}=\frac{8}{45}$$
$$P(SR)=\frac{8}{10}\cdot\frac{2}{9}=\frac{16}{90}=\frac{8}{45}$$
$$P(\text{genau eine rote Kugel})=P(RS)+P(SR)$$
$$=\frac{8}{45}+\frac{8}{45}=\underline{\underline{\frac{16}{45}}}$$

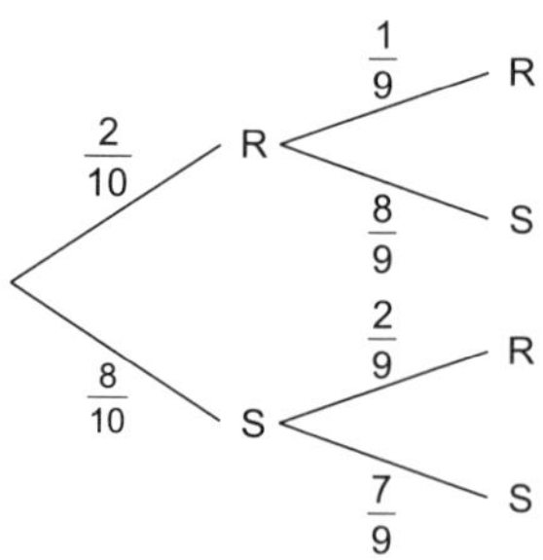

b) Keine rote Kugel wird nur dann gezogen, wenn zwei schwarze Kugeln gezogen werden.

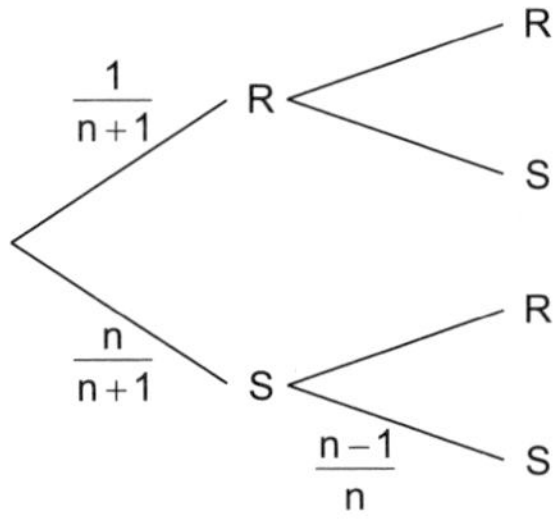

$$P(SS) = \frac{n}{n+1} \cdot \frac{n-1}{n} = \frac{n-1}{n+1} \text{ (siehe Baumdiagramm)}$$

$$P(SS) \geq 0{,}9$$

$$\frac{n-1}{n+1} \geq 0{,}9 \qquad (n \geq 0)$$

$$n - 1 \geq 0{,}9n + 0{,}9$$

$$0{,}1n \geq 1{,}9$$

$$n \geq 19$$

Der kleinste Wert für n ist 19.

Brücke

BE

Die Abbildung 1 zeigt modellhaft den Längsschnitt einer dreiteiligen Brücke aus Holz für eine Spielzeugeisenbahn. Die Züge können sowohl über die Brücke fahren als auch darunter hindurch.

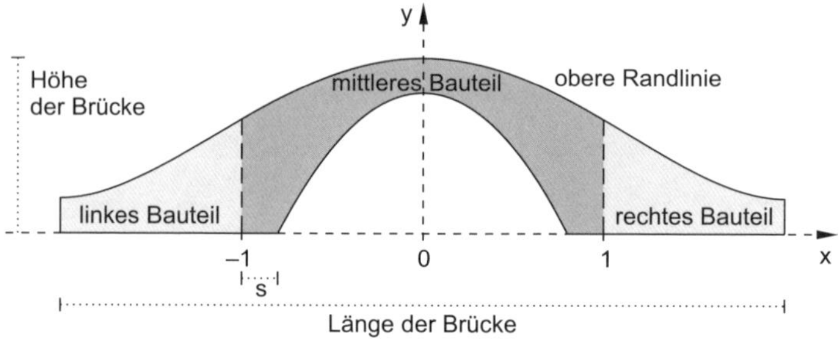

Abb. 1

Aufgabenteil 1

Die obere Randlinie des Längsschnitts der Brücke kann mithilfe des Graphen der in $\mathbb{R}$ definierten Funktion f mit $f(x) = \frac{1}{20}x^4 - \frac{2}{5}x^2 + 1$ beschrieben werden. Dabei werden die Endpunkte dieser Randlinie durch die beiden Tiefpunkte des Graphen von f dargestellt. Im verwendeten Koordinatensystem beschreibt die x-Achse die Horizontale; eine Längeneinheit entspricht einem Dezimeter in der Realität.

a) Zeigen Sie rechnerisch, dass die obere Randlinie achsensymmetrisch ist. 2

b) Bestimmen Sie rechnerisch die Höhe und die Länge der Brücke.
(zur Kontrolle: Ein Tiefpunkt des Graphen von f hat die x-Koordinate 2.) 5

c) Betrachtet wird derjenige Punkt der oberen Randlinie, der sich am Übergang vom mittleren zum rechten Bauteil befindet. Prüfen Sie, ob dieser Punkt auf halber Höhe zwischen dem höchsten Punkt der oberen Randlinie und deren rechtem Endpunkt liegt. 3

d) Geben Sie die Bedeutung des Terms $\frac{f(2) - f(1)}{2 - 1}$ im Sachzusammenhang an und berechnen Sie seinen Wert. 2

e) Berechnen Sie die Größe des größten Steigungswinkels der Brücke, der beim Überfahren zu überwinden ist. 5

Der parabelförmige Teil der unteren Randlinie des Längsschnitts der Brücke kann mithilfe des Graphen einer in $\mathbb{R}$ definierten Funktion q mit $q(x) = 0{,}8 - a \cdot x^2$; $a \in \mathbb{R}$, $a > 0$ beschrieben werden.

f) In der Abbildung 1 ist die Länge einer der beiden Bodenflächen des mittleren Bauteils mit s bezeichnet. Bestimmen Sie alle Werte von a, die für diese Länge mindestens 0,1 dm liefern. 4

g) Begründen Sie im Sachzusammenhang, dass für die Beschreibung der unteren Randlinie beliebig große Werte von a nicht infrage kommen. 2

h) Für die Brücke gilt $a = 1{,}25$. Die drei Bauteile der Brücke werden aus massivem Holz hergestellt; 1 dm^3 des Holzes hat eine Masse von 800 Gramm. Die Brücke ist 0,4 dm breit.
Ermitteln Sie die Masse des mittleren Bauteils. 7

Aufgabenteil 2

Während der Planung der Brückenform kamen zur Beschreibung der oberen Randlinie für das linke Bauteil eine Funktion g_ℓ und für das rechte Bauteil eine Funktion g_r infrage. Auch bei Verwendung dieser Funktionen wäre die obere Randlinie achsensymmetrisch gewesen. Beurteilen Sie jede der folgenden Aussagen, ob sie zutreffend ist oder nicht:

I $-g_\ell(x) = g_r(-x)$ für $-2 \le x \le -1$ II $g_\ell(x-1) = g_r(-x+1)$ für $-1 \le x \le 0$ 4

Aufgabenteil 3

Die Funktion f ist eine Funktion der Funktionenschar h_k mit der Gleichung $h_k(x) = \frac{k}{40}x^4 - \frac{10-k}{20}x^2 + 1$; $x; k \in \mathbb{R}$. Ihre Graphen werden mit G_k bezeichnet.

a) Weisen Sie nach, dass der Graph der Funktion f (aus Aufgabe 1) ein Graph der Schar G_k ist. 2

b) Begründen Sie, dass alle Graphen der Schar G_k einen Punkt gemeinsam haben. 2

c) Ermitteln Sie die Anzahl und die Art der relativen Extrema der Graphen G_k für die beiden Fälle $k > 10$ und $k \le 0$. 4

d) Es gibt einen Wert k mit $0 < k < 10$, für den der Graph der Funktionenschar h_k genau zwei Schnittpunkte mit der x-Achse hat.
Weisen Sie nach, dass dieser Wert für k Lösung der Gleichung $(10-k)^2 = 40k$ ist. 6

e) Entscheiden Sie, ob folgende Aussage wahr ist, und begründen Sie Ihre Entscheidung.
Besitzt ein Graph der Schar G_k einen Schnittpunkt mit der x-Achse, so kann man auf Grund seiner Symmetrie zur y-Achse daraus schlussfolgern, dass ein weiterer Schnittpunkt mit der x-Achse existiert. 2

50

Tipps und Hinweise zur Lösung von Aufgabe 2.1

Aufgabenteil 1

Tipp zu Teilaufgabe a

- Für Achsensymmetrie muss gelten: $f(x) = f(-x)$ für alle $x \in D_f$

Tipps zu Teilaufgabe b

- Bestimmen Sie die Extremstellen von f(x).
- Die Höhe der Brücke kann über das (lokale) Maximum bestimmt werden.
- Für die Länge der Brücke muss der Abstand der beiden (lokalen) Minima ermittelt werden.

Tipps zu Teilaufgabe c

- Der Übergang vom mittleren Bauteil zum rechten Bauteil erfolgt an der Stelle $x = 1$, wie man der Abbildung entnehmen kann.
- Berechnen Sie die y-Koordinate des genannten Punkts, des höchsten Punkts und des Endpunkts.

Tipp zu Teilaufgabe d

- Überlegen Sie, welche Funktionseigenschaft mit einem Differenzenquotienten beschrieben wird.

Tipps zu Teilaufgabe e

- Bestimmen Sie die Extremstellen von $f'(x)$.
- Der größte Steigungswinkel befindet sich an der Stelle x_M des (lokalen) Maximums.
- Der Steigungswinkel α berechnet sich über: $\tan\alpha = f'(x_M)$

Tipps zu Teilaufgabe f

- Legen Sie mithilfe der Abbildung 1 und der möglichen Werte für s ein Intervall für x-Werte fest, in dem mögliche Nullstellen liegen können.
- Bestimmen Sie die Nullstellen von q(x) in Abhängigkeit von a.

Tipp zu Teilaufgabe g

- Berücksichtigen Sie die Verwendung der Brücke.

Tipps zu Teilaufgabe h

- Als Erstes muss man die Fläche berechnen, die von der oberen Randlinie und der unteren Randlinie im mittleren Bauteil eingeschlossen wird.
- Es muss folgendes Integral berechnet werden: $A = 2 \cdot \left(\int_0^1 f(x) - \int_0^{1-s} q_{1,25}(x) \right)$
- Die obere Integralgrenze für das Integral über q(x) erhält man durch Bestimmen der Nullstelle von $q_{1,25}(x)$.

Aufgabenteil 2

Tipp

- Für Achsensymmetrie muss gelten: $f(x) = f(-x)$

Aufgabenteil 3

Tipp zu Teilaufgabe a

- Führen Sie einen Koeffizientenvergleich durch.

Tipps zu Teilaufgabe b

- Ein gemeinsamer Punkt aller Graphen der Schar muss auch ein gemeinsamer Punkt zweier beliebiger Graphen der Schar sein.
- *Alternative:* Der gemeinsame Punkt muss unabhängig vom Scharparameter sein.

Tipps zu Teilaufgabe c

- Notwendige Bedingung für Extremstellen: $h_k'(x_E) = 0$
- Hinreichende Bedingung und Art der Extremstelle: $h_k''(x_E) < 0$ für ein lokales Maximum, $h_k''(x_E) > 0$ für ein lokales Minimum
- Prüfen Sie, ob die potenziellen Extremwerte für die gegebenen k-Werte überhaupt existieren, bevor Sie diese auf ihre Art untersuchen.

Tipp zu Teilaufgabe d

- Bestimmen Sie die Nullstellen von $h_k(x)$.

Tipp zu Teilaufgabe e

- Versuchen Sie, ein Gegenbeispiel zu finden, das die Aussage widerlegt. Diskutieren Sie dazu die Aussage für alle $x \in \mathbb{R}$.
- Beachten Sie die Ergebnisse aus Teilaufgabe b.

Lösungen zu Aufgabe 2.1

Aufgabenteil 1

a) Für Achsensymmetrie (y-Achse) muss für alle $x \in D_f$ gelten:

$$f(x) = f(-x)$$

$$f(-x) = \frac{1}{20}(-x)^4 - \frac{2}{5}(-x)^2 + 1$$

$$= \frac{1}{20}x^4 - \frac{2}{5}x^2 + 1 = f(x)$$

b) Für die Höhe der Brücke muss das lokale Maximum von f(x) bestimmt werden.

$$f(x) = \frac{1}{20}x^4 - \frac{2}{5}x^2 + 1$$

$$f'(x) = \frac{1}{5}x^3 - \frac{4}{5}x$$

Für mögliche Extremstellen muss gelten:

$$f'(x_E) = 0$$

$$\frac{1}{5}x_E^3 - \frac{4}{5}x_E = 0$$

$$x_E\left(\frac{1}{5}x_E^2 - \frac{4}{5}\right) = 0$$

$$\frac{1}{5}x_E^2 - \frac{4}{5} = 0 \qquad x_{E1} = 0$$

$$x_E^2 = 4$$

$$x_{E2} = 2 \quad \text{(nach Aufgabenstellung ein Tiefpunkt)}$$

$$x_{E3} = -2 \quad \text{(wegen Achsensymmetrie muss es auch ein Tiefpunkt sein)}$$

Um die Art des Extremwerts für $x_{E1} = 0$ zu bestimmen, wird die 2. Ableitung gebildet:

$$f''(x) = \frac{3}{5}x^2 - \frac{4}{5}$$

$$f''(0) = -\frac{4}{5} < 0 \quad \Rightarrow \quad \text{lokales Maximum}$$

$$f(0) = 1 \quad \Rightarrow \quad P_{max}(0|1)$$

Die Brücke hat eine Höhe von $\underline{\underline{1\ \text{dm}}}$.

Für die Länge der Brücke muss der Abstand der beiden lokalen Minima bestimmt werden.

$$f''(-2) = \frac{3}{5} \cdot (-2)^2 - \frac{4}{5} = \frac{8}{5} > 0 \quad \Rightarrow \quad \text{lokales Minimum}$$

$$f''(2) = \frac{3}{5} \cdot 2^2 - \frac{4}{5} = \frac{8}{5} > 0 \quad \Rightarrow \quad \text{lokales Minimum}$$

Da in der Aufgabenstellung die Tiefpunktangabe nur zur Kontrolle angegeben ist, muss die Art des Extremwerts noch nachgewiesen werden.

Der Abstand ist die Differenz der x-Werte der (lokalen) Minima.

Länge ℓ: $\ell = 2-(-2) = 4$

Die Brücke hat eine Länge von $\underline{\underline{4\text{ dm}}}$.

c) Der Übergang vom mittleren Bauteil zum rechten Bauteil erfolgt an der Stelle $x = 1$, wie man der Abbildung entnehmen kann.
Um eine Aussage über die Höhe treffen zu können, berechnet man die y-Koordinate des betrachteten Punkts, des höchsten Punkts und des rechten Randpunkts.

$$f(1) = \frac{1}{20}\cdot 1^4 - \frac{2}{5}\cdot 1^2 + 1 = \frac{13}{20}$$

$$f(2) = \frac{1}{20}\cdot 2^4 - \frac{2}{5}\cdot 2^2 + 1 = \frac{1}{5}$$

$$f(0) = 1$$

Die gesuchte halbe Höhe liegt bei:

$$\frac{f(0)+f(2)}{2} = \frac{1+\frac{1}{5}}{2} = \frac{3}{5} = \frac{12}{20} \neq \frac{13}{20} = f(1)$$

Der Punkt $P\left(1 \,\middle|\, \frac{13}{20}\right)$ liegt $\underline{\underline{\text{nicht}}}$ auf halber Höhe zwischen $R(0\,|\,1)$ und $P_{\min 2}\left(2 \,\middle|\, \frac{4}{20}\right)$.

d) $\frac{f(2)-f(1)}{2-1}$ ist der mittlere Anstieg des rechten Bauteils.

$$\frac{f(2)-f(1)}{2-1} = \frac{\frac{1}{5}-\frac{13}{20}}{1} = \underline{\underline{-\frac{9}{20}}}$$

e) Gesucht ist der größte Anstieg der Randfunktion f(x), d. h. das lokale Maximum von f'(x).

$$f'(x) = \frac{1}{5}x^3 - \frac{4}{5}x \qquad \text{(vgl. Teilaufgabe b)}$$

$$f''(x) = \frac{3}{5}x^2 - \frac{4}{5}$$

$$f''(x_E) = 0$$

Dies ist die notwendige Bedingung für lokale Extrema von f'(x).

$$\frac{3}{5}x_E^2 - \frac{4}{5} = 0$$

$$\frac{3}{5}x_E^2 = \frac{4}{5}$$

$$x_E^2 = \frac{4}{3}$$

$$x_{E1/2} = \pm\sqrt{\frac{4}{3}}$$

Um die Art der Extremwerte zu bestimmen, wird die 3. Ableitung gebildet:

$$f'''(x) = \frac{6}{5}x$$

$$f'''\left(\sqrt{\frac{4}{3}}\right) = \frac{6}{5}\sqrt{\frac{4}{3}} > 0 \qquad \Rightarrow \text{ lokales Minimum}$$

$$f'''\left(-\sqrt{\frac{4}{3}}\right) = \frac{6}{5}\left(-\sqrt{\frac{4}{3}}\right) < 0 \quad \Rightarrow \text{ lokales Maximum}$$

Nun berechnet man den Steigungswinkel α an der Stelle des Maximums.

$$\tan\alpha = f'\left(-\sqrt{\frac{4}{3}}\right)$$

$$= \frac{1}{5}\left(-\sqrt{\frac{4}{3}}\right)^3 - \frac{4}{5}\left(-\sqrt{\frac{4}{3}}\right)$$

$$= \frac{16\sqrt{3}}{45} \approx 0{,}61584$$

$$\alpha \approx 31{,}63°$$

Der größte zu überwindende Steigungswinkel beträgt rund $\underline{\underline{31{,}63°}}$.

f) Aufgrund der Abbildung und der Bedingung $s \geq 0{,}1$ liegen die Nullstellen der Funktion q(x) im Intervall [–0,9; 0,9].

$$q(0{,}9) = 0{,}8 - a \cdot 0{,}9^2 = 0{,}8 - a \cdot 0{,}81$$

$$0{,}8 - a \cdot 0{,}81 = 0$$

$$0{,}81a = 0{,}8$$

$$a = \frac{80}{81}$$

Für $a = \frac{80}{81}$ ist $s = 0{,}1$.

Für $a > \frac{80}{81}$ ist $s > 0{,}1$.

Für $a \geq \frac{80}{81}$ ist s mindestens 0,1 dm.

Für die Werte $\underline{\underline{a \geq \frac{80}{81}}}$ ist die Bedingung erfüllt.

g) Je größer a, desto kleiner ist das Intervall, in dem die Nullstellen von q liegen, d. h., desto schmaler ist die Durchfahrtsbreite der Brücke für Züge. Diese darf aber einen minimalen Wert nicht unterschreiten.

h) Gesucht ist zunächst das Volumen des mittleren Bauteils für $a = 1{,}25$.

Dazu berechnet man zunächst die Fläche, die von der oberen Randlinie und der unteren Randlinie im mittleren Bauteil eingeschlossen wird.

$$A = 2 \cdot \left(\int_0^1 f(x)\,dx - \int_0^{1-s} q_{1,25}(x)\,dx \right)$$

$$= 2 \cdot \left(\int_0^1 \left(\frac{1}{20}x^4 - \frac{2}{5}x^2 + 1 \right) dx - \int_0^{1-s} (0{,}8 - 1{,}25x^2)\,dx \right)$$

Aufgrund der Achsensymmetrie kann man vom Ursprung integrieren und den Integralwert dann mit Faktor 2 multiplizieren.

Die obere Intervallgrenze des Integrals über $q_{1,25}(x)$ ergibt sich über die Nullstelle.

$$q_{1,25}(x) = 0{,}8 - 1{,}25x^2$$

$$0{,}8 - 1{,}25x_0^2 = 0$$

$$1{,}25x_0^2 = 0{,}8$$

$$x_0 = \pm\sqrt{\frac{0{,}8}{1{,}25}} = \pm 0{,}8$$

$$A = 2 \cdot \left(\int_0^1 \left(\frac{1}{20}x^4 - \frac{2}{5}x^2 + 1 \right) dx - \int_0^{0{,}8} (0{,}8 - 1{,}25x^2)\,dx \right)$$

$$= 2 \cdot \left(\left[\frac{1}{100}x^5 - \frac{2}{15}x^3 + x \right]_0^1 - \left[0{,}8x - \frac{1{,}25}{3}x^3 \right]_0^{0{,}8} \right)$$

$$= 2 \cdot \left(0{,}01 - \frac{2}{15} + 1 - 0{,}64 + \frac{1{,}25 \cdot 0{,}8^3}{3} \right)$$

$$= 2 \cdot 0{,}45 = 0{,}9 \quad \Rightarrow \quad A = 0{,}9\ \text{dm}^2$$

Für das Volumen des mittleren Bauteils gilt:

$$V = A \cdot d = 0{,}9\ \text{dm}^2 \cdot 0{,}4\ \text{dm} = 0{,}36\ \text{dm}^3$$

Für die Masse des mittleren Bauteils gilt dann:

$$m = V \cdot 800\,\frac{\text{g}}{\text{dm}^3} = 0{,}36\ \text{dm}^3 \cdot 800\,\frac{\text{g}}{\text{dm}^3} = 288\ \text{g}$$

Das mittlere Bauteil hat eine Masse von 288 g.

Aufgabenteil 2

$$-g_\ell(x) = g_r(-x) \text{ für } -2 \le x \le -1$$

drückt keine Achsensymmetrie zur y-Achse aus, da die Funktionswerte an entgegengesetzten Stellen des Intervalls unterschiedliche Vorzeichen besitzen. Damit ist die Aussage falsch.

$$g_\ell(x-1) = g_r(-x+1) = g_r(-(x-1));\ (-1 \le x \le 0)$$

drückt Achsensymmetrie zur y-Achse aus, da hier $f(x) = f(-x)$ im zu betrachtenden Intervall gilt.

Aufgabenteil 3

a) Gegeben:

$$f(x) = \frac{1}{20}x^4 - \frac{2}{5}x^2 + 1$$

$$h_k(x) = \frac{k}{40}x^4 - \frac{10-k}{20}x^2 + 1$$

Um zu zeigen, dass $f(x)$ zur Funktionenschar $h_k(x)$ gehört, führt man einen Koeffizientenvergleich durch.

$$\text{I} \quad \frac{1}{20} = \frac{k}{40} \quad \Leftrightarrow \quad \frac{2}{40} = \frac{k}{40} \quad \Rightarrow \quad k = 2$$

$$\text{II} \quad -\frac{2}{5} = -\frac{10-k}{20}$$

$$-\frac{8}{20} = -\frac{10-k}{20} \quad \Leftrightarrow \quad \begin{aligned} 8 &= 10-k \\ k &= 10-8 \\ k &= 2 \end{aligned}$$

Für $k = 2$ stimmen all 3 Summanden zum Funktionsterm von $f(x)$ und $h_k(x)$ überein. Deshalb gehört $f(x)$ zur Funktionenschar $h_k(x)$. Es gilt: $f(x) = h_2(x)$

b) Wenn alle Graphen der Schar G_k einen gemeinsamen Punkt haben, dann müssen zwei beliebige Graphen dieser Schar auch diesen Punkt gemeinsam haben und dann muss gelten: $h_a(x) = h_b(x)$ mit $a \neq b$

Man könnte auch zwei beliebige konkrete Werte für a und b einsetzen.

$$\frac{a}{40}x^4 - \frac{10-a}{20}x^2 + 1 = \frac{b}{40}x^4 - \frac{10-b}{20}x^2 + 1 \qquad \Big| -1$$

$$\frac{a}{40}x^4 - \frac{10-a}{20}x^2 = \frac{b}{40}x^4 - \frac{10-b}{20}x^2 \qquad \Big| \cdot 40$$

$$ax^4 - 2(10-a)x^2 = bx^4 - 2\cdot(10-b)x^2$$

$$ax^4 - bx^4 = (-20+2b)x^2 + (20-2a)x^2$$

$$(a-b)x^4 = (-20+2b+20-2a)x^2$$

$$(a-b)x^4 = (2b-2a)x^2$$

$$(a-b)x^4 = -2(a-b)x^2 \qquad \Big| : (a-b),\ a-b \neq 0, \text{ da } a \neq b$$

$$x^4 = -2x^2 \qquad x_1 = 0$$

$$x^4 = -2x^2 \qquad \Big| : x^2;\ x \neq 0$$

$$x^2 = -2 \quad \text{liefert in } \mathbb{R} \text{ keine Lösung}$$

$$h_k(0) = 1$$

Alle Graphen der Schar haben den Punkt $P(0\,|\,1)$ gemeinsam.

Hier wurde über die Aufgabenstellung hinaus gezeigt, dass es genau einen gemeinsamen Punkt gibt.

Alternative: Die Aufgabe kann auch durch Überlegung und ohne Rechnung gelöst werden. Für einen gemeinsamen Punkt aller Graphen der Schar muss man einen Punkt finden, der nicht vom Parameter k abhängt. Der Parameter tritt bei allen Gliedern mit x auf. Daher muss der x-Wert des gesuchten Punkts x=0 sein.

c) Lokale Extrema:

$$h_k(x) = \frac{k}{40}x^4 - \frac{10-k}{20}x^2 + 1$$

$$h_k'(x) = \frac{k}{10}x^3 - \frac{10-k}{10}x$$

Notwendige Bedingung für einen Extremwert:

$$h_k'(x_E) = 0$$

$$\frac{k}{10}x_E^3 - \frac{10-k}{10}x_E = 0$$

$$x_E\left(\frac{k}{10}x_E^2 - \frac{10-k}{10}\right) = 0$$

$$\frac{k}{10}x_E^2 - \frac{10-k}{10} = 0 \qquad x_{E1} = 0$$

$$\frac{k}{10}x_E^2 = \frac{10-k}{10}$$

$$x_E^2 = \frac{10-k}{k}$$

$$x_{E2/3} = \pm\sqrt{\frac{10-k}{k}}$$

Hinreichende Bedingung für einen Extremwert:

$$h_k''(x) = \frac{3k}{10}x^2 - \frac{10-k}{10}$$

1. Fall: $k > 10$:

$$x_{E1} = 0 \qquad h_k''(0) = -\frac{10-k}{10} > 0 \;\Rightarrow\; \text{lokales Minimum}$$

$x_{E2/3}$ liefert einen negativen Radikanden für diese k-Werte und ist daher in $\mathbb{R}$ nicht berechenbar

2. Fall: $k \leq 0$:

$$x_{E1} = 0 \qquad h_k''(0) = -\frac{10-k}{10} < 0 \;\Rightarrow\; \text{lokales Maximum}$$

$x_{E2/3}$ liefert einen negativen Radikanden für diese k-Werte und ist daher in $\mathbb{R}$ nicht berechenbar

Für $k > 10$ haben alle Graphen genau ein lokales Minimum.
Für $k \leq 0$ haben alle Graphen genau ein lokales Maximum.

d) Zu berechnen sind zunächst die Nullstellen von $h_k(x)$:

$$\frac{k}{40}x^4 - \frac{10-k}{20}x^2 + 1 = 0 \qquad x^2 = z$$

$$\frac{k}{40}z^2 - \frac{10-k}{20}z + 1 = 0 \qquad \Big|\cdot\frac{40}{k}$$

$$z^2 - \frac{10-k}{20}\cdot\frac{40}{k}z + \frac{40}{k} = 0$$

$$z^2 - \frac{2(10-k)}{k}z + \frac{40}{k} = 0$$

$$z_{1/2} = \frac{10-k}{k} \pm \sqrt{\left(\frac{10-k}{k}\right)^2 - \frac{40}{k}}$$

Es existieren genau 2 Nullstellen für x, wenn es genau eine Nullstelle für z gibt.
Das ist dann der Fall, wenn der Radikand null wird.

$$\left(\frac{10-k}{k}\right)^2 - \frac{40}{k} = 0$$

$$\frac{(10-k)^2}{k^2} = \frac{40}{k} \quad \big| \cdot k^2$$

$$\underline{\underline{(10-k)^2 = 40k}}$$

e) Die Graphen G_k sind achsensymmetrisch zur y-Achse. Deshalb besitzt G_k auch an der Stelle (–x) einen Schnittpunkt mit der x-Achse, wenn dies auf die Stelle x zutrifft.
Im Spezialfall $x = 0$ fallen x und –x zusammen und dann existiert in diesem Fall nur ein Schnittpunkt mit der x-Achse. Aus Teilaufgabe b weiß man aber, dass alle Graphen der Schar den Punkt $P(0 \mid 1)$ gemeinsam haben und daher für $x = 0$ kein Schnittpunkt mit der x-Achse vorliegt.
Die Aussage ist also $\underline{\underline{\text{wahr}}}$.

Berlin – Mathematematik Leistungskurs
2021 – Aufgabe 2.2: Analysis

Flugzeugflügel BE

Gegeben ist die in $\mathbb{R}$ definierte Funktion f_a mit $f_a(x) = (-ax^2 + 2x) \cdot e^{-ax}$; $a \in \mathbb{R}$; $a > 0$. Der Graph von f_a wird mit G_a bezeichnet.

a) Berechnen Sie die Nullstellen der Funktion f_a in Abhängigkeit von a. 3

b) Geben Sie das Verhalten der Funktionswerte von f_a für $x \to +\infty$ und $x \to -\infty$ an. 2

c) Weisen Sie nach, dass $f_a'(x) = (a^2x^2 - 4ax + 2) \cdot e^{-ax}$ die Gleichung der ersten Ableitungsfunktion von f_a ist. 2

d) Die Funktion f_a besitzt genau zwei lokale Extremstellen. Ermitteln Sie diese.
Hinweis: Auf die hinreichende Bedingung zur Ermittlung der Extrema kann verzichtet werden.
(zur Kontrolle: $x_{1;2} = \frac{2}{a} \pm \sqrt{\frac{2}{a^2}}$) 4

e) Bestimmen Sie den Parameter a so, dass der horizontale Abstand der beiden lokalen Extrempunkte des Graphen G_a $\sqrt{800}$ LE beträgt. 3

f) Für die Stelle $x_0 = 30 - 10\sqrt{3}$ der Funktion $f_{0,1}$ gelten folgende Bedingungen:
- $f_{0,1}''(x_0) = 0$
- $f_{0,1}'''(x_0) \neq 0$

Geben Sie die Bedeutung der Stelle x_0 an. 1

Weiterhin wird die in $\mathbb{R}$ definierte Funktion h mit $h(x) = -\frac{3}{4}x \cdot e^{-0,1x}$ betrachtet. Der Graph von h wird mit H bezeichnet.

g) Die Graphen $G_{0,1}$ und H schneiden sich in den Punkten $S_1(0\,|\,0)$ und $S_2\left(\frac{55}{2}\,\middle|\,-\frac{165}{8} \cdot e^{-2,75}\right)$.
Entscheiden Sie, welcher dieser Punkte Schnittpunkt aller Graphen G_a mit H ist. Begründen Sie Ihre Entscheidung. 2

h) Die Funktion h besitzt folgende Eigenschaften:
- $\lim\limits_{x \to +\infty} h(x) = 0$; $\lim\limits_{x \to -\infty} h(x) = +\infty$
- $h'(x) = \left(\frac{3}{40}x - \frac{3}{4}\right) \cdot e^{-0,1x}$

Begründen Sie mithilfe einer Skizze, dass der Graph H einen Wendepunkt besitzt. 3

i) Der Graph einer Funktion h^* geht aus dem Graphen H hervor. Es gilt:

- der Graph H wurde an beiden Koordinatenachsen gespiegelt und
- der gespiegelte Graph H wurde danach so verschoben, dass gilt:

$\lim\limits_{x \to -\infty} h^*(x) = 1.$

Geben Sie eine Funktionsgleichung von h^* an. 3

j) An den Graphen H wird im Schnittpunkt mit der x-Achse eine Tangente t gelegt. Die Tangente t schließt mit der x-Achse und der Geraden $x = b$ mit $b \in \mathbb{R}$, $b > 0$ eine Fläche von $A = \frac{75}{2}$ FE ein.
Bestimmen Sie b. 5

Die Konstrukteure einer kleinen Firma haben einen neuartigen Flugzeugflügel entworfen. Dabei werden die Graphen der Funktionen $f_{0,1}$ und h zwischen ihren Schnittpunkten S_1 und S_2 zur Modellierung des Querschnitts dieses Flugzeugflügels verwendet (vgl. Abbildung 1).

Es gilt: 1 LE = 1 dm.

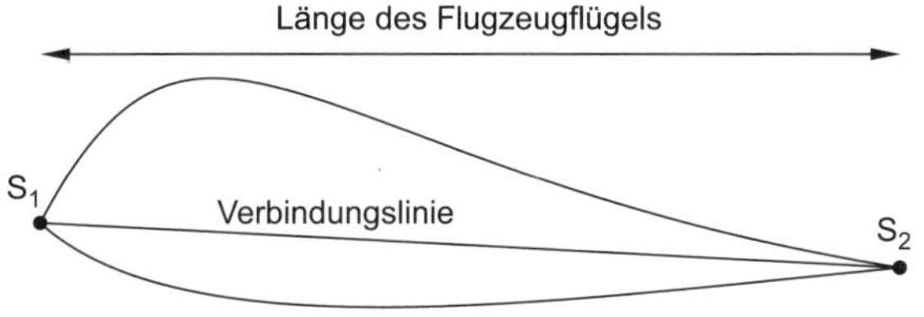

Abb. 1

k) Für die Konstruktion des Flugzeugflügels müssen folgende Bedingungen erfüllt sein:

(I) Die Länge des Flugzeugflügels ist der horizontale Abstand zwischen S_1 und S_2. Diese Länge beträgt 27,5 dm.

(II) Die maximale vertikale Höhe des Flugzeugflügels lässt sich mithilfe der Differenzfunktion von $f_{0,1}$ und h bestimmen. Sie darf 7,15 dm nicht überschreiten.

(III) Der Neigungswinkel zwischen Verbindungslinie $\overline{S_1S_2}$ und der Horizontalen soll kleiner als 7° sein.

Prüfen Sie, ob diese Bedingungen eingehalten wurden. 10

l) Begründen Sie ohne Rechnung, dass die Länge des Flugzeugflügels kürzer als die Verbindungslinie zwischen S_1 und S_2 ist. 2

m) Die Richtung, aus der während einer bestimmten Phase des Fluges die Luft anströmt, kann modellhaft durch eine Gerade zwischen S_1 und einem Punkt $R(x_R \mid f_{0,1}(x_R))$ mit $x_R < 20$ angenommen werden. Im Punkt R ändert der Graph von $f_{0,1}$ seine Krümmungsart.
Weisen Sie nach, dass die Größe des Winkels $\delta = \sphericalangle S_2S_1R$ nicht mehr als 18° beträgt.
(zur Kontrolle: $R(12{,}68 \mid 2{,}61)$) 6

n) Vereinfachend kann angenommen werden, dass ein Teil eines Flugzeugflügels stets den abgebildeten Querschnitt und eine Tiefe von 2 m besitzt.
Ein moderner Flugzeugflügel besteht zu ca. 53 % aus carbonfaserverstärktem Kunststoff (CFK). CFK hat neben einer besseren Stabilität vor allem den Vorteil der Massereduktion durch eine geringere Dichte (ca. $1{,}5\,\frac{g}{cm^3}$) als herkömmliche Stoffe.
Bestimmen Sie für den beschriebenen Teil des Flugzeugflügels die benötigte Masse an CFK in kg.
Ohne Nachweis dürfen Sie verwenden, dass D mit $D(x) = \left(x^2 - \frac{15}{2}x - 75\right) \cdot e^{-0{,}1x}$ eine Stammfunktion der Funktion d mit $d(x) = f_{0,1}(x) - h(x)$ ist. $\frac{4}{50}$

Tipps und Hinweise zur Lösung von Aufgabe 2.2

Tipps zu Teilaufgabe a

- Für Nullstellen gilt: $f_a(x_0) = 0$
- Ein Produkt ist immer null, wenn einer der Faktoren null ist.

Tipp zu Teilaufgabe b

- Diskutieren Sie die Termwerte für große und kleine x-Werte.

Tipp zu Teilaufgabe c

- Bilden Sie die 1. Ableitung von $f_a(x)$ mithilfe der Produktregel.

Tipps zu Teilaufgabe d

- Notwendige Bedingung für Extremstellen: $f_a'(x_E) = 0$
- Formen Sie die entstehende quadratische Gleichung in Normalform um, damit Sie die pq-Formel anwenden können.

Tipp zu Teilaufgabe e

- Der horizontale Abstand beider Extrempunkte entspricht der Differenz ihrer x-Werte.

Tipp zu Teilaufgabe f

- Überlegen Sie, welche besonderen Stellen einer Funktion die gegebenen Bedingungen erfüllen.

Tipp zu Teilaufgabe g

- Untersuchen Sie $f_a(0)$ und $f_a(\frac{55}{2})$.

Tipps zu Teilaufgabe h

- Verwenden Sie für die Skizze neben den Angaben dieser Teilaufgabe auch die Punkte S_1 und S_2 aus Teilaufgabe g.
- $h'(x)$ liefert Informationen zu möglichen Extremstellen.

Tipps zu Teilaufgabe i

- Spiegelung an der x-Achse bedeutet: $h_{Sx}(x) = -h(x)$
- Spiegelung an der y-Achse bedeutet: $h_{Sy}(x) = h(-x)$
- Ermitteln Sie, um wie viele Einheiten letztlich h* gegenüber h in Richtung der y-Achse verschoben werden muss.

Tipps zu Teilaufgabe j

- Eine Skizze ist hilfreich.
- Die Formel zur Berechnung der Dreiecksfläche lautet: $A_\Delta = \frac{1}{2} g \cdot h_g$
- Da H die x-Achse an der Stelle $x = 0$ schneidet, ist die Gleichung der Tangente an H an dieser Stelle gesucht.
- Die Steigung der Tangente erhält man über $m(0) = h'(0)$. $h'(x)$ ist aus Teilaufgabe h bekannt.

Tipps zu Teilaufgabe k

- Der horizontale Abstand zwischen S_1 und S_2 entspricht der Differenz der x-Werte dieser Punkte.
- Differenzfunktion bedeutet: $d(x) = f_{0,1}(x) - h(x)$
- Für die maximale vertikale Höhe müssen die Extremstellen von d(x) ermittelt werden.
- Für die Bestimmung des Neigungswinkels ist eine Skizze hilfreich.
- Zur Berechnung des Neigungswinkels α benötigt man die trigonometrische Beziehung $\tan\alpha = \frac{GK}{AK}$ im rechtwinkligen Dreieck.

Tipp zu Teilaufgabe l

- Als Begründung kann man die Zusammenhänge von den Katheten und der Hypotenuse im rechtwinkligen Dreieck anwenden.

Tipps zu Teilaufgabe m

- Da sich im Punkt R das Krümmungsverhalten ändert, ist R ein Wendepunkt.
- Für Wendestellen gilt: $f''(x_W) = 0$
- Eine Skizze ist hilfreich.
- Analog zu Teilaufgabe k berechnet man Teilwinkel wieder mithilfe trigonometrischer Beziehungen.
- Die Ergebnisse aus Teilaufgabe k werden benötigt.

Tipps zu Teilaufgabe n

- Die eingeschlossene Fläche wird über folgendes Integral berechnet:
  $$A = \int_0^{27,5} d(x)\,dx$$
- Das Integral kann über die gegebene Stammfunktion berechnet werden.
- Für die Dichte eines Stoffs gilt: $\rho = \frac{m}{V}$
- Für das Volumen gilt: $V = A \cdot d$

Lösungen zu Aufgabe 2.2

a) Nullstellen von $f_a(x)$:

$$f_a(x_0) = 0$$
$$(-ax_0^2 + 2x_0)e^{-ax_0} = 0$$

Ein Produkt ist immer null, wenn einer der Faktoren null ist.
Die Funktionswerte der e-Funktion werden nie null.

Es genügt, den Term in der Klammer zu betrachten:

$$-ax_0^2 + 2x_0 = 0$$
$$x_0(-ax_0 + 2) = 0$$
$$-ax_{02} + 2 = 0 \qquad x_{01} = 0$$
$$-ax_{02} = -2$$
$$x_{02} = \frac{2}{a}$$

Die Nullstellen der Funktionenschar sind $\underline{\underline{x_{01} = 0}}$ und $\underline{\underline{x_{02} = \frac{2}{a}}}$.

b) Verhalten im Unendlichen:

$$\lim_{x \to \infty} (-ax^2 + 2x)e^{-ax} = -\infty \cdot 0 = \underline{\underline{0}}$$
$$\lim_{x \to -\infty} (-ax^2 + 2x)e^{-ax} = -\infty \cdot \infty = \underline{\underline{-\infty}}$$

c) Mithilfe der Produktregel ergibt sich:

$$f_a(x) = (-ax^2 + 2x)e^{-ax}, \quad u(x) = -ax^2 + 2x, \quad v(x) = e^{-ax}$$

$$\begin{aligned} f_a'(x) &= u'(x)v(x) + v'(x)u(x) \\ &= (-2ax + 2)e^{-ax} + (-a)e^{-ax}(-ax^2 + 2x) \\ &= e^{-ax}(-2ax + 2 + a^2x^2 - 2ax) \end{aligned}$$

$$\underline{\underline{f_a'(x) = (a^2x^2 - 4ax + 2)e^{-ax}}}$$

d) Notwendige Bedingung für die Existenz lokaler Extrema:

$$f_a'(x_E) = 0$$
$$(a^2x_E^2 - 4ax_E + 2) \cdot e^{-ax} = 0$$

Die Funktionswerte der e-Funktion werden nie null.

$$a^2 x_E^2 - 4a x_E + 2 = 0 \qquad |:a^2$$

$$x_E^2 - \frac{4}{a} x_E + \frac{2}{a^2} = 0$$

$$x_{E_{1/2}} = \frac{2}{a} \pm \sqrt{\frac{4}{a^2} - \frac{2}{a^2}} \qquad \text{(pq-Formel)}$$

$$x_{E_{1/2}} = \frac{2}{a} \pm \sqrt{\frac{2}{a^2}}$$

$$x_{E_{1/2}} = \frac{2}{a} \pm \frac{\sqrt{2}}{a}$$

Die Extremstellen sind $\underline{\underline{x_{E_1} = \frac{2}{a} + \frac{\sqrt{2}}{a}}}$ und $\underline{\underline{x_{E_2} = \frac{2}{a} - \frac{\sqrt{2}}{a}}}$.

e) Der horizontale Abstand beider Extrempunkte entspricht der Differenz ihrer x-Werte.

$$d = x_{E_1} - x_{E_2} = \frac{2}{a} + \frac{\sqrt{2}}{a} - \left(\frac{2}{a} - \frac{\sqrt{2}}{a}\right) = \frac{2\sqrt{2}}{a}$$

Dieser Abstand soll $\sqrt{800}$ LE betragen, daher muss gelten:

$$\frac{2\sqrt{2}}{a} = \sqrt{800}$$

$$a = \frac{2\sqrt{2}}{\sqrt{800}}$$

$$\underline{\underline{a = \frac{1}{10}}}$$

f) Notiert sind für die Stelle x_0 die notwendige und die hinreichende Bedingung für die Existenz von lokalen Wendestellen.
Deshalb ist $x_0 = 30 - 10\sqrt{3}$ eine Wendestelle von $f_{0,1}(x)$.

g) Man überprüft, ob die Schnittpunkte auf allen Graphen G_a liegen.

$$f_a(0) = (-a \cdot 0^2 + 2 \cdot 0) \cdot e^{-a \cdot 0} = 0$$

$\Rightarrow$ $S_1(0\,|\,0)$ ist Schnittpunkt von G_a und H.

$$f_a\left(\frac{55}{2}\right) = \left(-a \cdot \left(\frac{55}{2}\right)^2 + 2 \cdot \frac{55}{2}\right) \cdot e^{-a \cdot \frac{55}{2}}$$

Da der Parameter a verbleibt, gibt es unterschiedliche Schnittpunkte für verschiedene Parameterwerte.

$\Rightarrow$ S_2 ist **kein** Schnittpunkt von G_a und H.

h) Als Anhaltspunkte für die Skizze dienen die Punkte S_1 und S_2 aus Teilaufgabe g und das Grenzwertverhalten.

Daraus folgt, dass der Graph für $x < 0$ im II. Quadranten und für $x > 0$ im IV. Quadranten verläuft.

Die Funktion $h'(x)$ besitzt wegen $e^{-0,1x} > 0$ genau eine Nullstelle, nämlich die des linearen Terms $\frac{3}{40}x - \frac{3}{4}$. Die Nullstelle liegt im Bereich $x > 0$, also im IV. Quadranten. Aufgrund eines Vorzeichenwechsels von – zu + handelt es sich um ein Minimum.

Man erkennt in der Skizze, dass der Graph H zwischen dem Minimum und der Annäherung an die x-Achse sein Krümmungsverhalten ändert. Daher muss in diesem Bereich ein Wendepunkt vorliegen.

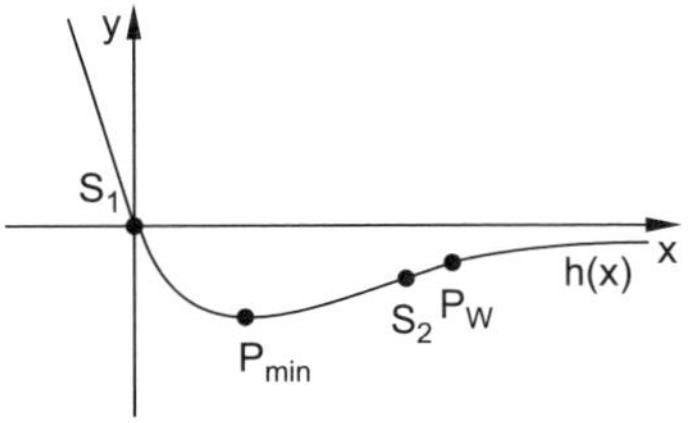

i) $h(x) = -\frac{3}{4}xe^{-0,1x}$

- Spiegelung an der x-Achse

$$\overline{h}(x) = -h(x) = -\left(-\frac{3}{4}xe^{-0,1x}\right) = \frac{3}{4}xe^{-0,1x}$$

- Spiegelung an der y-Achse

$$\tilde{h}(x) = \overline{h}(-x) = \frac{3}{4}(-x)e^{-0,1\cdot(-x)} = -\frac{3}{4}xe^{0,1x}$$

- Verschieben des Graphen um eine Einheit in Richtung der positiven y-Achse, da

$$\lim_{x \to -\infty} \tilde{h}(x) = \infty \cdot 0 = 0$$

$$\Rightarrow \quad \underline{\underline{h^*(x) = -\frac{3}{4}xe^{0,1x} + 1}}$$

j) Formel zur Berechnung des Dreiecks: $A_\Delta = \frac{1}{2}g \cdot h_g$

Die Länge der Höhe erhält man über die Tangentengleichung: $y = m_t x$ (da die Tangente eine Ursprungsgerade ist)

Aus Teilaufgabe h ist bekannt, dass h(x) die x-Achse an der Stelle $x_S = 0$ schneidet.

Skizze:

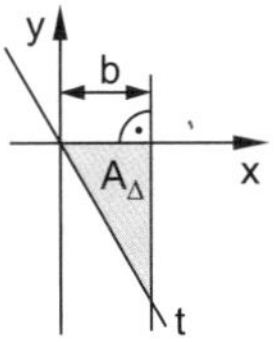

$$m_t(0) = h'(0) \text{ mit } h'(x) = \left(\frac{3}{40}x - \frac{3}{4}\right)e^{-0,1x} \text{ (vgl. Teilaufgabe h)}$$

$$h'(0) = \left(\frac{3}{40}\cdot 0 - \frac{3}{4}\right)e^{-0,1\cdot 0} = -\frac{3}{4}e^0 = -\frac{3}{4}$$

$$t:\ y = -\frac{3}{4}x$$

Die Höhe ist der Betrag des Funktionswerts der Tangentengleichung an der Stelle $x = b$.

$\Rightarrow\ h = \frac{3}{4}b$

$$A_\Delta = \frac{1}{2}g \cdot h_g = \frac{1}{2}b \cdot \frac{3}{4}b = \frac{3}{8}b^2$$

Diese Fläche soll $\frac{75}{2}$ FE betragen.

$$\frac{3}{8}b^2 = \frac{75}{2}$$

$$b^2 = \frac{75}{2} \cdot \frac{8}{3}$$

$$b^2 = 100$$

Die gesuchte Länge ist $\underline{\underline{b = 10\text{ LE}}}$, weil $b = -10$ entfällt, da $b > 0$.

k) (I) Aus Teilaufgabe g sind die Koordinaten der Schnittpunkte bekannt.

$S_1(0\,|\,0)$ und $S_2\left(\frac{55}{2}\,\middle|\,-\frac{165}{8}e^{-2,75}\right)$

Der horizontale Abstand von S_1 und S_2 ist die Differenz der x-Werte dieser beiden Punkte:

$$\frac{55}{2} - 0 = \frac{55}{2} = 27,5 \quad\Rightarrow\quad 27,5\text{ dm}$$

Die Bedingung ist erfüllt.

(II) Differenzfunktion von $f_{0,1}$ und h:

$$d(x) = f_{0,1}(x) - h(x)$$

$$= (-0,1x^2 + 2x)e^{-0,1x} + \frac{3}{4}xe^{-0,1x}$$

$$= \left(-0,1x^2 + 2x + \frac{3}{4}x\right)e^{-0,1x}$$

$$d(x) = (-0,1x^2 + 2,75x)e^{-0,1x}$$

Der maximalen vertikalen Höhe entspricht das lokale Maximum von d(x). Entsprechend bildet man die erste Ableitung von d(x) und bestimmt die Extremstellen.

$$d'(x) = (-0,2x + 2,75)e^{-0,1x} + (-0,1)e^{-0,1x}(-0,1x^2 + 2,75x)$$

$$= e^{-0,1x}(-0,2x + 2,75 + 0,01x^2 - 0,275x)$$

$$= e^{-0,1x}(0,01x^2 - 0,475x + 2,75)$$

$$d'(x_E) = 0$$

$$e^{-0,1x_E}(0,01x_E^2 - 0,475x_E + 2,75) = 0$$

Die Funktionswerte der e-Funktion werden nie null.

$$0{,}01x_E^2 - 0{,}475x_E + 2{,}75 = 0 \quad |:0{,}01$$
$$x_E^2 - 47{,}5x_E + 275 = 0$$
$$x_{E_{1,2}} = 23{,}75 \pm \sqrt{564{,}0625 - 275} \quad \text{(pq-Formel)}$$
$$= 23{,}75 \pm \sqrt{289{,}0625}$$
$$x_{E_1} \approx 40{,}1 \quad x_{E_2} \approx 6{,}75$$

Da der äußere Schnittpunkt die x-Koordinate $x = 27{,}5$ hat, sind größere x-Werte nicht möglich. Es bleibt daher nur die 2. Extremstelle.

$$d''(x) = -0{,}1 \cdot e^{-0{,}1x}(0{,}01x^2 - 0{,}475x + 2{,}75) + e^{-0{,}1x}(0{,}02x - 0{,}475)$$
$$= e^{-0{,}1x}(-0{,}1 \cdot (0{,}01x^2 - 0{,}475x + 2{,}75) + 0{,}02x - 0{,}475)$$
$$d''(6{,}75) = e^{-0{,}1 \cdot 6{,}75}(-0{,}1 \cdot (0{,}01 \cdot 6{,}75^2 - 0{,}475 \cdot 6{,}75 + 2{,}75) + 0{,}02 \cdot 6{,}75 - 0{,}475)$$
$$\approx -0{,}17 < 0 \quad \Rightarrow \quad \text{Maximum}$$
$$d(6{,}75) = (-0{,}1 \cdot 6{,}75^2 + 2{,}75 \cdot 6{,}75)e^{-0{,}1 \cdot 6{,}75}$$
$$\approx 7{,}13 < 7{,}15$$

Die Konstrukteure haben die Vorschrift beachtet.

(III) Skizze des Sachverhalts:

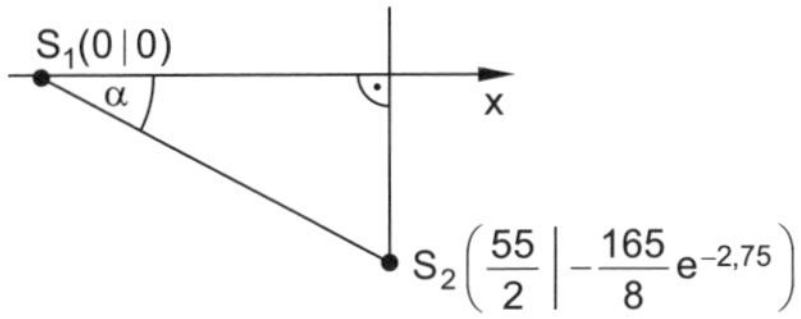

$$\tan\alpha = \frac{GK}{AK} = \frac{\frac{165}{8}e^{-2{,}75}}{\frac{55}{2}} \approx 0{,}04795$$
$$\alpha \approx 2{,}745° < 7$$

Auch diese Bedingung wird eingehalten.

Insgesamt werden somit alle Bedingungen eingehalten.

l) Die Länge ℓ des Flugzeugflügels ist eine Kathete, die Verbindungslinie $\overline{S_1S_2}$ die Hypotenuse in einem rechtwinkligen Dreieck (siehe auch Skizze vorige Teilaufgabe). Deshalb gilt:

$$\ell < \overline{S_1S_2}$$

m) Da sich im Punkt R das Krümmungsverhalten ändert, ist R ein Wendepunkt. Man bestimmt zunächst die Wendestellen.
$f'_{0,1}(x)$ erhält man aus Teilaufgabe c.

$$f'_{0,1}(x) = ((0{,}1)^2 x^2 - 4 \cdot (0{,}1) \cdot x + 2)e^{-0{,}1x}$$
$$= (0{,}01x^2 - 0{,}4x + 2)e^{-0{,}1x}$$

$$f''_{0,1}(x) = (0{,}02x - 0{,}4)e^{-0{,}1x} + (0{,}01x^2 - 0{,}4x + 2) \cdot (-0{,}1)e^{-0{,}1x}$$
$$= (-0{,}001x^2 - 0{,}06x - 0{,}6)e^{-0{,}1x}$$

Für die 2. Ableitung wendet man wieder die Produktregel an.

$$f''_{0,1}(x_W) = 0$$
$$(-0{,}001x_W^2 - 0{,}06x_W - 0{,}6)e^{-0{,}1x_W} = 0$$

Die Funktionswerte der e-Funktion werden nie null.

$$-0{,}001x_W^2 - 0{,}06x_W - 0{,}6 = 0 \quad |:(-0{,}001)$$
$$x_W^2 + 60x_W + 600 = 0$$
$$x_{W_1/W_2} = 30 \pm \sqrt{900 - 600} \qquad \text{(pq-Formel)}$$
$$x_{W_1} \approx 12{,}68$$
$$x_{W_2} \approx 47{,}32 > 20 \quad \text{entfällt}$$

Dies entspricht dem gegebenen Punkt in Teilaufgabe f. Daher benötigt man keinen weiteren Nachweis mehr für eine Wendestelle.
Man kann die Rechnung hier auch weglassen und gleich mit dem Ergebnis aus Teilaufgabe f starten.
Berechnung der y-Koordinate des Wendepunkts:

$$f(12{,}68) \approx (-0{,}1 \cdot 12{,}68^2 + 2 \cdot 12{,}68)e^{-1{,}268} \approx 2{,}61$$

Skizze:

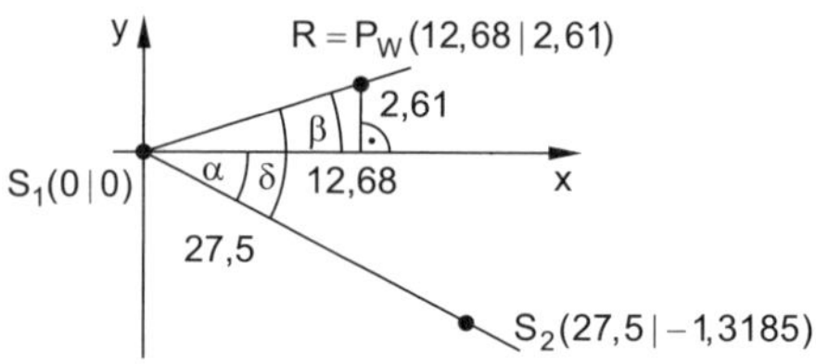

$\alpha \approx 2{,}74°$ (siehe Teilaufgabe k)

$$\tan\beta = \frac{GK}{AK} = \frac{2{,}61}{12{,}68}$$
$$\beta \approx 11{,}63$$
$$\Rightarrow \quad \delta = \alpha + \beta \approx 2{,}74° + 11{,}63° = 14{,}37° < 18°$$

n) Zu berechnen ist die von den Graphen $G_{0,1}$ und H eingeschlossene Fläche:

$$d(x) = (-0{,}1x^2 + 2{,}75x)e^{-0{,}1x} \quad \text{(siehe Teilaufgabe k)}$$

Die Grenzen des Integrals ergeben sich aus den Schnittpunkten der Graphen $G_{0,1}$ und H.

$$A = \int_0^{27,5} (-0,1x^2 + 2,75x)e^{-0,1x}\,dx$$

$$= [(x^2 - 7,5x - 75)e^{-0,1x}]_0^{27,5} \quad \text{(siehe Vorgabe in der Aufgabe)}$$

$$= [(756,25 - 206,25 - 75)e^{-0,1 \cdot 27,5} - (-75 \cdot e^0)]$$

$$\approx 30,37 + 75 = 105,37 \text{ FE}$$

Damit ergibt sich das Volumen:

$$V = A \cdot d$$

$$\approx 105,37 \text{ dm}^2 \cdot 20 \text{ dm} \approx 2\,107,40 \text{ dm}^3$$

53 % des Flugzeugflügels bestehen aus CFK:

$$\overline{V} = 0,53 \cdot 2\,107,40 \text{ dm}^3 \approx 1116,92 \text{ dm}^3$$

Für die Dichte ρ eines Stoffs gilt:

$$\rho = \frac{m}{\overline{V}}$$

$$m = \rho \cdot \overline{V} \approx 1,5 \frac{g}{cm^3} \cdot 1\,116\,920 \text{ cm}^3$$

$$m \approx 1\,675\,380 \text{ g} = 1\,675,38 \text{ kg}$$

Es werden rund $\underline{\underline{1\,675,38 \text{ kg}}}$ CFK für diesen Flugzeugflügelteil benötigt.

Berlin – Mathematik Leistungskurs
2021 – Aufgabe 3: Analytische Geometrie

Doppelpyramide BE

Gegeben sind die Punkte $A(5\,|\,-5\,|\,12)$, $B(5\,|\,5\,|\,12)$ und $C(-5\,|\,5\,|\,12)$.

a) Zeigen Sie, dass das Dreieck ABC gleichschenklig ist. 2

b) Begründen Sie, dass A, B und C Eckpunkte eines Quadrats sein können, und geben Sie die Koordinaten des vierten Eckpunkts D dieses Quadrats an. 3

Im Folgenden wird die abgebildete Doppelpyramide betrachtet.
Die beiden Teilpyramiden ABCDS und ABCDT sind gleich hoch.
Der Punkt T liegt im Koordinatenursprung, der Punkt S ebenfalls auf der z-Achse.

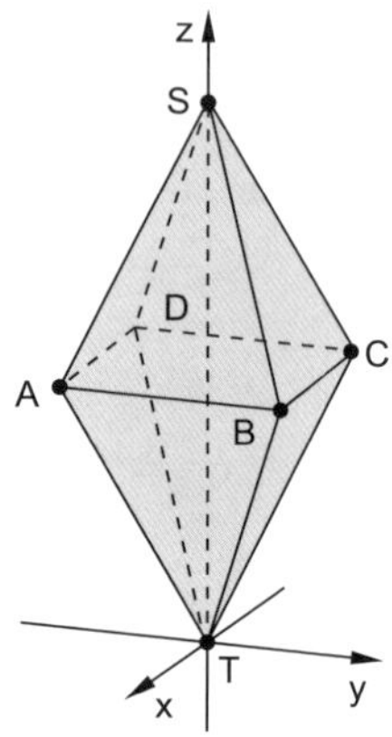

Die Seitenfläche BCT liegt in einer Ebene E.

c) Die Doppelpyramide hat 12 Kanten. Jede Kante liegt auf einer Geraden, die durch zwei Eckpunkte der Doppelpyramide festgelegt ist.

Die Kante $\overline{BT}$ der Doppelpyramide liegt auf der Geraden g_1.

Geben Sie jeweils zwei Eckpunkte an, durch die eine Gerade g_2 und eine Gerade g_3 verlaufen, für die gilt:
- g_1 und g_2 sind windschief
- g_1 und g_3 sind echt parallel 2

d) Ermitteln Sie den Flächeninhalt des Dreiecks BCT. 3

e) Bestimmen Sie eine Gleichung von E in Koordinatenform. (zur Kontrolle: $12y - 5z = 0$) 3

f) Bestimmen Sie die Größe des Winkels, den die Seitenfläche BCT mit der Fläche ABCD einschließt. 3

Die Ebene E gehört zur Schar der Ebenen E_k: $ky - 5z = 5k - 60$ mit $k \in \mathbb{R}$.

g) Alle Ebenen der Schar schneiden sich in einer Geraden.

Weisen Sie nach, dass die Kante $\overline{BC}$ auf dieser Geraden liegt. 2

h) Ermitteln Sie diejenigen Werte von k, für die E_k mit der Seitenfläche ADS mindestens einen Punkt gemeinsam hat. 4

i) Die Seitenfläche ADT liegt in der Ebene F. Geben Sie einen Normalenvektor von F an und begründen Sie Ihre Angabe, ohne die Koordinaten von A und D zu verwenden.
Bestimmen Sie denjenigen Wert von k, für den E_k senkrecht zu F steht. 4

j) Die Doppelpyramide wird so um die x-Achse gedreht, dass die bisher mit BCT bezeichnete Seitenfläche in der xy-Ebene liegt und der bisher mit S bezeichnete Punkt eine positive y-Koordinate hat. Bestimmen Sie diese y-Koordinate und veranschaulichen Sie Ihr Vorgehen durch eine Skizze. 4

k) Die Ebene H mit H: $z=4$ teilt die Doppelpyramide in zwei Teilkörper.
Ermitteln Sie die Volumina der beiden Teilkörper. 5

l) Die Doppelpyramide wird durch eine Ebene G geschnitten. Die Schnittfläche der Ebene G mit der Doppelpyramide ist ein Drachenviereck. Der Schnittpunkt der Diagonalen dieses Drachenvierecks ist der Punkt $M(4|4|12)$. Ein Eckpunkt dieses Drachenvierecks ist der Punkt T.
Ermitteln Sie die Koordinaten der anderen drei Eckpunkte des Drachenvierecks. 5

40

Tipps und Hinweise zur Lösung von Aufgabe 3

Tipp zu Teilaufgabe a

- Berechnen Sie die Seitenlängen des Dreiecks ABC.

Tipps zu Teilaufgabe b

- In einem Quadrat sind alle Seiten gleich lang und zwei benachbarte Seiten stehen senkrecht aufeinander.
- Zeigen Sie mithilfe des Skalarprodukts, dass die Seiten $\overrightarrow{AB}$ und $\overrightarrow{BC}$ einen 90°-Winkel einschließen.
- Beachten Sie, dass aufgrund des Operators „Geben Sie an" für die Koordinaten des Punktes D keine Berechnungen erforderlich sind.

Tipps zu Teilaufgabe c

- Beachten Sie, dass aufgrund des Operators „Geben Sie an" keine erklärenden Rechnungen oder Begründungen gefordert sind.
- Verwenden Sie die Abbildung, um mögliche Geraden g_2 und g_3 mit den geforderten Eigenschaften zu finden.
- Sie müssen nur die Eckpunkte nennen, aber keine Koordinaten berechnen.

Tipps zu Teilaufgabe d

- *Erste Möglichkeit:*

$$A = \frac{1}{2} g \cdot h_g$$

- *Zweite Möglichkeit:*
  Vektorielle Flächenformel

$$A = \frac{1}{2}\sqrt{\vec{a}^2 \cdot \vec{b}^2 - (\vec{a} \circ \vec{b})^2}$$

Tipps zu Teilaufgabe e

- *Erste Möglichkeit:*
  Die Koordinaten der Punkte B, C und T eingesetzt in die allgemeine Koordinatenform einer Ebene $ax + by + cz = d$ ergeben ein lineares Gleichungssystem.
- *Zweite Möglichkeit:*
  Über die Parameterform gelangen Sie zur Normalenform und zur Koordinatenform der Ebene.

Tipps zu Teilaufgabe f

- Für den von zwei Vektoren $\vec{u}$ und $\vec{v}$ gebildeten Winkel α gilt:

$$\cos\alpha = \frac{\vec{u} \circ \vec{v}}{|\vec{u}| \cdot |\vec{v}|}$$

- *Erste Möglichkeit:*
  Bestimmen Sie die Normalenvektoren der Fläche ABCD und der Ebene E.

Zweite Möglichkeit:
Nutzen Sie die Tatsache, dass die Fläche ABCD parallel zur xy-Ebene verläuft.

Tipps zu Teilaufgabe g

- Stellen Sie die Geradengleichung g(BC) auf.
- Setzen Sie die Koordinaten aus der Geradengleichung in die Ebenengleichung ein.

Tipps zu Teilaufgabe h

- Man berechnet die Schnittgerade g der Ebenen E(ADS) und E_k.
- Die Koordinatenform der Ebene E(ADS) lässt sich beispielsweise mit A als Stützpunkt und dem Normalenvektor aus Teilaufgabe f über die Normalenform herleiten.
- Mögliche Werte für die y-Koordinate der Fläche ADS und somit der Schnittgeraden g sind $-5 \le y \le 0$.

Tipps zu Teilaufgabe i

- Die Seitenfläche ADT ist das Spiegelbild der Seitenfläche BCT bzgl. der Spiegelebene E_{xz}.
- Die Orthogonalität der beiden Ebenen prüft man mithilfe des Skalarprodukts ihrer Normalenvektoren.

Tipps zu Teilaufgabe j

- Beginnen Sie mit dem Anfertigen der geforderten Skizze.
- Der Punkt T verbleibt bei der Drehung im Ursprung.
- Zur Berechnung der y-Koordinate des „neuen" Punktes S wenden Sie die trigonometrischen Beziehungen im rechtwinkligen Dreieck an. Beachten Sie auch den bereits berechneten Winkel aus Teilaufgabe f.

Tipps zu Teilaufgabe k

- Eine Skizze des Sachverhalts ist hilfreich.
- Die Ebene H teilt die Doppelpyramide in eine kleinere Pyramide mit der Spitze T und einen Restkörper.
- Berechnen Sie zunächst das Volumen der Doppelpyramide.
- Für die Berechnung der Maße der kleineren Pyramide mit Spitze T verwenden Sie die trigonometrischen Beziehungen im rechtwinkligen Dreieck und den berechneten Winkel aus Teilaufgabe f.

Tipps zu Teilaufgabe l

- Eine Skizze des Sachverhalts ist hilfreich.
- In einem Drachenviereck stehen die Diagonalen aufeinander senkrecht und die eine Diagonale halbiert die andere.
- Ein Eckpunkt des Drachenvierecks ist der Schnittpunkt der Geraden g(MT) und g(BS).
- Die anderen beiden Eckpunkte liegen auf der anderen Diagonalen, die senkrecht zu g(MT) verläuft.

Lösungen zu Aufgabe 3

a) Man berechnet die Seitenlängen des Dreiecks ABC.

$$|\overrightarrow{AB}| = \left|\begin{pmatrix}5\\5\\12\end{pmatrix} - \begin{pmatrix}5\\-5\\12\end{pmatrix}\right| = \left|\begin{pmatrix}0\\10\\0\end{pmatrix}\right| = \sqrt{0^2+10^2+0^2} = \sqrt{100} = 10$$

$$|\overrightarrow{AC}| = \left|\begin{pmatrix}-5\\5\\12\end{pmatrix} - \begin{pmatrix}5\\-5\\12\end{pmatrix}\right| = \left|\begin{pmatrix}-10\\10\\0\end{pmatrix}\right| = \sqrt{(-10)^2+10^2+0^2} = \sqrt{200}$$

$$|\overrightarrow{BC}| = \left|\begin{pmatrix}-5\\5\\12\end{pmatrix} - \begin{pmatrix}5\\5\\12\end{pmatrix}\right| = \left|\begin{pmatrix}-10\\0\\0\end{pmatrix}\right| = \sqrt{(-10)^2+0^2+0^2} = \sqrt{100} = 10$$

Da $|\overrightarrow{AB}| = |\overrightarrow{BC}|$, ist das Dreieck ABC gleichschenklig.

b) In einem Quadrat sind alle Seiten gleich lang und zwei benachbarte Seiten stehen senkrecht aufeinander.

Aus Teilaufgabe a ist bereits bekannt, dass $|\overrightarrow{AB}| = |\overrightarrow{BC}|$. Deshalb muss nur noch mithilfe des Skalarprodukts geprüft werden, ob $\overrightarrow{AB}$ und $\overrightarrow{BC}$ einen 90°-Winkel einschließen.

$$\overrightarrow{AB} \circ \overrightarrow{BC} = \begin{pmatrix}0\\10\\0\end{pmatrix} \circ \begin{pmatrix}-10\\0\\0\end{pmatrix} = 0$$

Damit ist gezeigt, dass A, B und C die Eckpunkte eines Quadrats sein können.

Mithilfe der Koordinaten der Eckpunkte des Dreiecks können die Koordinaten des Punktes D einfach angegeben werden: $D(-5\,|-5\,|\,12)$

Skizze:

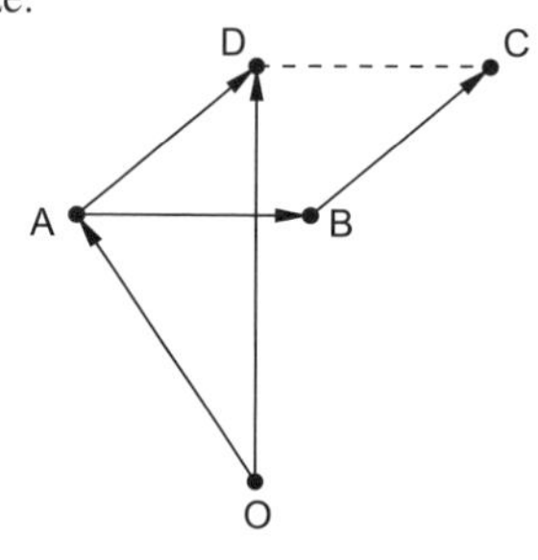

Berechnung der Koordinaten des Punktes D (nicht gefordert)

$$\overrightarrow{OD} = \overrightarrow{OA} + \overrightarrow{BC}$$

$$= \begin{pmatrix}5\\-5\\12\end{pmatrix} + \begin{pmatrix}-10\\0\\0\end{pmatrix} = \begin{pmatrix}-5\\-5\\12\end{pmatrix}$$

c) Zur Ermittlung möglicher Geraden und der zugehörigen Punkte verwendet man die Abbildung.

Anhand der Abbildung erkennt man, dass eine windschiefe Gerade zu g_1 entlang der Kante $\overline{AD}$ verläuft. Eine echt parallele Gerade zu g_1 verläuft entlang der Kante $\overline{DS}$.

Damit folgt:
$g_2(A, D)$ ist windschief zu $g_1(B, T)$.
$g_3(D, S)$ ist echt parallel zu $g_1(B, T)$.

Dies ist nur eine Möglichkeit. Eine windschiefe Gerade wäre beispielsweise auch $g_2(D, C)$.

d) *Erste Möglichkeit:* Elementargeometrische Flächenformel

$$A = \frac{1}{2} g \cdot h_g \quad \text{mit} \quad g = |\overrightarrow{BC}| \text{ und } h_g = |\overrightarrow{M_{\overline{BC}}T}|$$

$$g = |\overrightarrow{BC}| = 10 \quad \text{(vgl. Teilaufgabe a)}$$

$$M_{\overline{BC}} = \left(\frac{5-5}{2} \,\middle|\, \frac{5+5}{2} \,\middle|\, \frac{12+12}{2} \right) = (0\,|\,5\,|\,12)$$

$$h_g = |\overrightarrow{M_{\overline{BC}}T}| = \left| \begin{pmatrix} 0 \\ 0 \\ 0 \end{pmatrix} - \begin{pmatrix} 0 \\ 5 \\ 12 \end{pmatrix} \right| = \left| \begin{pmatrix} 0 \\ -5 \\ -12 \end{pmatrix} \right| = \sqrt{25+144} = 13$$

$$A = \frac{1}{2} \cdot 10 \cdot 13 = 65$$

Das Dreieck BCT hat einen Flächeninhalt von 65 FE.

Zweite Möglichkeit: Vektorielle Flächenformel
Ein von den Vektoren $\vec{a}$ und $\vec{b}$ aufgespanntes Dreieck hat den Flächeninhalt:

$$A = \frac{1}{2} \sqrt{\vec{a}^2 \cdot \vec{b}^2 - (\vec{a} \circ \vec{b})^2}$$

$$\vec{a} = \overrightarrow{BC} = \begin{pmatrix} -10 \\ 0 \\ 0 \end{pmatrix}; \quad \vec{b} = \overrightarrow{BT} = \begin{pmatrix} -5 \\ -5 \\ -12 \end{pmatrix}$$

$$A = \frac{1}{2} \sqrt{\begin{pmatrix} -10 \\ 0 \\ 0 \end{pmatrix}^2 \cdot \begin{pmatrix} -5 \\ -5 \\ -12 \end{pmatrix}^2 - \left(\begin{pmatrix} -10 \\ 0 \\ 0 \end{pmatrix} \circ \begin{pmatrix} -5 \\ -5 \\ -12 \end{pmatrix} \right)^2}$$

$$= \frac{1}{2} \sqrt{100 \cdot (25+25+144) - (50)^2}$$

$$= \frac{1}{2} \sqrt{16\,900} = 65$$

e) *Erste Möglichkeit:*

E(BCT):	$ax + by + cz = d$
$B(5\,|\,5\,|\,12)$:	$5a + 5b + 12c = d$
$C(-5\,|\,5\,|\,12)$:	$-5a + 5b + 12c = d$
$T(0\,|\,0\,|\,0)$:	$0 + 0 + 0 = d \quad \Rightarrow \quad d = 0$

$$\begin{array}{lrl} \text{I} & 5a+5b+12c=0 \\ \text{II} & -5a+5b+12c=0 \\ \hline \text{I}+\text{II} & 10b+24c=0 \\ & 10b=-24c \\ & b=-2,4c \end{array}$$

Einsetzen in I ergibt:

$$\begin{aligned} 5a+5\cdot(-2,4c)+12c &= 0 \\ 5a &= 0 \\ a &= 0 \end{aligned}$$

Mit den bisherigen Ergebnissen erhält man:

E(BCT) in KF: $-2,4cy+cz=0$

Das Gleichungssystem ist unterbestimmt (4 Variablen, 3 Gleichungen). Daher kann eine Variable frei gewählt werden.

Man wählt $c=-5$:

$$\underline{\underline{12y-5z=0}}$$

Zweite Möglichkeit:
Parameterform der Ebene

$$E:\ \vec{x}=\overrightarrow{OB}+r\cdot\overrightarrow{BC}+s\cdot\overrightarrow{BT}=\begin{pmatrix}5\\5\\12\end{pmatrix}+r\cdot\begin{pmatrix}-10\\0\\0\end{pmatrix}+s\cdot\begin{pmatrix}-5\\-5\\-12\end{pmatrix};\quad r,s\in\mathbb{R}$$

Ein Normalenvektor muss senkrecht auf beiden Richtungsvektoren stehen.

$$\vec{n}\circ\begin{pmatrix}-10\\0\\0\end{pmatrix}=0 \qquad \vec{n}\circ\begin{pmatrix}-5\\-5\\-12\end{pmatrix}=0$$

$$\begin{array}{rl} -10x=0 & -5x-5y-12z=0 \\ x=0 & -5y=12z \quad \text{wähle } z=-5 \\ & -5y=-60 \\ & y=12 \end{array}$$

Ein Normalenvektor der Ebene ist $\begin{pmatrix}0\\12\\-5\end{pmatrix}$.

Damit ergibt sich für die Normalenform:

$$\left(\vec{x}-\begin{pmatrix}5\\5\\12\end{pmatrix}\right)\circ\begin{pmatrix}0\\12\\-5\end{pmatrix}=0$$

Durch Ausmultiplizieren erhält man die Koordinatenform.

$$\begin{aligned} 12y-60-5z+60&=0 \\ 12y-5z&=0 \end{aligned}$$

f) *Erste Möglichkeit:*

$$\sphericalangle(BCT, ABCD) = \sphericalangle(\vec{n}_{E(BCT)}, \vec{n}_{ABCD})$$

Der Normalenvektor der Ebene E kann direkt aus der Ebenengleichung abgelesen werden. Für den Normalenvektor der Fläche ABCD gilt: $\vec{n}_{(ABCD)} = -\vec{e}_z$

$$\cos\varphi = \frac{\vec{n}_{E(BCT)} \circ \vec{n}_{ACBD}}{|\vec{n}_{E(BCT)}| \cdot |\vec{n}_{ACBD}|} = \frac{\begin{pmatrix} 0 \\ 12 \\ -5 \end{pmatrix} \circ \begin{pmatrix} 0 \\ 0 \\ -1 \end{pmatrix}}{\sqrt{169} \cdot \sqrt{1}} = \frac{5}{13}$$

$$\varphi = \arccos\left(\frac{5}{13}\right) \approx \underline{\underline{67{,}38°}}$$

Zweite Möglichkeit:

$$\sphericalangle(BCT, ABCD) = \sphericalangle(\overrightarrow{M_{\overline{BC}}T}, -\vec{e}_y)$$

Die Fläche ABCD verläuft parallel zur xy-Ebene. Daher ist auch der Einheitsvektor $-\vec{e}_y$ ein Richtungsvektor der Fläche. Der Vektor $\overrightarrow{M_{\overline{BC}}T}$ wurde bereits in Teilaufgabe d berechnet.

$$\cos\varphi = \frac{\vec{n}_M \circ \vec{n}_e}{|\vec{n}_M| \cdot |\vec{n}_e|} = \frac{\begin{pmatrix} 0 \\ -5 \\ -12 \end{pmatrix} \circ \begin{pmatrix} 0 \\ -1 \\ 0 \end{pmatrix}}{\sqrt{169} \cdot \sqrt{1}} = \frac{5}{13}$$

$$\varphi = \arccos\left(\frac{5}{13}\right) \approx \underline{\underline{67{,}38°}}$$

g) Die Kante $\overline{BC}$ liegt auf der Geraden g(BC).
Eine mögliche Geradengleichung für g(BC) ist:

$$g(BC)\colon \vec{x} = \begin{pmatrix} 5 \\ 5 \\ 12 \end{pmatrix} + r \cdot \begin{pmatrix} -10 \\ 0 \\ 0 \end{pmatrix}; \quad r \in \mathbb{R}$$

Jetzt setzt man die Koordinaten aus der Geradengleichung in die Ebenengleichung ein.

$$E_k\colon\ ky - 5z = 5k - 60$$

$$k \cdot 5 - 5 \cdot 12 = 5k - 60$$

$$5k - 60 = 5k - 60$$

Da dies eine wahre Aussage ist, gilt:
g(BC) und damit auch $\overline{BC}$ liegen auf der Schnittgeraden aller Ebenen der Schar.

h) Schneidet man die Ebenen E(ADS) und E_k, erhält man die Schnittgerade g. Man muss dann prüfen, welche Punkte von g innerhalb des Dreiecks ADS liegen. Alle Punkte innerhalb des Dreiecks ADS haben eine y-Koordinate im Bereich $-5 \le y \le 0$ aufgrund der Koordinaten der Punkte $A(5 \mid \underline{-5} \mid 12)$ und $D(5 \mid \underline{-5} \mid 12)$ und der symmetrischen Lage der Doppelpyramide bzgl. der z-Achse.
E(ADS) und E(BCT) verlaufen parallel und haben somit denselben Normalenvektor. Der Normalenvektor von E(BCT) ist aus Teilaufgabe f bekannt.

Damit ergibt sich:

E(ADS) in NF: $\left(\vec{x} - \begin{pmatrix} 5 \\ -5 \\ 12 \end{pmatrix}\right) \circ \begin{pmatrix} 0 \\ 12 \\ -5 \end{pmatrix} = 0$

E(ADS) in KF:
$$(y+5) \cdot 12 + (z-12) \cdot (-5) = 0$$
$$12y + 60 - 5z + 60 = 0$$
$$12y - 5z = -120$$

$E(ADS) \cap E_k$:
$$\text{I} \quad 12y - 5z = -120 \qquad (\text{I} - \text{II})$$
$$\text{II} \quad ky - 5z = 5k - 60$$
$$(12-k)y = -5k - 60$$
$$12y - ky = -5k - 60$$
$$12y + 60 = -5k + ky$$
$$12y + 60 = (-5 + y)k$$

Mit $y = 0$ folgt $60 = -5k \;\Rightarrow\; k = -12$.

Mit $y = -5$ folgt $-60 + 60 = -10k \;\Rightarrow\; k = 0$.

Die Werte für k liegen demzufolge im Bereich $\underline{\underline{-12 \le k \le 0}}$.

i) Die Seitenfläche ADT ist das Spiegelbild der Seitenfläche BCT bzgl. der Spiegelebene E_{xz}.
Der Normalenvektor der Ebene F ergibt sich entsprechend aus $\vec{n}_{E_k}$ durch einen entsprechenden Vorzeichenwechsel.

$$\vec{n}_{E_k} = \begin{pmatrix} 0 \\ 12 \\ -5 \end{pmatrix} \;\Rightarrow\; \underline{\underline{\vec{n}_F = \begin{pmatrix} 0 \\ -12 \\ -5 \end{pmatrix}}}$$

E_k steht senkrecht auf F, wenn gilt:
$$\vec{n}_{E_k} \circ \vec{n}_F = 0$$
$$\begin{pmatrix} 0 \\ k \\ -5 \end{pmatrix} \circ \begin{pmatrix} 0 \\ -12 \\ -5 \end{pmatrix} = 0$$
$$-12k + 25 = 0$$
$$k = \underline{\underline{\frac{25}{12}}}$$

j) Man stellt sich die Schnittfläche der Doppelpyramide mit der yz-Ebene vor. Dann ergibt sich folgendes Bild dieser Schnittfläche nach der beschriebenen Drehung. Der Punkt T verbleibt bei der Drehung im Ursprung.

Skizze:

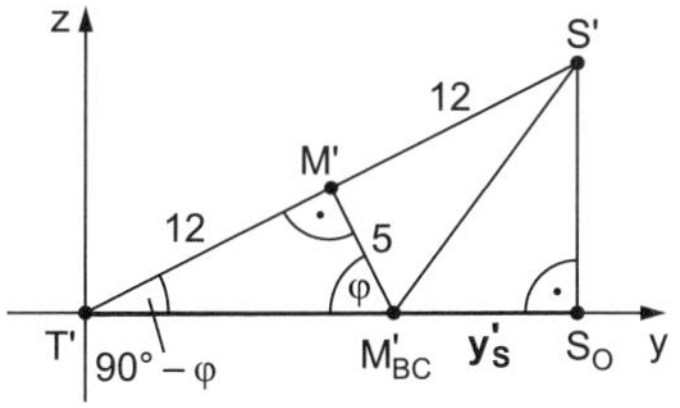

M – Schnittpunkt der Diagonalen im Quadrat ABCD

M_{BC} – Mittelpunkt der Kante $\overline{BC}$

φ – Winkel zwischen den Seitenflächen und Quadrat ABCD (siehe Aufgabenteil f)
$\varphi \approx 67{,}38°$

Im rechtwinkligen Dreieck $T'S_OS'$ gilt:

$$\cos(90° - 67{,}38°) = \frac{AK}{H} = \frac{y_{S'}}{|\overline{T'S'}|} = \frac{y_{S'}}{24}$$

Für die y-Koordinate des gedrehten Punktes S ergibt sich demzufolge:

$$y_{S'} = 24 \cdot \cos(22{,}62°) \approx \underline{\underline{22}}$$

Es ist die y-Koordinate nach der Drehung gesucht.

k) Schnitt der Doppelpyramide entlang der yz-Ebene:
Skizze:

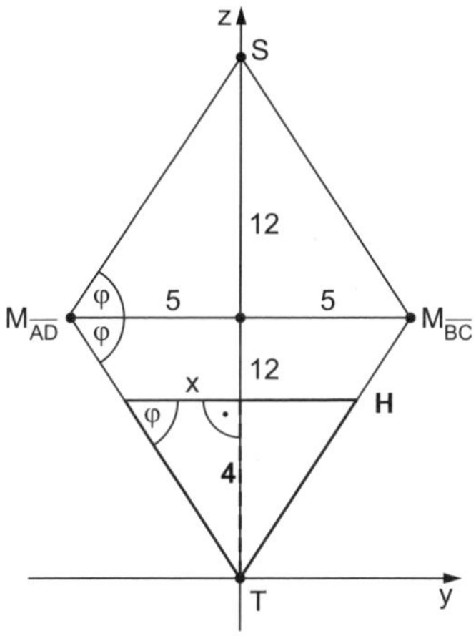

$\varphi \approx 67{,}38°$
(siehe Aufgabenteil f)

Die Ebene H teilt die Doppelpyramide in eine kleinere Pyramide mit der Spitze T und einen Restkörper.

Anmerkung: Das Verhältnis von kleinerer Pyramide und Doppelpyramide ist in der Skizze aufgrund von Lesbarkeit und Platzgründen nicht korrekt wiedergegeben.

Zunächst berechnet man das Volumen der Doppelpyramide.

Volumen der Pyramide ABCDS:

$$V_{ABCDS} = \frac{1}{3} A_G \cdot h = \frac{1}{3} \cdot 10 \cdot 10 \cdot 12 = 400 \text{ VE}$$

Die Maße für die Grundfläche und Höhe erhält man durch die Koordinaten der Eckpunkte.

Volumen der Doppelpyramide:

$$V = 2 \cdot V_{ABCDS} = 2 \cdot 400 = 800 \text{ VE}$$

In der kleineren Pyramide mit Spitze T ist h = 4. Die Maße für die Grundfläche erhält man über die trigonometrischen Beziehungen im rechtwinkligen Dreieck (vgl. Abbildung).

$$\tan \varphi = \frac{GK}{AK} = \frac{4}{x}$$

$$x = \frac{4}{\tan \varphi} = \frac{4}{\tan 67{,}38°} \approx 1{,}67$$

Man kann x auch mithilfe des Strahlensatzes und des Punktes T als Zentrum berechnen:

$$\frac{x}{5} = \frac{4}{12}$$

Die kleinere Pyramide hat eine Grundfläche mit den Maßen:

$$A_G = (1{,}67 \cdot 2) \cdot (1{,}67 \cdot 2) \approx 11{,}16$$

Die kleinere Pyramide mit der Spitze T hat dann ein Volumen von:

$$\overline{V} = \frac{1}{3} A_G \cdot \overline{h} \approx \frac{1}{3} \cdot 11{,}16 \cdot 4 = \underline{\underline{14{,}88 \text{ VE}}}$$

Der Restkörper hat dann das Volumen:

$$\widetilde{V} = V - \overline{V} \approx 800 - 14{,}88 \approx \underline{\underline{785{,}12 \text{ VE}}}$$

l) Man betrachte die Doppelpyramide in negativer z-Richtung.
Dann ergibt sich folgende Projektionsfigur in der xy-Ebene. Die Punkte V und W sind weitere Eckpunkte des Drachenvierecks.

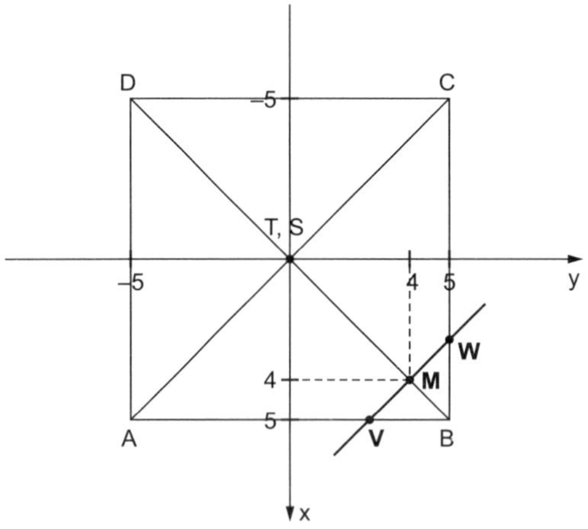

Auf der Geraden g(TM) liegt ein weiterer Eckpunkt des Drachenvierecks. Aufgrund der Koordinaten des Punktes M und der Eigenschaften der Pyramide (gerade Pyramide und Lage im Koordinatensystem) muss die Gerade g(TM) die Kante $\overline{BS}$ schneiden. Daher ergibt sich der Eckpunkt über den Schnittpunkt von g(TM) mit g(SB).

$$g(TM):\quad \vec{x} = \overrightarrow{OT} + s \cdot \overrightarrow{TM} = s \cdot \begin{pmatrix} 4 \\ 4 \\ 12 \end{pmatrix};\quad s \in \mathbb{R}$$

$$g(SB):\quad \vec{x} = \overrightarrow{OS} + t \cdot \overrightarrow{SB} = \begin{pmatrix} 0 \\ 0 \\ 24 \end{pmatrix} + t \cdot \begin{pmatrix} 5 \\ 5 \\ -12 \end{pmatrix};\quad t \in \mathbb{R}$$

$$g(TM) \cap g(SM) = U:\quad s \cdot \begin{pmatrix} 4 \\ 4 \\ 12 \end{pmatrix} = \begin{pmatrix} 0 \\ 0 \\ 24 \end{pmatrix} + t \cdot \begin{pmatrix} 5 \\ 5 \\ -12 \end{pmatrix}$$

$$\begin{array}{lr} \text{I} & 0 = -4s + 5t \\ \text{II} & 0 = -4s + 5t \\ \text{III} & -24 = -12s - 12t \\ \hline (-3 \cdot \text{II} + \text{III}) & -24 = -27t \\ & t - \frac{8}{9} \end{array}$$

Einsetzen in g(SB) ergibt die Koordinaten des gesuchten Eckpunktes:

$$\begin{pmatrix} 0 \\ 0 \\ 24 \end{pmatrix} + \frac{8}{9} \cdot \begin{pmatrix} 5 \\ 5 \\ -12 \end{pmatrix} = \begin{pmatrix} \frac{40}{9} \\ \frac{40}{9} \\ \frac{120}{9} \end{pmatrix}$$

$$\Rightarrow\quad \underline{\underline{U\left(\frac{40}{9} \,\middle|\, \frac{40}{9} \,\middle|\, \frac{120}{9}\right)}}$$

Anmerkung: Man könnte auch das Gleichungssystem nach dem Parameter s auflösen und den ermittelten Wert dann in g(TM) einsetzen.

Da die Eckpunkte U und T auf ein und derselben Diagonalen des gesuchten Drachenvierecks liegen, müssen die beiden anderen Eckpunkte V und W auf einer Senkrechten zu g(TU) durch M liegen.

Diese senkrechte Diagonale befindet sich in der Ebene der Pyramidengrundfläche ABCD und verläuft parallel zur Strecke $\overline{AC}$. Die Richtungsvektoren von g(AC) und g(MV) sind also kollinear.

$$g(AC):\quad \vec{x} = \overrightarrow{OA} + r \cdot \overrightarrow{AC} = \begin{pmatrix} 5 \\ -5 \\ 12 \end{pmatrix} + r \cdot \begin{pmatrix} -10 \\ 10 \\ 0 \end{pmatrix};\quad r \in \mathbb{R}$$

$$g(MV):\quad \vec{x} = \begin{pmatrix} 4 \\ 4 \\ 12 \end{pmatrix} + m \cdot \begin{pmatrix} -1 \\ 1 \\ 0 \end{pmatrix};\quad m \in \mathbb{R}$$

Der Eckpunkt V ergibt sich nun über den Schnittpunkt von g(AB) und g(MV).

$$g(AB): \quad \vec{x} = \overrightarrow{OA} + n \cdot \overrightarrow{AB} = \begin{pmatrix} 5 \\ -5 \\ 12 \end{pmatrix} + n \cdot \begin{pmatrix} 0 \\ 10 \\ 0 \end{pmatrix} = \begin{pmatrix} 5 \\ -5 \\ 12 \end{pmatrix} + \overline{n} \cdot \begin{pmatrix} 0 \\ 1 \\ 0 \end{pmatrix}; \quad n, \overline{n} \in \mathbb{R}$$

$$g(MV) \cap g(AB): \quad \begin{pmatrix} 4 \\ 4 \\ 12 \end{pmatrix} + m \cdot \begin{pmatrix} -1 \\ 1 \\ 0 \end{pmatrix} = \begin{pmatrix} 5 \\ -5 \\ 12 \end{pmatrix} + \overline{n} \cdot \begin{pmatrix} 0 \\ 1 \\ 0 \end{pmatrix}$$

$$\begin{aligned} -1 &= m \\ 9 &= -m + \overline{n} \\ 0 &= 0 \\ \hline m &= -1 \\ \overline{n} &= 8 \end{aligned}$$

Einsetzen von $m = -1$ in g(MV) liefert den gesuchten Eckpunkt:

$$\begin{pmatrix} 4 \\ 4 \\ 12 \end{pmatrix} + (-1) \cdot \begin{pmatrix} -1 \\ 1 \\ 0 \end{pmatrix} = \begin{pmatrix} 5 \\ 3 \\ 12 \end{pmatrix}$$

$\Rightarrow$ $\underline{\underline{V(5|3|12)}}$

Da $|\overline{MV}| = |\overline{MW}|$ gilt und der Eckpunkt W auch in der Ebene der Grundfläche liegen muss, kann man die Koordinaten direkt angeben.

$\Rightarrow$ $\underline{\underline{W(3|5|12)}}$

Anmerkung: Man kann den Eckpunkt W auch ganz analog über den Schnittpunkt der Geraden g(BC) und g(MV) ermitteln.

Anmerkung: Die unten stehende Zeichnung wird in der Lösung nicht verlangt und dient nur der Veranschaulichung.

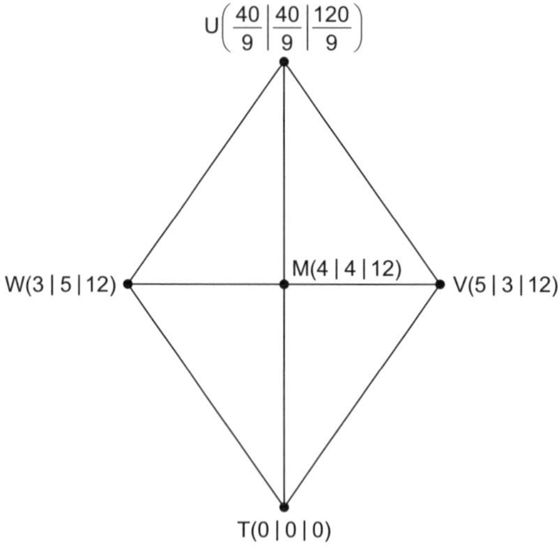

Stahlkugeln BE

Ein Unternehmen produziert Stahlkugeln für Kugellager. Erfahrungsgemäß sind 4 % aller Kugeln fehlerhaft.

200 Kugeln werden zufällig ausgewählt. Die Anzahl der fehlerhaften Kugeln unter den ausgewählten kann durch eine binomialverteilte Zufallsgröße X beschrieben werden.

a) Bestimmen Sie die Wahrscheinlichkeit für die folgenden Ereignisse.
C: „Genau 6 der ausgewählten Kugeln sind fehlerhaft.“
D: „Weniger als 6 der ausgewählten Kugeln sind fehlerhaft.“ 3

b) Es gilt: $P(X=10) \approx 10\,\%$.
Interpretieren Sie diese Aussage im Sachzusammenhang. 2

c) Bestimmen Sie die Wahrscheinlichkeit dafür, dass die Anzahl der fehlerhaften Kugeln unter den ausgewählten höchstens um eine halbe Standardabweichung vom Erwartungswert dieser Anzahl abweicht. 5

Eine fehlerhafte Kugel hat entweder einen Formfehler oder einen Größenfehler. Die Wahrscheinlichkeit dafür, dass eine Kugel einen Formfehler hat, beträgt 3 %. Alle Kugeln werden vor dem Verpacken geprüft. Dabei werden 95 % der Kugeln mit Formfehler, 98 % der Kugeln mit Größenfehler, aber auch 0,5 % der Kugeln ohne Fehler aussortiert.

d) Stellen Sie den Sachzusammenhang in einem beschrifteten Baumdiagramm dar. 4

e) Beurteilen Sie unter Zuhilfenahme geeigneter Rechnungen folgende Aussage:
Die Wahrscheinlichkeit, dass eine Kugel nicht aussortiert wird, ist doppelt so groß wie die Wahrscheinlichkeit, dass eine aussortierte Kugel keinen Formfehler hat. 6

Aufgrund zunehmender Reklamationen wird vermutet, dass der Anteil der fehlerhaften Kugeln auf über 4 % angestiegen ist. Um diese Vermutung zu prüfen, soll die Nullhypothese „Der Anteil der fehlerhaften Kugeln beträgt höchstens 4 %.“ auf der Grundlage einer Stichprobe von 500 Kugeln getestet werden. Wenn das Ergebnis des Tests die Vermutung nicht entkräftet, soll die Produktion unterbrochen werden, um die Maschinen zu warten. Das Risiko, die Produktion irrtümlich zu unterbrechen, soll höchstens 3 % betragen.

f) Beschreiben Sie für diesen Test im Sachzusammenhang den Fehler zweiter Art. Geben Sie die Konsequenz an, die sich aus diesem Fehler für die Produktion ergeben würde. 3

g) Für den beschriebenen Test wird der Ablehnungsbereich betrachtet. Eine der beiden Grenzen dieses Ablehnungsbereichs ist größer als 0 und kleiner als 500; diese Grenze wird mit k bezeichnet. Zur Bestimmung des Werts von k soll die binomialverteilte Zufallsgröße Y mit den Parametern $n = 500$ und $p = 0,04$ verwendet werden.
Begründen Sie, dass keine der beiden Ungleichungen I und II den korrekten Wert von k liefert.

I $P(Y \leq k) \leq 0{,}03$ II $P(Y \leq k) > 0{,}97$ 4

h) Die Kugeln werden in Packungen verkauft. Ein Teil der verkauften Packungen wird zurückgegeben. Die Wahrscheinlichkeit dafür, dass eine verkaufte Packung zurückgegeben wird, beträgt 3 %. Dem Unternehmen entsteht pro Packung, die zurückgegeben wird, ein Verlust von 5,80 Euro; pro Packung, die nicht zurückgegeben wird, erzielt das Unternehmen einen Gewinn von 8,30 Euro.
Bestimmen Sie die Wahrscheinlichkeit, mit der das Unternehmen bei einem Verkauf von 200 Packungen einen Gesamtgewinn von mindestens 1 500 Euro erzielt. 4

In einer Packung von 20 Kugeln sind genau 2 fehlerhafte Kugeln.

i) Es werden zufällig nacheinander drei Kugeln aus der Packung entnommen, ohne sie zurückzulegen.
Ermitteln Sie die Wahrscheinlichkeit für die folgenden Ereignisse:
F: „Die dritte Kugel ist fehlerhaft."
G: „Mindestens eine Kugel ist fehlerhaft." 5

j) Es sollen k Kugeln aus der Packung entnommen werden, ohne sie zurückzulegen. Dabei soll die Wahrscheinlichkeit p dafür, dass mindestens eine der entnommenen Kugeln eine fehlerhafte Kugel ist, kleiner als 0,5 sein.
Ermitteln Sie, wie viele Kugeln höchstens entnommen werden dürfen, wenn die Bedingung „p kleiner als 0,5" erfüllt bleiben soll. 4

40

Anlage zur Aufgabe 4

Summierte Binomialverteilung für n = 200

Dargestellt sind die Werte $P(X \leq k)$.

Gerundet auf vier Nachkommastellen, weggelassen ist „0,“, alle freien Plätze enthalten 0,0000 bzw. 1,0000.

Wird die Tabelle „von unten“ gelesen ($p > 0{,}5$), ist der richtige Wert 1 – (abgelesener Wert).

n	k	p												k	n
		0,03	0,04	0,05	0,10	$\frac{1}{6}$	0,20	0,25	0,30	$\frac{1}{3}$	0,40	0,45	0,50		
	0	0023	0003	0000	0000	0000	0000	0000	0000	0000	0000	0000	0000	**200**	
	1	0162	0027	0004	0000	0000	0000	0000	0000	0000	0000	0000	0000	**199**	
	2	0593	0125	0023	0000	0000	0000	0000	0000	0000	0000	0000	0000	**198**	
	3	1472	0395	0090	0000	0000	0000	0000	0000	0000	0000	0000	0000	**197**	
	4	2810	0950	0264	0000	0000	0000	0000	0000	0000	0000	0000	0000	**196**	
	5	4432	1857	0623	0000	0000	0000	0000	0000	0000	0000	0000	0000	**195**	
	6	6063	3084	1237	0001	0000	0000	0000	0000	0000	0000	0000	0000	**194**	
	7	7461	4501	2133	0005	0000	0000	0000	0000	0000	0000	0000	0000	**193**	
	8	8504	5926	3270	0014	0000	0000	0000	0000	0000	0000	0000	0000	**192**	
	9	9192	7192	4547	0035	0000	0000	0000	0000	0000	0000	0000	0000	**191**	
	10	9599	8200	5831	0081	0000	0000	0000	0000	0000	0000	0000	0000	**190**	
	11	9816	8925	6998	0168	0000	0000	0000	0000	0000	0000	0000	0000	**189**	
	12	9922	9401	7965	0320	0000	0000	0000	0000	0000	0000	0000	0000	**188**	
	13	9969	9688	8701	0566	0000	0000	0000	0000	0000	0000	0000	0000	**187**	
	14	9989	9848	9219	0929	0000	0000	0000	0000	0000	0000	0000	0000	**186**	
	15	9996	9930	9556	1431	0001	0000	0000	0000	0000	0000	0000	0000	**185**	
	16	9999	9970	9762	2075	0003	0000	0000	0000	0000	0000	0000	0000	**184**	
	17		9988	9879	2849	0006	0000	0000	0000	0000	0000	0000	0000	**183**	
	18		9995	9942	3724	0013	0000	0000	0000	0000	0000	0000	0000	**182**	
	19		9998	9973	4655	0027	0000	0000	0000	0000	0000	0000	0000	**181**	
	20		9999	9988	5592	0052	0001	0000	0000	0000	0000	0000	0000	**180**	
	21			9995	6484	0094	0002	0000	0000	0000	0000	0000	0000	**179**	
200	**22**			9998	7290	0163	0005	0000	0000	0000	0000	0000	0000	**178**	**200**
	23			9999	7983	0269	0010	0000	0000	0000	0000	0000	0000	**177**	
	24				8551	0426	0020	0000	0000	0000	0000	0000	0000	**176**	
	25				8995	0648	0036	0000	0000	0000	0000	0000	0000	**175**	
	26				9328	0945	0064	0000	0000	0000	0000	0000	0000	**174**	
	27				9566	1329	0110	0000	0000	0000	0000	0000	0000	**173**	
	28				9729	1803	0179	0001	0000	0000	0000	0000	0000	**172**	
	29				9837	2366	0283	0002	0000	0000	0000	0000	0000	**171**	
	30				9905	3007	0430	0004	0000	0000	0000	0000	0000	**170**	
	31				9946	3711	0632	0008	0000	0000	0000	0000	0000	**169**	
	32				9971	4454	0899	0014	0000	0000	0000	0000	0000	**168**	
	33				9985	5210	1239	0026	0000	0000	0000	0000	0000	**167**	
	34				9992	5953	1656	0044	0000	0000	0000	0000	0000	**166**	
	35				9996	6658	2151	0073	0000	0000	0000	0000	0000	**165**	
	36				9998	7305	2717	0117	0001	0000	0000	0000	0000	**164**	
	37				9999	7877	3345	0162	0001	0000	0000	0000	0000	**163**	
	38					8369	4019	0276	0003	0000	0000	0000	0000	**162**	
	39					8777	4718	0405	0005	0000	0000	0000	0000	**161**	
	40					9106	5422	0578	0009	0000	0000	0000	0000	**160**	
	41					9362	6108	0804	0016	0000	0000	0000	0000	**159**	
	42					9556	6758	1089	0027	0001	0000	0000	0000	**158**	
	43					9699	7355	1438	0045	0002	0000	0000	0000	**157**	
	44					9801	7887	1852	0072	0003	0000	0000	0000	**156**	
	45					9872	8349	2332	0111	0005	0000	0000	0000	**155**	
n	k	0,97	0,96	0,95	0,90	$\frac{5}{6}$	0,80	0,75	0,70	$\frac{2}{3}$	0,60	0,55	0,50	k	n
		p													

n	k	p												k	n
		0,03	0,04	0,05	0,10	$\frac{5}{6}$	0,20	0,25	0,30	$\frac{2}{3}$	0,40	0,45	0,50		
200	**46**					9919	8738	2870	0169	0009	0000	0000	0000	**154**	200
	47					9950	9056	3458	0249	0016	0000	0000	0000	**153**	
	48					9970	9310	4083	0359	0026	0000	0000	0000	**152**	
	49					9983	9506	4729	0506	0042	0000	0000	0000	**151**	
	50					9990	9655	5379	0695	0067	0000	0000	0000	**150**	
	51					9995	9764	6017	0934	0103	0000	0000	0000	**149**	
	52					9997	9843	6626	1228	0154	0000	0000	0000	**148**	
	53					9998	9897	7192	1579	0226	0000	0000	0000	**147**	
	54					9999	9934	7707	1988	0323	0001	0000	0000	**146**	
	55						9959	8162	2455	0453	0002	0000	0000	**145**	
	56						9975	8555	2972	0621	0003	0000	0000	**144**	
	57						9985	8835	3532	0833	0005	0000	0000	**143**	
	58						9991	9157	4123	1094	0008	0000	0000	**142**	
	59						9995	9375	4733	1409	0013	0000	0000	**141**	
	60						9997	9546	5348	1778	0021	0000	0000	**140**	
	61						9998	9677	5953	2202	0034	0000	0000	**139**	
	62						9999	9774	6533	2677	0052	0000	0000	**138**	
	63							9846	7079	3198	0080	0001	0000	**137**	
	64							9897	7579	3755	0119	0001	0000	**136**	
	65							9932	8028	4338	0173	0002	0000	**135**	
	66							9956	8421	4934	0247	0004	0000	**134**	
	67							9972	8758	5530	0346	0006	0000	**133**	
		Werte für 67 < k < 132 sind nicht dargestellt													
n	k	0,97	0,96	0,95	0,90	$\frac{5}{6}$	0,80	0,75	0,70	$\frac{2}{3}$	0,60	0,55	0,50	k	n
		p													

Tipps und Hinweise zur Lösung von Aufgabe 4

Tipps zu Teilaufgabe a

- Die Zufallsgröße X: „Anzahl der fehlerhaften Kugeln unter den ausgewählten“ ist binomialverteilt mit $p=0{,}04$ und $n=200$.
- Bestimmen Sie die Wahrscheinlichkeiten P(C) und P(D) mithilfe der Tabelle in der Anlage.

Tipp zu Teilaufgabe b

- Überlegen Sie, wofür die Zufallsgröße X steht.

Tipps zu Teilaufgabe c

- Berechnen Sie den Erwartungswert und die Standardabweichung der Zufallsgröße X.
- Nehmen Sie für die Berechnung der gesuchten Wahrscheinlichkeit die Tabelle in der Anlage zu Hilfe.

Tipps zu Teilaufgabe d

- Es handelt sich um ein zweistufiges Baumdiagramm.
- In einem ersten Schritt wird nach der Art der Fehler unterschieden. Dann, ob die Kugel aussortiert wird oder nicht.

Tipps zu Teilaufgabe e

- Berechnen Sie mithilfe des Baumdiagramms aus Teilaufgabe d die Wahrscheinlichkeiten P(nicht aussortiert) und P(kein Formfehler, aussortiert).
- Für P(kein Formfehler, aussortiert) müssen die günstigen Ereignisse im Verhältnis zu allen möglichen Ereignissen P(aussortiert) betrachtet werden.
- Vergleichen Sie die berechneten Wahrscheinlichkeiten und bewerten Sie die Behauptung in der Aufgabenstellung.

Tipps zu Teilaufgabe f

- Bei einem Hypothesentest liegt ein Fehler zweiter Art vor, wenn die Nullhypothese zu Unrecht beibehalten wird.
- Übertragen Sie obige Aussage auf das vorliegende Problem.

Tipp zu Teilaufgabe g

- Stellen Sie die entsprechenden Ungleichungen für die Grenze k und die Zufallsvariable Y auf und vergleichen Sie diese mit den Ungleichungen I und II aus der Aufgabenstellung.

Tipps zu Teilaufgabe h

- Bezeichnen Sie mit x die Anzahl der zurückgegebenen Packungen und stellen Sie eine Ungleichung für den Gesamtgewinn auf.
- Der Gesamtgewinn ergibt sich aus der Differenz von Gewinn und Verlust.
- Berechnen Sie die gesuchte Wahrscheinlichkeit mit der entsprechenden Bernoulli-Formel mit $n=200$, $p=0{,}03$ und $k=x$.

Tipps zu Teilaufgabe i

- Überlegen Sie sich für die Berechnung von P(F) die einzelnen Wahrscheinlichkeiten für jede einzelne Entnahme. Beachten Sie dabei, dass es sich um ein Ziehen ohne Zurücklegen handelt.
- Für Ereignis F gibt es folgende Möglichkeiten:
  Die ersten beiden Kugeln sind nicht fehlerhaft, die dritte Kugel ist fehlerhaft.
  Die erste Kugel ist fehlerhaft, die zweite Kugel ist nicht fehlerhaft und die dritte Kugel ist fehlerhaft.
  Die erste Kugel ist nicht fehlerhaft, die zweite und die dritte Kugel sind fehlerhaft.
- Ereignis G tritt ein, wenn eine oder zwei fehlerhafte Kugeln gezogen werden. Die Reihenfolge spielt dabei keine Rolle.
- Für Ereignis G gilt: Wenden Sie das Lottomodell an (hypergeometrische Verteilung).

Tipps zu Teilaufgabe j

- Mindestens bedeutet, dass entweder eine oder zwei fehlerhafte Kugeln gezogen werden.
- Stellen Sie mithilfe des Lottomodells eine Ungleichung für die Wahrscheinlichkeit p auf.
- Die Ergebnisse aus Teilaufgabe i liefern Hinweise für mögliche Werte des Parameters k.
- Die Wahrscheinlichkeit, mindestens eine fehlerhafte Kugel zu ziehen, nimmt mit der Anzahl der gezogenen Kugeln zu.
- Lösen Sie die Ungleichung durch systematisches Probieren.

Lösungen zu Aufgabe 4

a) Die Zufallsgröße X: „Anzahl der fehlerhaften Kugeln unter den ausgewählten" ist binomialverteilt mit $p = 0{,}04$ und $n = 200$.

Für Ereignis C gilt: $k = 6$
Entsprechend folgt:

$$P(C) = B(200\,|\,0{,}04\,|\,k = 6) = B(200\,|\,0{,}04\,|\,k \le 6) - B(200\,|\,0{,}04\,|\,k \le 5)$$
$$\approx 0{,}3084 - 0{,}1857 \approx 0{,}1227 \approx \underline{\underline{12{,}27\ \%}}$$

Für Ereignis D gilt: $k < 6$ bzw. $k \le 5$
Entsprechend folgt:

$$P(D) = B(200\,|\,0{,}04\,|\,k \le 5) \approx 0{,}1857 \approx \underline{\underline{18{,}57\ \%}}$$

Die Werte für die summierten Binomialverteilungen können aus der Tabelle in der Anlage entnommen werden.

b) $P(X = 10) \approx 10\ \%$ sagt aus:

Die Wahrscheinlichkeit, dass genau 10 Kugeln aus der Stichprobe von 200 Kugeln fehlerhaft sind, beträgt rund 10 %.

c) Zunächst berechnet man den Erwartungswert E(X) und die Standardabweichung σ(X) der binomialverteilten Zufallsgröße X.
Allgemein gilt dafür:

$$E(X) = n \cdot p \quad \text{und} \quad \sigma(X) = \sqrt{n \cdot p(1-p)}$$

Es folgt:

$$E(X) = 200 \cdot 0{,}04 = 8$$
$$\sigma(X) = \sqrt{8 \cdot (1 - 0{,}04)} \approx 2{,}7713$$

Für die möglichen Werte der Zufallsvariable X ergibt sich entsprechend:

$$P\left(E(X) - \frac{1}{2}\sigma(X) \le X \le E(X) + \frac{1}{2}\sigma(X)\right)$$
$$= P\left(8 - \frac{2{,}7713}{2} \le X \le 8 + \frac{2{,}7713}{2}\right)$$
$$= P(6{,}6144 \le X \le 9{,}3856)$$
$$= P(7 \le X \le 9), \text{ da Abweichung höchstens } \tfrac{1}{2}\sigma(X) \text{ sein darf.}$$
$$P(X \le 9) - P(X \le 6) \approx 0{,}7192 - 0{,}3084 \approx 0{,}4108 \approx \underline{\underline{41{,}08\ \%}}$$

Die Werte für die summierten Binomialverteilungen können aus der Tabelle in der Anlage entnommen werden.

d) Ein mögliches Baumdiagramm:

- 4 % aller Kugeln sind fehlerhaft. $\Rightarrow$ 96 % ohne Fehler
- 3 % aller Kugeln haben einen Formfehler.
  $\Rightarrow$ 1 % aller Kugeln hat einen Größenfehler.

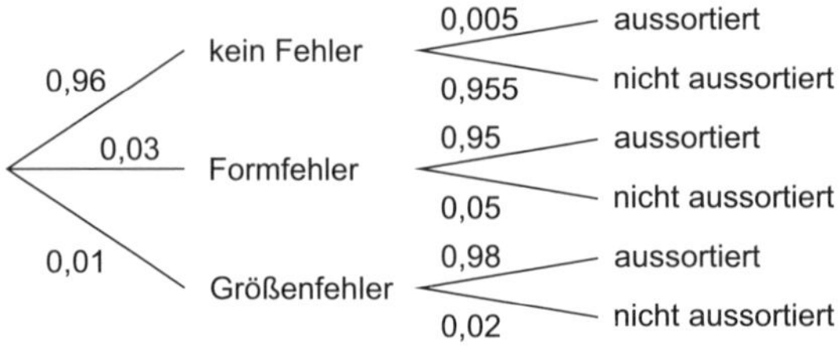

e) Beim Eintreten folgender Ereignisse wird eine Kugel <u>nicht</u> aussortiert:

$P(\text{kein Fehler, nicht aussortiert}) = 0,96 \cdot 0,955$
$P(\text{Formfehler, nicht aussortiert}) = 0,03 \cdot 0,05$
$P(\text{Größenfehler, nicht aussortiert}) = 0,01 \cdot 0,02$

$$\Rightarrow \; P(\text{nicht aussortiert}) = 0,96 \cdot 0,955 + 0,03 \cdot 0,05 + 0,01 \cdot 0,02 = 0,9185 = \underline{\underline{91,85\ \%}}$$

Beim Eintreten folgender Ereignisse hat eine aussortierte Kugel keinen Formfehler:

$P(\text{kein Fehler, aussortiert}) = 0,96 \cdot 0,005$
$P(\text{Größenfehler, aussortiert}) = 0,01 \cdot 0,98$

Zur Bestimmung der verschiedenen Einzelwahrscheinlichkeiten verwendet man die Pfade im Baumdiagramm aus Teilaufgabe d.

Dabei gilt:

$P(\text{aussortiert}) = 0,96 \cdot 0,005 + 0,03 \cdot 0,95 + 0,01 \cdot 0,98$

$$P(\text{aussortierte Kugel hat keinen Formfehler}) = \frac{\text{günstige Ereignisse}}{\text{alle möglichen Ereignisse}}$$

$$= \frac{0,96 \cdot 0,005 + 0,01 \cdot 0,98}{0,96 \cdot 0,005 + 0,03 \cdot 0,95 + 0,01 \cdot 0,98} \approx 0,3387 \approx \underline{\underline{33,87\ \%}}$$

Da gilt $91,85\ \% \neq 2 \cdot 33,87\ \%$, ist die Behauptung in der Aufgabenstellung falsch.

f) Nullhypothese H_0: Der Anteil der fehlerhaften Kugeln beträgt höchstens 4 %.

$\Rightarrow$ H_0: $p \leq 0,04$
H_1: $p > 0,04$

Ein Fehler zweiter Art bedeutet:
Die Nullhypothese H_0 wird angenommen, obwohl sie tatsächlich falsch ist.

Bei dem vorliegenden Problem bedeutet dies, dass das Unternehmen irrtümlich davon ausgeht, dass der Anteil der fehlerhaften Kugeln nicht auf über 4 % angestiegen ist. Infolgedessen wird die Produktion nicht unterbrochen.

g) Man unterbricht die Produktion irrtümlich, wenn man H_1 annimmt unter der Bedingung, dass tatsächlich H_0 eintritt.
Die Wahrscheinlichkeit dafür soll höchstens 3 % = 0,03 betragen.

Für den Fehler 1. Art (α-Fehler) gilt dann:

$$P_{H_0}(\text{Entscheidung für } H_1) \leq 0{,}03$$

Für den Ablehnungsbereich k gilt:

$$0 < k < 500$$

Entscheidung für H_0, wenn $Y < k$.
Ablehnung von H_0, wenn $Y \geq k$.

$$\Rightarrow \; P(Y \geq k) \leq 0{,}03 \;\text{ bzw. }\; P(Y < k) \geq 0{,}97$$

Beide Ungleichungen entsprechen nicht denen in der Aufgabenstellung. Daher können Ungleichung I und II in der Aufgabenstellung nicht den korrekten Wert für k liefern.

h) x sei die Anzahl der zurückgegebenen Packungen.
Der Gesamtgewinn ergibt sich aus der Differenz aus Gewinn und Verlust:

$$(200 - x) \cdot 8{,}30\,€ - x \cdot 5{,}80\,€ \geq 1\,500\,€$$
$$1\,660\,€ - x \cdot 8{,}30\,€ - x \cdot 5{,}80\,€ \geq 1\,500\,€$$
$$-14{,}1 \cdot x\,€ \geq -160\,€$$
$$x \leq 11{,}35$$

Aufgrund der Division durch eine negative Zahl kehrt sich das Relationszeichen um.

Die Wahrscheinlichkeit P(H), mit der das Unternehmen bei einem Verkauf von 200 Packungen einen Gesamtgewinn von mindestens 1 500 Euro erzielt, kann mit der Bernoulli-Formel mit $n = 200$, $p = 0{,}03$ und $k = x$ berechnet werden.

$$P(H) = B(n \mid p \mid k) = B(200 \mid 0{,}03 \mid k \leq 11) \approx 0{,}9816 \approx \underline{\underline{98{,}16\,\%}}$$

i) Für Ereignis F gibt es folgende Möglichkeiten:
Die ersten beiden Kugeln sind nicht fehlerhaft, die dritte Kugel ist fehlerhaft.

$$\frac{18}{20} \cdot \frac{17}{19} \cdot \frac{2}{18} = \frac{17}{190}$$

Die erste Kugel ist fehlerhaft, die zweite Kugel ist nicht fehlerhaft und die dritte Kugel ist fehlerhaft.

$$\frac{2}{20} \cdot \frac{18}{19} \cdot \frac{1}{18} = \frac{1}{190}$$

Die erste Kugel ist nicht fehlerhaft, die zweite und die dritte Kugel sind fehlerhaft.

$$\frac{18}{20} \cdot \frac{2}{19} \cdot \frac{1}{18} = \frac{1}{190}$$

Insgesamt gilt:

$$P(F) = \frac{17}{190} + \frac{1}{190} + \frac{1}{190} = \frac{1}{10} = \underline{\underline{10\,\%}}$$

Ereignis G tritt ein, wenn eine oder zwei fehlerhafte Kugeln gezogen werden. Die Reihenfolge spielt dabei keine Rolle.

Mit dem Lottomodell ergibt sich:

$$P(G) = \frac{\binom{2}{1} \cdot \binom{18}{2} + \binom{2}{2} \cdot \binom{18}{1}}{\binom{20}{3}} = \frac{2 \cdot 153 + 1 \cdot 18}{1140} = \frac{27}{95} \approx 0,2842 \approx \underline{\underline{28,42\ \%}}$$

j) Man ersetzt im Term für die Wahrscheinlichkeit P(G) aus Teilaufgabe i die Anzahl der gezogenen Kugeln mit dem Parameter k.

Zudem soll für die Wahrscheinlichkeit p gelten: $p < 0,5$

Man erhält:

$$p = \frac{\binom{2}{1} \cdot \binom{18}{k-1} + \binom{2}{2} \cdot \binom{18}{k-2}}{\binom{20}{k}} < 0,5$$

Aus Teilaufgabe i ist bekannt, dass für $k = 3$ gilt $p \approx 0,2842 < 0,5$.

Die Wahrscheinlichkeit, mindestens eine fehlerhafte Kugel zu ziehen, nimmt mit der Anzahl der gezogenen Kugeln zu.

Daher testet man jetzt $k = 4, 5, 6, \ldots$ bis $p > 0,5$:

$$k = 4 \Rightarrow \quad p = \frac{\binom{2}{1} \cdot \binom{18}{3} + \binom{2}{2} \cdot \binom{18}{2}}{\binom{20}{4}} = \frac{2 \cdot 816 + 1 \cdot 153}{4\,845} \approx \underline{\underline{0,3684 < 0,5}}$$

$$k = 5 \quad \Rightarrow \quad p = \frac{\binom{2}{1} \cdot \binom{18}{4} + \binom{2}{2} \cdot \binom{18}{3}}{\binom{20}{5}} = \frac{2 \cdot 3\,060 + 816}{15\,504} \approx \underline{\underline{0,4474 < 0,5}}$$

$$k = 6 \quad \Rightarrow \quad p = \frac{\binom{2}{1} \cdot \binom{18}{5} + \binom{2}{2} \cdot \binom{18}{4}}{\binom{20}{6}} = \frac{2 \cdot 8\,568 + 3\,060}{38\,760} \approx \underline{\underline{0,5211 > 0,5}}$$

Es dürfen unter diesen Bedingungen höchstens 5 Kugeln entnommen werden.